Zu diesem Buch

Vor einiger Zeit veröffentlichte «Die Zeit» einen langen Artikel, «Nemesis und das Große Sterben», in dem es hieß: «In den letzten Wochen erreichte die Debatte um das Aussterben einen neuen Höhepunkt. Anlaß ist eine Veröffentlichung von David M. Raup und John Sepkoski, Geophysiker der Universität von Chicago, im amerikanischen Fachblatt ‹Proceedings of the National Academy of Science›. Die Forscher glauben, aus den Aufzeichnungen der Gesteine regelmäßig auftretende Aussterbewellen herauslesen zu können: Etwa alle 26 Millionen Jahre soll es zum massenhaften Verschwinden von Tier- und Pflanzenarten gekommen sein.

Die neuen, nach statistischen Gesichtspunkten ausgerichteten Überlegungen scheinen zu bestätigen, daß die Ursachen für das Große Sterben außerhalb der Erde liegen. Im Verdacht sind Riesenmeteore und Kometenschwärme, interstellare Staubwolken und sogar ein mysteriöser Begleitstern unserer Sonne mit dem Namen ‹Nemesis›.»

Die These, seither in Fachblättern heftig debattiert, ist inzwischen von vielen anderen Forschern ergänzt und untermauert, aber auch immer wieder angezweifelt worden. «Das Schöne an Raups Buch ist», schreibt die «Neue Westfälische Zeitung», «daß er einem die Nemesis-Geschichte nicht nach dem Motto ‹Friß oder stirb› vor die Füße wirft, sondern jede einzelne Überlegung genau erläutert und im Widerstreit der Meinungen vorführt. Dabei buttert er seine Gegner keineswegs unter, sondern stellt ihre Ideen ausführlich dar.»

Der Autor

David M. Raup ist Professor für Geophysik an der Universität Chicago, wo er auch Evolutionsbiologie lehrt sowie philosophische Grundlagen des naturwissenschaftlichen Denkens. Er ist Mitglied der amerikanischen National Academy of Sciences und amtierte jahrelang als Präsident der Paläontologischen Gesellschaft der USA. Raup gehört zu den Pionieren seines Fachs, die mathematische Methoden auf die Erforschung von Fossilien und die Geschichte des Lebens auf der Erde angewandt haben.

David M. Raup

Der Untergang der Dinosaurier

Der Schwarze Stern

«Nemesis» und die

Auslöschung der Arten

Rowohlt

rororo science
Lektorat Jens Petersen

Veröffentlicht im Rowohlt Taschenbuch Verlag GmbH,
Reinbek bei Hamburg, Oktober 1992
Die deutsche Erstausgabe erschien unter dem Titel
«Der Schwarze Stern: Wie die Saurier starben»
Copyright © 1990 by Rowohlt Verlag GmbH,
Reinbek bei Hamburg
Die Originalausgabe erschien 1986 unter dem Titel
«The Nemesis Affair»
bei W. W. Norton & Company, New York
Copyright © 1986 by David M. Raup
Umschlaggestaltung Barbara Hanke
Illustration von Douglas Henderson
Die für den Umschlag und den Tafelteil verwendeten Zeichnungen
stammen aus dem Band: «Dinosaurs – A Global View»
von Sylvia und Stephen Czerkas, Dragon's World Ltd., 1990.
Deutsche Ausgabe «Dinosaurier. Leben und Untergang
der geheimnisvollen Urzeittiere». Weltbild Verlag GmbH,
Augsburg 1991
Gesamtherstellung Clausen & Bosse, Leck
Printed in Germany
1290-ISBN 3 499 19385 X

Für all die Querdenker, die unentwegt die herrschenden Meinungen in Frage stellen. Sie denken sich nur so zum Spaß oder aus angeborenem Widerspruchsgeist neue Ideen aus. Ohne sie würden wir noch öfter in die Irre gehen.

Karikatur oben links von Slug Signorino («Chicago Reader»)

INHALT

Danksagung 11

1
DER KILLERSTERN 13

Nemesis: Die Theorie 14 / Zusammenhänge 16 / Die
Nemesis-Geschichte: Ein chronologischer Abriß 22

2
«KATASTROPHISMUS» UND ERDGESCHICHTE 29

Cuvier kontra Lyell 29 / Meteoriten 35 / Querdenker und
tollkühne Thesen 38 / Otto Schindewolf 40 / Digby
McLaren 42 / Harold Urey 43 / Bomben auf Australien 47

3
DINOSAURIERSTERBEN UND ARTENTOD 51

Sämtliche Arten sind ausgestorben! 51 / Von der Entstehung der Arten 54 / Der Prozeß des Aussterbens 55 /
Saurier sterben 59 / Weitere Auslöschungen der Kreidezeit 64 / Weitere Massenaussterbeereignisse 67

4
GUBBIO UND DIE IRIDIUMANOMALIE 69

Was heißt hier Gubbio? 69 / 1980: Die Neuigkeit schlägt
wie eine Bombe ein 73 / Erste Reaktionen 76

5
DER DREI-METER-HIATUS UND ANDERE INDIZIEN 87

Die Hell Creek-Formation in Montana 87 / Osmiumisotope 95 / Geschockter Quarz 96 / Mikrotektiten 100 /
Weitere Fundstellen von Iridiumanomalien 100 / Ruß und
ein Großbrand 102

6
DAS BILD GEWINNT KONTUR 105

Das Szenarium des Großen Sterbens 105 / «Vulkanismus» als Alternative 108 / Meteoriteneinschlag auch bei anderen Massenaussterben? 112 / Zwei Meinungsumfragen 123

7
NEU AUF DER BILDFLÄCHE: PERIODISCHES AUSSTERBEN 127

Fischers Zyklen 127 / Die NASA-Seminare 131 / Sepkoskis «Handbuch» 134 / Zahlenfressen 137 / Die 26-Millionen-Jahre-Periodizität 138 / Die Konferenz in Dahlem 147 / Sepkoski referiert in Flagstaff 152 / Die PNAS-Veröffentlichung 153

8
EIN NEUER STERN AM HIMMEL 159

Astrophysik und Paläontologie 159 / «Nature» vom 19. April 1984 163 / Die Bewegung der Sonne relativ zum galaktischen System 167 / Der Sonnenbegleiter 169 / Nemesis kontra Schiwa 172 / Periodizität der Krater-bildung 174 / Der Planet X 176

9
IM KREUZFEUER DER MEINUNGEN 179

Meinungsstreit in der Wissenschaft 179 / Die Periodizität des Aussterbens im Schußfeld der Kritik 185 / Nemesis im Schußfeld der Kritik 191 / Meteoritenkrater 194 / Haben Nemesis und die Dinosaurier vielleicht gar nichts miteinan-der zu tun? 195

10
DIE ROLLE DER MEDIEN 199

Saganisierung 199 / Die Presse: Wissenschaftspublizistik und allgemeine Publizistik 204 / Pressereaktionen in Sachen Nemesis 208 / Der Stimmungsumschwung 213 / Toni Hoffman 218 / Der Einfluß der Massenmedien – Unheil oder Segen? 221

11
EINEN SCHRITT WEITER – ZUM ERDMAGNETISMUS 225

Magnetfeldumkehrungen 225 / Eine Forschungsreise 227 / Gutachten der Standesgenossen 230 / Lutz erhebt Einspruch 234 / Ich widerrufe 236 / Bilanz 239

12
WISSENSCHAFT UND DOGMATISMUS 241

Wissenschaftlichkeit 242 / Schuldig bis zum Erweis der Unschuld 243 / Im Lotto gewinnen: Wissenschaft oder Religion? 247 / Die Spinner, Grübler und Phantasten 252 / Alfred Wegener und die Kontinentalverschiebung 255 / Dogmatismus in Sachen Nemesis 257

Epilog 261

Nachwort zur deutschen Ausgabe 267

Register 277

DANKSAGUNG

In den vergangenen drei Jahren hat es Zeiten gegeben, da mich in Sachen Extinktionsforschung der Mut verließ. Die statistischen Analysen, auf die Jack Sepkoski und ich unsere These von der Periodizität der massenhaften Artenauslöschung (Extinktion) gründeten, konnten sich ohne weiteres als falsch erweisen, und dann hatten sich Scharen von naturwissenschaftlichen Zunftkollegen und eine erkleckliche Zahl von Wissenschaftsjournalisten unseretwegen völlig umsonst in die Arbeit gestürzt. Auf einem solchen Tiefpunkt kam mir der Gedanke, dieses Buch zu schreiben – sozusagen als Rückversicherung. Sollte das ganze Forschungsunternehmen in die Binsen gehen, würde mein Ablaufprotokoll immer noch ein Lehrstück über gescheiterten wissenschaftlichen Entdeckungseifer abgeben können. Je länger ich darüber nachdachte, desto verführerischer erschien mir die Idee, einmal die Chronik eines wissenschaftlichen Fehlschlags zu veröffentlichen. Resonanz und Verstärkung fand dieser Plan bei Nancy S. Philippi, die ihn – und dafür schulde ich ihr Dank – auch über schwierige Zeiten hinweg am Leben erhielt. Es stellte sich jedoch heraus, daß ich nicht die Geduld hatte, das Endergebnis abzuwarten. Und so werden wir erst im Lauf der nächsten Jahre erfahren, ob dieser Bericht von Erfolg oder Mißerfolg handelt.

Ich habe einer Reihe von Freunden und Kollegen für Hilfe bei der Abfassung des Manuskripts zu danken. Dies gilt speziell für Susan Alexander, Joan Chandler, Stephen Jay Gould, Anne Hornikel, David Jablonski, Daniel McShea, William Provine, Mickey und Marian Raup sowie David Walsten. Glenda York half, allzeit bereit, logistische Probleme lösen; Mary Wall lieferte die Illustrationen, termingerecht trotz knapper Fristen. Und Lorna Gonzales hat mich regelmäßig genug ausgeschimpft, um mich bei der Stange und das Projekt am Laufen zu halten.

Ausdrücklich möchte ich mich an dieser Stelle auch zu meiner Dankesschuld gegenüber denjenigen Wissenschaftlern bekennen, die den Lauf der Ereignisse in der Nemesis-Geschichte mit ihren Anstößen entscheidend beeinflußten, die ich jedoch in meinem Bericht aus reiner Vergeßlichkeit nicht erwähnt habe. Zu ihnen zählten Victor Clube und Dale Russell – zwei Querdenker, die unnachgiebig auf andere als die gängigen Erklärungen des Massenaussterbens insistierten und längst nicht die gebührende Anerkennung dafür geerntet haben.

In Edwin Barber habe ich beim Norton-Verlag einen Lektor gefunden, wie er besser nicht sein könnte; ihm danke ich für mannigfache Hilfestellung und kluge Ratschläge. Dank schulde ich ferner meinen Eltern, Hugh und Lucy Raup, für ihre jahrelange unverdrossene Unterstützung und vor allen Dingen für ihren Nachhilfeunterricht in der Kunst des konstruktiven Querdenkens. Abschließend sei betont, in welch beträchtlichem Umfang zahllose Forscherkollegen in Chicago und auf dem ganzen Erdball an den im folgenden geschilderten Vorgängen maßgeblich beteiligt waren. Einem von ihnen gehört mein besonderer Dank: es ist Jack Sepkoski, mit dem ich mich seit Jahren in die Extinktionsforschung vertiefe. Gleichgültig, was dabei am Ende für die Wissenschaft herauskommt: diese Zusammenarbeit hat sich in jedem Fall mehr als gelohnt.

1
DER KILLERSTERN

Dieses Buch erzählt die Entstehungsgeschichte einer neuen wissenschaftlichen Theorie über das Aussterben der Dinosaurier und anderer prähistorischer Lebensformen. Zugleich protokolliert es aus der Sicht eines aktiv Beteiligten, wie der Wissenschaftsmechanismus funktioniert. Noch vor fünf Jahren war es so, daß sich der größte Teil der Paläontologen in seiner Unwissenheit betreffend die Ursachen des Aussterbens recht wohnlich eingerichtet hatte. Gewiß, man verfügte über zahlreiche einschlägige Theorien, aber meinem Eindruck nach glaubten die wenigsten daran, daß das Wie und Warum der großen Massenaussterbeereignisse in seiner ganzen Komplexität jemals vollständig zu durchschauen sein würde. Als Paläontologe teilte ich die geläufige Ansicht: Das Aussterben ist ein faszinierendes Problem, jedoch keines, auf das eine einfache Antwort möglich ist.

Seither ist alles anders geworden, und auf einmal sieht sich die bis dato eher verschlafene Disziplin der Paläontologie in einen Wirbel von Geschäftigkeit und Debatten hineingezogen. Astrophysiker, Meteorologen, Geochemiker, Geophysiker, Statistiker − alle sind sie plötzlich mit irgendeinem Aspekt der Extinktionsproblematik befaßt. Und die breite Öffentlichkeit wird mit Fernseh-Talk-Shows, Illustrierten-Titelgeschichten, Zeitungsartikeln und ab und an sogar einer Notiz in den Klatschspalten auf dem laufenden gehalten.

Was sich in den vergangenen fünf Jahren in der Extinktionsforschung getan hat − zumal wenn es dabei um die Rolle des «Killersterns» Nemesis ging –, ist ein interessantes Kapitel für sich, und ich werde mich bemühen, es hier einigermaßen folgerichtig nachzuerzählen. Ein stärkeres Motiv, dieses Buch zu schreiben, war für mich jedoch die Absicht, einmal Rechenschaft darüber zu geben, wie es in der wissenschaftlichen Forschung zugeht und wie diese mit ihren derzeitigen gesellschaftlichen Rahmenbedingungen zurechtkommt. Wissenschaftliches Arbeiten ist nicht das rein geistige, weltentrückte Unterfangen, als das man es gewöhnlich hinstellt. In den seltensten Fällen besteht die Prozedur einfach nur darin, Hypothesen aufzustellen, experimentelle Tests zu entwerfen und abzuwarten, ob die Antworten «richtig» oder «falsch» sind. Die Antworten mögen zwar ab und zu tatsächlich einfach sein – sie aber dann an die Öffentlichkeit zu bringen und im wissenschaftlichen Gemeinwesen durchzusetzen, ist alles andere als das. Denn Wissenschaftler sind genau so anfällig für emotionale Reaktionen und Vorurteile wie andere Menschen auch.

Nemesis: Die Theorie

«Nemesis» ist nur einer von mehreren Namen, auf die man den kleineren Begleiter unserer Sonne getauft hat. Diese kleinere zweite Sonne befindet sich derzeit etwa zwei Lichtjahre von uns entfernt auf Auswärtskurs. In ein paar Millionen Jahren jedoch wird sie umkehren und Kurs auf die Erde nehmen. Die Einwärtsreise wird ihrerseits ein rundes Dutzend Millionen Jahre in Anspruch nehmen, und bevor sie ihre Umlaufbahn vollendet, wird Nemesis den Punkt ihrer geringsten Entfernung von der Sonne passieren. In der Tat wird der Abstand zur Sonne sich dann so stark verringert haben, daß Nemesis zwangsläufig die Oort-Wolke – eine Hülle aus Milliarden von Kometen, die auf individuellen Bahnen jenseits der äußeren Planeten um die Sonne kreisen – durchqueren wird. Innerhalb der Oort-Wolke wird sie kraft ihrer Gravitation einen Teil der Kometen zu irregulären Bahnabweichungen veranlassen. Für die meisten der betroffenen Kometen endet dies damit, daß sie aus dem Sonnensystem hinauskatapultiert werden. Ein kleinerer Teil wird jedoch in Erdrichtung abge-

lenkt – mit dem Ergebnis, daß einer oder auch mehrere dieser aus der Bahn geworfenen Himmelskörper mit der Erde kollidieren. Aus den geologischen Zeugnissen der Erdgeschichte wissen wir, daß derlei Zusammenstöße verheerende Folgen haben können. Eines dieser Vorkommnisse ist für das Aussterben der Dinosaurier verantwortlich, ein anderes gab den Trilobiten – den »Dreilappkrebsen« – den Rest. Viele der großen biologischen Krisen der Vergangenheit – der Massenauslöschungen von Lebensformen – waren allem Anschein nach verursacht durch Umwelttraumen von der Sorte, die im Branchenjargon als «Einschlag massereicher Himmelskörper» bezeichnet wird. Und da die Umlaufzeit von Nemesis unveränderlich 26 Millionen Jahre beträgt, kommt es regelmäßig alle 26 Millionen Jahre zum biologischen Desaster. Eine riesenhafte Himmelsuhr steuert die biologischen Geschicke auf der Erde.

Zumindest in Umrissen ist die Nemesis-Geschichte heute einem zahlreichen Leserpublikum bekannt – dafür haben «Time» und «Newsweek» ebenso gesorgt wie eine Unzahl von populärwissenschaftlichen Magazinen und die meisten großen Tageszeitungen. Die «New York Times» ging nach meiner Zählung bislang mindestens dreimal mit stattlichen redaktionellen Beiträgen auf das Thema ein, und das Nachrichtenmagazin «Time» widmete Nemesis eine umfangreiche Titelgeschichte. Die Wissenschaftlichkeit dieser Veröffentlichungen ist – im gegebenen Rahmen – durchaus passabel, wenngleich festgehalten werden muß, daß die Forschungslage sehr viel komplexer ist, als an Ort und Stelle wiedergegeben.

Wenn ein Thema die Öffentlichkeit derartig sensationell beschäftigt, tut man gut daran, sich stets von neuem einiger nicht wegzudisputierender Fakten zu erinnern. An erster Stelle: Nemesis ist bisher noch von keinem Menschen gesichtet worden, und es gibt keinerlei direkten, anschaulichen Beweis dafür, daß unsere Sonne überhaupt einen Begleiter hat. Auch die Oort-Kometenwolke hat bis jetzt noch niemand zu Gesicht bekommen. Über die Auslöschung der Dinosaurier durch Kometeneinschlag läßt sich mit guten Argumenten streiten. Ein 26-Millionen-Jahre-Zyklus von

Massenauslöschungen mag Realität sein oder auch nicht: einstweilen handelt es sich um eine ziemlich verstiegene Schlußfolgerung aus der statistischen Analyse eines mehr oder minder chaotischen Datenmaterials. Kurzum, wir wissen nicht, ob die ganze Nemesis-Konstruktion in irgendeiner Einzelheit der Wahrheit entspricht. Andererseits ist sie aber auch nicht bloß eine «Just-So-Story» à la Kipling, denn ein gewisses Maß an bekräftigenden Indizien existiert für alle Einzelheiten dieser Geschichte. Wir haben es mit einer unkonventionellen neuen Hypothese zu tun, deren Validitätstest noch nicht abgeschlossen ist.

Eine hitzige Kontroverse über den Nemesis-Gedanken zieht derzeit unter Wissenschaftlern immer weitere Kreise und schlägt dabei immer höhere Wellen. Manche Beobachter werten die «Entdeckung» des «Killersterns» als ersten Vorboten einer völlig neuartigen Sicht des Planeten Erde und des Lebens auf ihm – als Auftakt einer regelrechten wissenschaftlichen Revolution. Andere betrachten das alles nur als pseudowissenschaftlichen Spleen. Was in beiden Fällen übersehen wird: das fragliche Konzept hat erst gegen Ende 1983 das Licht der Welt erblickt, und die Forschungen, die aus dem, was vorerst nur Spekulation ist, einmal eine Tatsache machen könnten, stecken noch in den Kinderschuhen.

Zusammenhänge

In der Nemesis-Story sei alles drin außer Sex und der britischen Königsfamilie, meinte ein Zeitungsschreiber. Es wurde sogar angeregt, den Killerstern auf den Namen «Diana» umzutaufen: so hätte man wirklich *alles* beisammen, was eine Geschichte menschlich interessant macht.

Im folgenden gebe ich einen knappen Überblick über einige der Verbindungslinien zwischen dem Nemesis-Konzept und anderen Themen. Ganz vorn rangiert hier natürlich der Umstand, daß es eine Erklärung für das Aussterben der Dinosaurier bietet oder zu bieten vorgibt, für ein Geschehen also, über dessen Ursachen sich

16

so gut wie alle Kinder und auch viele Erwachsene seit Generationen den Kopf zerbrechen. Und was ist in diesem Zusammenhang nicht schon alles ins Feld geführt worden, von Darmverstopfung über Unfruchtbarkeit bis hin zu dermaßen verstiegenen Spekulationen, daß selbst ein Kipling sich gescheut hätte, sie vor die Augen der Öffentlichkeit zu bringen. Aber Tatsache ist nun einmal, daß die Dinosaurier ausgestorben sind, und die Erklärung, warum es so gekommen ist, sagt möglicherweise etwas über die Bewohnbarkeit unseres Planeten im allgemeinen aus.

Leben wir auf einem sicheren Planeten, oder hätten wir nicht vielleicht doch besser daran getan, uns einen anderen Aufenthaltsort im Universum auszusuchen? Haben die Dinosaurier etwas falsch gemacht? Auf welche Weise auch immer sie ums Leben gekommen sein mögen, eines ist ziemlich sicher: die Lücke, die sie nach dem Massenaussterben vor 65 Millionen Jahren hinterließen, verschaffte unseren säugenden Vorfahren den benötigten Platz für die eigene Evolution und den Ausbau der Artenvielfalt. Daß es uns Menschen heute gibt, dafür ist (unter anderem) höchstwahrscheinlich auch die Tatsache verantwortlich, daß irgendwann einmal im Lauf der Erdgeschichte die Riesenechsen von der Bildfläche verschwunden sind. So gesehen ist jede glaubwürdige und nachprüfbare Hypothese über die Ursache(n) des Dinosauriersterbens für uns nicht bloß interessant, sondern auch eminent wichtig.

Und damit sind wir nicht mehr weit entfernt von drängenderen Fragen nach der Bewohnbarkeit unsres Globus. Wie groß ist heute die Wahrscheinlichkeit, daß die Erde von Kometen oder Asteroiden getroffen werden könnte? Am 30. Juni 1908 wurden im Becken der Steinigen Tunguska im Mittelsibirischen Bergland durch die Druckwelle beim Absturz eines extrem kleinen Bruchstücks von einem zerborstenen Kometen ungefähr 6000 Quadratmeilen Wald im Umkreis von 15–30 Kilometern niedergerissen. Es läßt sich nicht mit letzter Sicherheit sagen, ob dieser Vorfall Seltenheitswert hat oder gar als statistisch unsignifikantes Ausnahmegeschehen einzustufen ist, oder ob er zu den Vorkommnissen zählt, mit denen man innerhalb der Zeitdimensionen, die sich nach durchschnittlichen menschlichen Lebensspannen bemißt, zu rechnen hat, so wie wir mit Wirbelstürmen und Flutwellen rechnen. Wenn die Nemesis-Hypothese zutrifft, nach der sich das Risiko eines Kometeneinschlags auf Zeitpunkte im Abstand von 26 Millionen Jahren konzentriert, bedeutet dies dann zugleich, daß wir für die Dauer des Intervalls relativ sicher vor derlei kritischen Vorfällen sind? In diesem Fall ist es höchst beruhigend zu wissen, daß Nemesis noch mindestens ein Dutzend Millionen Jahre Wegdauer von der Oort-Wolke entfernt ist.

Derlei Fragen spielen heute noch in eine ganze andere Dimension hinein. Angenommen, ein Vorfall wie der an der Steinigen Tunguska würde sich in unseren Tagen irgendwo auf der Erde wiederholen: Wie groß wäre dann die Gefahr eines Mißverständnisses? Besteht nicht die Möglichkeit, daß das Geschehen als feindlicher Raketenangriff mißdeutet werden könnte? Daß dies nicht bloß müßige Spekulation ist, geht aus der Tatsache hervor, daß es sowohl im Pentagon als auch im sowjetischen Verteidigungsministerium bereits Überlegungen in dieser Richtung gegeben hat, in deren Folge (hoffentlich wirksame) Vorbeugungsmaßnahmen gegen derartige Verwechslungen getroffen wurden. In diesem Zusammenhang kam auch der Gedanke auf, schlichtweg auf die Flugbahn einfallender Kometen oder Asteroiden Einfluß zu nehmen. Solange sich der fragliche Himmelskörper noch in größerem Abstand von der Erde befindet, läßt er sich ohne übermäßigen Aufwand, einfach mit Hilfe eines entgegengesandten Flugkörpers, von seinem momentanen Kurs ablenken. Die entsprechende Technik wäre verwendbar sowohl im Rahmen einer Defensivstrategie (zur Abwendung einer drohenden Kollision) als auch einer Offensivstrategie (um den einfallenden Himmelskörper zu einem bestimmten Punkt auf der Erdoberfläche hinzulenken).

Ein besonders skurriler Seitentrieb des Nemesis-Konzepts ist seine Verbindung mit dem Nuklearwinter-Szenarium, über das wir seit ein paar Jahren soviel zu hören bekommen. Im Anschluß an die ersten konkreten Indizien für den Einschlag eines massereichen Himmelskörpers in zeitlicher Parallele zum Aussterben der Dinosaurier vor 65 Millionen Jahren führte eine Reihe von Geophysikern und Meteorologen Experimente und Berechnungen durch, die es ermöglichen sollten, die Umweltfolgen einer Kollision mit einem riesigen Gesteins- oder Eisbrocken abzuschätzen. Der Durchmesser des seinerzeit abgestürzten Himmelskörpers ist auf etwa zehn Kilometer geschätzt worden. Nun gab es zwar niemanden, der nicht der Ansicht gewesen wäre, daß der Einschlag eines Körpers dieser Größe die einschneidendsten Konsequenzen für die Umweltbedingungen auf der Erdoberfläche haben muß, aber eine halbwegs exakte Einschätzung dieser Folgen war ohne ausgeklügelte Computersimulationen nicht möglich. Von den möglichen Szenarien, die im Zuge dieser Forschungen ausgearbeitet wurden, fand jenes (das allein deshalb nicht unbedingt schon das richtige sein muß) die meiste Zustimmung, demzufolge die Erdatmosphäre von einem Nebel aus Gesteins- und Wasserstaub erfüllt wird, der so dicht ist, daß er den gesamten Globus in Nacht einhüllt. Als Folge davon wird die Photosynthese in den Grünpflanzen unterbunden, und damit sind alle Tiere, deren Ernährungsgrundlage diese Pflanzen bilden, zum Tode verurteilt. Die Pflanzen selbst können die Dunkel- und Kälteperiode überleben – vorausgesetzt, sie dauert nicht zu lange. Das Interessante ist nun, daß die auf die Problematik des Dinosauriersterbens zugeschnittenen Experimente und Computersimulationen binnen kurzem von Carl Sagan und anderen aus ihrem ursprünglichen Zusammenhang gelöst und in den Kontext der Thermonuklearkriegs-Szenarien übertragen wurden. Dies war die Geburtsstunde des «nuklearen Winters» in der amerikanischen Variante.

Von Nemesis führt sogar eine Verbindungslinie zur aktuellen Suche nach außerirdischer Intelligenz – dem SETI-(Search for ExtraTerrestrial Intelligence-)Programm der US-Raumfahrtbehörde NASA und seinen Pendants in anderen Ländern. Bei dieser Suche nach Leben in anderen Teilen des Alls nimmt man prinzipiell nur solche Sonnensysteme ins Visier, die starke Ähnlichkeiten mit dem unseren aufweisen; dem liegt die Überlegung zugrunde, daß

Entwicklungen, wie sie hier stattgefunden haben, unter ähnlichen Bedingungen mit größter Wahrscheinlichkeit auch anderswo in ähnlicher Form auftreten mußten. Da etwa drei Viertel der Sonnen in unserer Galaxis Doppel- oder Multipelgestirne sind und unsere Sonne bisher als Einzel(gänger)gestirn galt, schien es logisch, das SETI-Programm auf Ein-Sonnen-Systeme zu konzentrieren. Dabei ging man von der Annahme aus, daß Leben in der uns bekannten Form wohl kaum in einem instabilen System entstehen könnte, in dem zwei oder mehr Sonnen um ein gemeinsames Zentrum kreisen. Und wahrscheinlich trifft dies auch tatsächlich zu für Doppelgestirn-Systeme mit zwei Sonnen von ungefähr gleicher Größe. Aber seit Nemesis – also eine kleinere Zweitausgabe unserer Sonne – am Horizont der Möglichkeiten aufgetaucht ist, ist damit zugleich auch die Frage aufgeworfen, ob die Evolution von komplexem Leben nicht vielleicht gefördert wird durch die Ungunst eines solchen Zwei-Sonnen-Systems, ja diese womöglich als Conditio sine qua non voraussetzt.

Soweit also dieser erste, notgedrungen stark geraffte Überblick über die faszinierenden, mitunter bizarren Zusammenhänge zwischen dem Nemesis-Konzept und anderen Domänen von Natur und Gesellschaft. «Nemesis» könnte in die Geschichte eingehen als ein entscheidender Schritt nach vorn in unserem Bemühen, uns das Naturgeschehen begreiflich zu machen – genausogut aber auch könnte der Name eines Tages nur mehr eine von peinlicher Halbverrücktheit beherrschte Phase der Wissenschaftsgeschichte bezeichnen.

Obwohl dies kein autobiographisches Buch ist, halte ich es für angezeigt, dem Leser einige Informationen über mich selbst und meinen Werdegang zu geben. Ich bin Mitte der dreißiger Jahre in Boston als Sproß einer Professorenfamilie geboren. Meine Eltern sind beide Botaniker; mein Vater hat, bis zu seiner Emeritierung im Jahr 1967, viele Jahre lang an der Harvard University gelehrt. Ich studierte Geologie und Paläontologie an der University of Chicago und an der Harvard University und bin seither, von einem kurzen

Flirt mit der Erdölindustrie abgesehen, praktisch ununterbrochen im Hochschulbereich tätig, und zwar seit einer Reihe von Jahren an der University of Chicago, jener Institution, die sich für mein voreingenommenes Auge als das aktivste, dynamischste Geisteszentrum der USA darstellt. Hier bin ich zur Zeit Lehrstuhlinhaber für die Fächer Geophysik und Evolutionsbiologie sowie für die Theoretische Grundlage der Naturwissenschaft.

Meine Forschungstätigkeit hat im Lauf der Jahre vielerlei Gestalt und Richtung angenommen und war insofern erfolgreich, als sie mir weit mehr Anerkennung brachte, als ich je zu hoffen gewagt hätte. Sie war für mich stets die gelungene Verschmelzung des Nützlichen mit dem Angenehmen, und wie es aussieht, wird das auch in Zukunft so bleiben. Mein Arbeitsgebiet war fast ausschließlich die Paläontologie – freilich nicht die Paläontologie, wie die meisten Leute sie kennen. Für mich gab es keine Feldforschungsexpeditionen und nicht die Arbeit an Frühmenschenfossilien, und nie habe ich das Verlangen kennengelernt, der Erde noch unbekannte Formen vergangenen Lebens zu entreißen, um sie der Katalogisierung zuzuführen. Nicht eine einzige neue fossile Spezies habe ich ausgebuddelt, beschrieben und benamst – ein Umstand, der vor einigen Jahren dafür sorgte, daß meine Wahl zum Vorsitzenden der Paläontologischen Gesellschaft mancherorts mit Erheiterung quittiert wurde.

Fasziniert haben mich einige allgemeine Probleme in den Randfeldern der Paläontologie herkömmlicher Provenienz und ihrer Praxis, und so habe ich eine Menge Zeit auf hochgradig theoretische, mathematische Untersuchungen der Evolution des Lebens verwendet. Auf diesem Weg bekam ich es bereits Ende der fünfziger Jahre mit dem Computer zu tun und lernte dabei, mit Hilfe von FORTRAN-Programmen Computerzeichnungen von idealtypischen Schnecken und anderen Weichtieren zu erstellen und den Evolutionsprozeß im mathematischen Modell zu simulieren. Diese Art zu arbeiten ermöglicht Fragestellungen wie: «Wie sieht das Spektrum aller überhaupt möglichen Schneckenschalen aus, eingeschlossen diejenigen, die auf der Erde niemals aufgetreten sind?»

oder: «Wie würden die Evolutionsmuster aussehen, wenn Darwin sich geirrt hätte?»

Für manche unter meinen mehr traditionsverhafteten, petrefaktentreuen Fachkollegen hat meine Art Forschung ein bißchen was von einem roten Tuch, aber im großen und ganzen ließ man mich ungeschoren – jedenfalls solange Nemesis noch nicht auf der Bildfläche erschienen war. In gewissen Grenzen, finde ich, macht die Arbeit mit Fossilien Spaß; aber genausogut trifft das auch für Kristalle und eine Menge anderer Naturgegenstände zu. Die wirklich interessanten Probleme hängen an irgendeiner Stelle immer mit den hochabstrakten Fragen der Theorie zusammen. Mit der Totalsicht der Dinge. Sich auf diesem Feld zu tummeln, ist mit erhöhtem Risiko verbunden, denn die «Antworten», die man hier findet, sind häufiger falsch als richtig.

Die Nemesis-Geschichte:
Ein chronologischer Abriß

Erstmals namentlich erwähnt wurde der Begleitstern Nemesis in dem britischen Wissenschaftsjournal «Nature» vom 19. April 1984. Um jedoch alle tragenden Elemente im Unterbau der Geschichte zu erfassen, müssen wir bis ins Jahr 1980 zurückgehen. In dem folgenden Überblick sind naturgemäß diejenigen Ereignisse am stärksten akzentuiert, die ich selber miterlebt habe.

Juni 1980: Die Zeitschrift «Science» veröffentlicht einen Artikel mit dem Titel »Extraterrestrial Cause for the Cretaceous-Tertiary Extinction» (Außerirdische Ursache der Kreide-Tertiär-Auslöschung). Als Verfasser zeichnen Luis Alvarez, Walter Alvarez, Frank Asaro und Helen Michel, sämtlich dem Lehrkörper der Berkeley-Universität (University of California at Berkeley) angehörig. Erstmals wird die allgemeine Öffentlichkeit hier mit der Hypothese vom Einschlag eines Himmelskörpers als Ursache des Aussterbens der Dinosaurier bekanntgemacht; die Hypothese stützt sich auf die Entdeckung eines Falls von abnormal hoher Konzentration des Elements Iridium an der Grenze zwischen Kreide- und Tertiär-Formation (der sogenannten K-T-Grenze).

1980 bis heute: Mit Feldforschungen und Laboruntersuchungen gehen Forschergruppen verschiedener Länder unabhängig voneinander der Alvarez-Hypothese vom Massenaussterben infolge des Einschlags eines Himmelskörpers nach. Weltweit werden an der K-T-Grenze zahlreiche weitere Iridiumanomalien sowie andere Einwirkungsspuren außerirdischen Ursprungs entdeckt. Die Fachvertreter typischen Zuschnitts in Paläontologie und Geologie reagieren auf die neue Idee allgemein mit heftiger Ablehnung, wenngleich die Einschlaghypothese langsam immer mehr Boden gewinnt.

Juli 1981: Das NASA-Forschungszentrum Ames veranstaltet das erste von drei Arbeitsseminaren über die Evolution höherentwickelten Lebens, über außerirdische Einflüsse auf die Evolution und über höherentwickeltes Leben im All. Man hat mir die Leitung dieser Arbeitsseminare übertragen; unter den Teilnehmern befinden sich mehrere Wissenschaftler, die in der nachfolgenden Nemesis-Debatte eine herausragende Rolle spielen werden.

Oktober 1981: In Snowbird, einem Wintersportzentrum in den Bergen von Utah, findet ein Wissenschaftskongreß statt; Thema: «Der Einschlag massereicher Asteroiden und Kometen auf die Erde: Was sagt die Geologie dazu?» Die – hinterher binnen kurzem nur mehr als «Snowbird-Konferenz»* apostrophierte – Tagung wird getragen von dem «Lunar and Planetary Institute» und der «National Academy of Sciences» und lockt rund 120 Vertreter verschiedenster Fachrichtungen zu Gesprächen und Kontroversen über die

---

* Seit Oktober 1988 – dem Zeitpunkt, wo am selben Ort abermals ein Kongreß zu diesem Thema stattfand – wird zwischen erster und zweiter bzw. Snowbird-Konferenz von 1981 und von 1988 unterschieden. – Anm. d. Übers.

Alvarez-Hypothese an. Die Wortgefechte werden mit solcher Hitze ausgetragen, daß die Teilnehmer fast kaum des Zaubers der Landschaft und des strahlend schönen Wetters um sie herum gewahr werden.

Frühjahr 1983: Mein Fachkollege J. John (genannt Jack) Sepkoski und ich beginnen mit der numerischen Analyse des computergespeicherten Datenmaterials von Sepkoskis 1982 veröffentlichtem «Compendium of Fossil Marine Families» (Handbuch der fossilen Meerestierfamilien). Dabei glauben wir, das von Alfred G. Fischer und Michael A. Arthur 1977 berichtete zyklische bzw. periodische Auftreten von Extinktionen beobachten zu können, das seinerzeit so gut wie alle von uns entweder gar nicht zur Kenntnis genommen oder heftig bestritten haben.

Mai 1983: Auf einer Konferenz in Berlin, die dem Thema «Wandlungsmuster in der Erdevolution» gewidmet ist, trage ich unsere ersten, zögernden Mutmaßungen in Richtung «periodische Auslöschung» vor. Mein Gesprächsbeitrag ist bewußt in gedämpfter Tonart gehalten. Ich gebe mir Mühe, die Sache sowohl aus dem offiziellen Schlußbericht wie aus der Presseberichterstattung herauszuhalten – ersteres mit vollem, letzteres mit eingeschränktem Erfolg.

August 1983: Unsere Periodizitäts-These hat sich etwas konsolidiert, und Jack Sepkoski stellt sie in knapper Form auf einem Wissenschaftssymposium über «Die Dynamik des Aussterbens» in Flagstaff/Arizona vor; dabei äußert er auch die Vermutung, daß irgendeine außerirdische Triebkraft hinter dem Phänomen der periodischen Auslöschung stecken könne.

September 1983: In «Science», «Science News» und der «Los Angeles Times» erscheinen Berichte über Sepkoskis Vortrag in Flagstaff; auf diesem Wege werden erstmals auch Nichtgeologen und die allgemeine Öffentlichkeit in großen Zügen mit dem Gedanken vertraut gemacht. Daraufhin flammt unter Astronomen und Astrophysikern jenes lebhafte Interesse auf, das sich dann in der Ausgabe der wissenschaftlichen Wochenzeitung «Nature» vom 19. April 1984 gebündelt niederschlagen wird.

Oktober 1983: Sepkoski und ich reichen bei der Redaktion der «Proceedings of the National Academy of Sciences» (PNAS) ein kurzes Manuskript zur Veröffentlichung ein; unter dem Titel «Periodicity of Extinction in the Geologic Past» (Aussterbeperiodizität in der erdgeschichtlichen Vergangenheit) legen wir darin die Ergebnisse unserer statistischen Analysen vor.

Februar 1984: Unser PNAS-Manuskript erscheint im Druck: fünf Seiten voll statistischer Analysen, die nach unserer Auffassung für eine 26-Millionen-Jahre-Periodizität der Auslöschung sprechen; im weiteren folgern wir, daß die Triebkraft hinter dieser Periodizität womöglich in irgendeiner anderen Ecke unseres Sonnensystems oder noch weiter draußen in der Galaxie zu suchen sein könnte. Gleichzeitig tippen wir auf den Durchgang des Sonnensystems durch die Spiralarme der Milchstraße als mögliche Ursache.

19. April 1984: «Nature» publiziert fünf Beiträge, in denen die 26-Millionen-Jahre-Periodizität in den Kontext der Astrophysik gestellt wird: (1) Michael R. Rampino und Richard B. Stothers und (2) Richard D. Schwartz und Philip B. James schreiben über die Vertikalbewegung des Sonnensystems durch die Galaxie; (3) Marc Davis, Piet Hunt und Richard A. Muller und (4) Daniel P. Whitmire und Albert A. Jackson IV. postulieren die Existenz des Sonnenbegleiters (der in dem Beitrag der Gruppe [3] den Namen «Nemesis» erhält); (5) Alvarez und Muller geben bekannt, daß sie eine ähnliche Periodizität im Alter der Meteoritenkrater auf der Erde festgestellt haben. Von Redaktionsseite vorangestellt sind diesen fünf Artikeln per saldo negative Kommentare aus der Feder von John Maddox (Chefredakteur von «Nature») und Anthony Hallam (Professor für Geologie an der Universität Birmingham).

Januar 1985: Das Magazin «Science Digest» erklärt ein Referat über Nemesis zur Nummer eins unter seinen «Geschichten des Jahres» (1984) für die Bereiche Astronomie und Physik.

Januar 1985: Daniel P. Whitmire und John J. Matese publizieren einen Artikel in «Nature», in dem sie die These aufstellen, die 26-Millionen-Jahre-Periodizität sei in Wirklichkeit die Folge eines bis dato unentdeckten Planeten X in der Nachbarschaft des Neptun.

Januar 1985: In Tucson/Arizona widmet die Jahreshauptversammlung der American Astronomical Society der Debatte über die Nemesis-Hypothese eine eigens anberaumte Sondersitzung. Von den Spitzenreiter-Hypothesen wird jede für sich mit scharfer Munition unter Feuer genommen. Mit unseren statistischen Analysen des Datenmaterials in Sachen Artenauslöschung geraten Sepkoski und ich ins Schußfeld von Scott Tremaine vom Massachusetts Institute of Technology.

März 1985: In der Spalte «Neues aus der Welt der Forschung» des Magazins «Science» berichtet Richard Kerr über das Treffen in Tucson; sein Beitrag trägt den Titel: «Fragen über Fragen angesichts periodischer Artenauslöschungen und Einschlägen von Himmelskörpern».

März 1985: «Nature» publiziert einen Beitrag von mir, in dem ich die periodische Umkehrung des Magnetfeldes der Erde in Abständen von jeweils 30 Millionen Jahren postuliere.

2. April 1985: Die «New York Times» bringt ihren ersten Leitartikel in Sachen Nemesis («Das falsch gestellte Horoskop der Dinosaurier»), der mit dem inzwischen berühmt gewordenen Mahnspruch schließt: «Astronomen sollten nicht versuchen, den Astrologen ins Handwerk zu pfuschen, und es diesen überlassen, die Ursache von irdischen Vorgängen in den Sternen zu suchen.»

Mai 1985: Das Nachrichtenmagazin «Time» bringt eine Titelgeschichte über Nemesis und die periodische Artenauslöschung.

Juni 1985: Ein neues Kinderbuch über die Dinosaurier, das als erstes seiner Art auf dem aktuellen Stand der Wissenschaft geschrieben ist, schildert die Nemesis-Geschichte für junge Leser: «The Dinosaurs and the Dark Star» (Die Dinosaurier und der Unglücksstern) von Roberts Bates und Cheryl Simon. Ungefähr um die gleiche Zeit bringt die britische Rockgruppe Shriekback eine Single auf den Markt, auf der es ebenfalls um Nemesis geht. Überdies erfreut sich das Motiv vom Himmelskörpereinschlag mit katastrophalen Folgen in der SF-Literatur seit neuestem sprunghaft angestiegener Beliebtheit.

Juni 1985: «Nature» veröffentlicht einen Aufsatz von Antoni Hoffman, einem Paläontologieprofessor an der Columbia University, der an der statistischen Auswertung des Datenmaterials zum Phänomen der Artenauslöschung, wie sie von dem Gespann Sepkoski–Raup vorgenommen wurde, keinen guten Faden läßt. In einem redaktionellen Vorspann spendet «Nature»-Chefredakteur John Maddox Hoffmans Attacke geräuschvoll Beifall.

Juli 1985: In ihrem zweiten Leitartikel zum Thema (Titel: «Nemesis von der Nemesis ereilt») macht sich auch die «New York Times» Hoffmans Argumente zu eigen.

Oktober 1985: In «Science» berichten Wendy S. Wolbach, Roy S. Lewis und Edward Anders über die Entdeckung beträchtlicher Rußvorkommen im Ton an der K-T-Grenze. Man deutet diesen Ruß als Rückstand aus gewaltigen, durch Kometeneinschlag ausgelösten Feuersbrünsten.

Oktober 1985: In «Nature» erscheint ein Aufsatz von Timothy M. Lutz, in dem meine These von der periodischen Umkehrung des Magnetfelds angefochten wird. Den Vorspann dazu bildet mein eigener Beitrag zur Spalte «Nachrichten und Kommentare», in dem ich dem Verfasser meine Anerkennung ausspreche, aber die Periodizität der Auslöschung unnachgiebig verteidige.

Oktober 1985: Stephen Jay Gould veröffentlicht in der Zeitschrift «Discover» einen Essay, in dem er Hoffman, «Nature» und die «New York Times» in unverblümten Worten einer herben Kritik unterzieht.

2
«KATASTROPHISMUS» UND ERDGESCHICHTE

Cuvier kontra Lyell

Zu einem keineswegs unerheblichen Teil rührt der Meinungsstreit über die Nemesis-Theorie von der wissenschaftsgeschichtlichen Bedeutungshypothek her, die auf dem an sich nicht sonderlich präzisen Ausdruck «Katastrophismus» (auch «Katastrophenlehre» oder «Katastrophentheorie») ruht. In vielen naturwissenschaftlichen Disziplinen, ganz besonders jedoch in der Geologie, ist der Katastrophismus ein überaus vorbelastetes Konzept. Es gibt eine stattliche Reihe von Geologen, vor deren Ohren man sich besser jeder auch noch so leisen Andeutung enthält, irgendein Ereignis der Erdgeschichte könnte womöglich im Zusammenhang mit einer Katastrophe stehen, wenn man nicht Gefahr laufen will, mit einer Flut von Einwürfen und Schmähungen überschüttet zu werden.

Was ist eine Katastrophe? Auf jeden Fall etwas Plötzliches und Unvorhergesehenes, würde ich meinen. Dazu etwas Gewaltiges! Gewaltig soll heißen: übermäßig groß im Vergleich zum Alltäglichen und Wahrscheinlichen. Und dann ist da immer auch Unheil mit im Spiel: Mag passieren, was will – als Katastrophe tituliert man es erst dann, wenn dabei irgendwer oder irgend etwas zu Schaden kommt. Unter den Naturereignissen haben die großen Erdbeben, Überflutungen und Vulkanausbrüche allesamt Anspruch auf diesen Titel.

In der Geologie hat man sich lange Zeit mit der Frage herumgeschlagen, ob die durch Ereignisse katastrophischer Natur bewirkten Veränderungen langfristig gesehen größer sind als die kumulierte Wirkung der still im Hintergrund verlaufenden Alltagsprozesse.

Um die Mitte des neunzehnten Jahrhunderts ist darüber eine lange und hitzige Debatte geführt worden, deren Ergebnisse heute die unumgängliche Ausgangsbasis bilden für alle Erörterungen über Sterne, die vom Himmel fallen und dabei gegebenenfalls Saurier ums Leben bringen – gleichgültig, ob dergleichen in fixen Zeitabständen oder irregulär geschieht. Die Meinungsverschiedenheit, die sich im neunzehnten Jahrhundert in dieser Frage aufgetan hat, ist für uns so interessant und wichtig, daß es sich lohnt, sie hier in Teilen zu rekonstruieren.

Einer der größten Naturforscher aller Zeiten ist der französische Anatom und Paläontologe Georges (Léopold Chrétien Frédéric Dagobert, Baron de) Cuvier (1769–1832), der, hauptsächlich in den fossilträchtigen Ablagerungen des Seinebeckens forschend, Pionierarbeit auf dem Gebiet der Schichtfolgen und der Geschichte des Lebens leistete. Cuviers Forschungsergebnisse haben zum großen Teil auch heute, nach 150 Jahren, nichts an Wert eingebüßt. Es ist wichtig, sich klarzumachen, daß die Arbeiten Cuviers (wie auch seiner zahlreichen Geistesverwandten in anderen Teilen Europas) Jahrzehnte vor das Erscheinen von Darwins «Ursprung der Arten» datieren.

Anhand seiner Beobachtungen im Seinebecken kam Cuvier zu einer sehr dezidierten Auffassung vom Lauf der geologischen wie der biologischen Geschichte. Beide Sequenzen, so fand er, waren in kaum zu übersehendem Maß interpunktiert von jähen Wandlungen. Unter den fossilen Urkunden tauchten unvermittelt neue Organismen auf und erhielten sich über lange Zeiträume hinweg unverändert, um zuletzt schlagartig wieder von der Bildfläche zu verschwinden. Und in diesem Stil des makrohistorischen Wandels verriet sich für ihn im wesentlichen die Handschrift sporadischer Katastrophenfälle. So schrieb er beispielsweise im Jahr 1817:

«Dieses wiederholte [Vordringen] und Zurückweichen des Meeres verlief jedesmal weder langsam noch schrittweise; die auslösenden Katastrophen waren meistenteils durch Jähigkeit des Geschehens gekennzeichnet; und dafür läßt sich unschwer der Nachweis führen, zumal für die historisch jüngste dieser Katastrophen, deren Spuren am augenfälligsten zutage liegen . . . Offenbar ist das Leben auf unserer Erde oftmals von furchtbaren Ereignissen gestört worden – Unglücksfällen, die unter Umständen von Anfang an die äußere Erdrinde bis zu großer Tiefe in Mitleidenschaft zogen und umpflügten . . . Lebewesen ohne Zahl sind diesen Katastrophen zum Opfer gefallen . . . Ihre Rassen sind auf immer ausgelöscht, und nichts ist zurückgeblieben als einige Reste, die kaum noch der Naturforscher zu erkennen vermag . . .»

Diese Auffassung von der Erdgeschichte und der Geschichte des Lebens fand in dem großen englischen Geologen Sir Charles Lyell (1797–1875) ihren entschiedensten Gegner. Aus ein und denselben Schichtfolgen las Lyell ganz andere Dinge heraus als Cuvier. So flocht er beispielsweise in die erste Auflage seines berühmt gewordenen Lehrbuchs «Grundlagen der Geologie» (3 Bde., 1830–1833) die folgende – stilistisch ziemlich aufgedonnerte – Passage ein:

«Wir hören heutzutage von plötzlichen und heftigen Revolutionen, vom augenblicklichen Hochspringen von Bergketten, von Paroxysmen vulkanischer Energie . . . Man erzählt uns von allgemeinen Katastrophen und einer Folge von Sintfluten, von wechselnden Perioden der Ruhe und der Unordnung, von der Vereisung des Erdballs, von der plötzlichen Vernichtung ganzer Rassen von Pflanzen und Tieren, und was dergleichen Hypothesen mehr sind, in denen wir den alten Geist der Spekulation wiederbelebt finden und ein Bestreben, den gordischen Knoten lieber zu zerhauen, statt ihn geduldig aufzulösen.»

Lyell war anderer Meinung als Cuvier und brachte das recht maliziös zum Ausdruck. Die Wendung vom «alten Geist der Spekulation» war bestimmt nicht als Kompliment gemeint. Und wenn er vom geduldigen Auflösen des gordischen Knotens spricht, so will er damit doch wohl nichts anderes sagen, als daß die Geologie nur mit ehrlicher, harter Arbeit weiterkommt. Die Katastrophentheorie gilt in dieser Sicht als Pfusch.

Wie nicht wenigen Lesern inzwischen längst aufgegangen sein dürfte, haben wir es in dem Meinungsstreit und der Zwietracht um Nemesis mit einer Neuauflage der alten Lyell-Cuvier-Kontroverse zu tun.

In seinem Lehrbuch zieht Lyell bei der Darlegung seines Standpunkts in der Folge noch stärkere Register, ja, selbst ein bißchen moralisches Tremolo kann er sich nicht versagen:

«Bei unserem Versuch, diese schwierigen Fragen zu entwirren, werden wir einen anderen Kurs einschlagen und uns beschränken auf die bekannten oder möglichen Wirkungen existierender Ursachen; in der Gewißheit, daß wir die Möglichkeiten, die ein Studium des gegenwärtigen Naturlaufs bietet, noch nicht ausgeschöpft haben, daß wir deshalb im Kindheitsstadium unserer Wissenschaft nicht berechtigt sind, unsere Zuflucht zu außergewöhnlichen Agenzien zu nehmen. Wir werden bei diesem Plan bleiben, weil . . . die Geschichte uns lehrt, daß diese Methode die Geologen noch stets auf den Weg gestellt hat, der zur Wahrheit führt . . .»

Lyell hört sich hier mehr an wie ein Advokat (als der er ursprünglich auch ausgebildet war) oder ein Prediger, oder auch wie ein Politiker, denn wie ein Naturwissenschaftler. Was vor allem in die Augen springt: Er erhebt die Frage «Katastrophe – ja oder nein?» beinahe in den Rang einer sittlichen Entscheidung.

Unter Beteiligung von Schülern und Adepten beider Seiten ging es in der Lyell-Cuvier-Kontroverse ein paar Jahre lang hoch her. Der Umstand, daß die Lyell-Anhänger von Anfang an und jederzeit unangefochten die Rolle des überlegenen Gegners spielten und den Kampfplatz schließlich als überragende Sieger verließen, hat den Denkstil der Geologie und benachbarter Disziplinen mit bis auf den heutigen Tag anhaltender Wirkung geprägt. Es ist kaum möglich, Massivität und Wucht von Lyells Sieg oder das Ausmaß von Cuviers Niederlage zu übertreiben. Im Sommer 1985 erlebte ich eine kuriose Situation, die mir die Augen dafür öffnete, wie dieser Sachverhalt aus französischer Sicht wahrgenommen und erlebt wird. Mit einem französischen Fachkollegen unterhielt ich mich bei Tisch über den aktuellen Stand der französischen Evolutionsbiologie und Paläontologie. Mein Bekannter bemerkte dazu, daß die französischen Wissenschaftler, die er kenne, nur widerwillig neue Theorien formulierten oder bei ihren Forschungen neue Wege zu betreten wagten. Ich fragte ihn, warum das so sei, und machte mich auf alle möglichen vulgärsoziologischen Erklärungen von Mitterrand bis zum französischen Wein gefaßt. Was ich dann tatsächlich zu hören bekam, versetzte mir einen Schock. Seine Fachgenossen – erklärte mir mein Gegenüber – hätten das Cuvier-Debakel bis heute noch nicht verwunden und wollten um jeden Preis verhindern, daß so etwas noch mal passiere.

Wie dem auch sei – in Anbetracht der seither absoluten Vorherrschaft von Lyells Position war man unter Geologen stets dann am besten gelitten, wenn man es beim Theoretisieren über den Gang der Erdgeschichte strikt vermied, seine «Zuflucht zu außergewöhnlichen Agenzien zu nehmen». Das soll nicht heißen, daß wir mit dem Lyell-Paradigma nicht gut gefahren wären: das Gegenteil ist der Fall. Für viele geologischen Phänomene liegen die einfachste Interpretation und die zutreffendste Erklärung fraglos in wohlbekannten und geregelten Prozessen, wie sie noch heute beobachtet, gemessen und unter Umständen sogar experimentell untersucht werden können. Kein Zweifel: Der Schlüssel zur Vergangenheit ist die Gegenwart.

Und was in mancher Hinsicht noch wichtiger ist: Lyells Dogma hat es überdies möglich gemacht, eine klare Scheidelinie zu ziehen zwischen Naturwissenschaft hier, Religiosität und abseitigem Spinnertum da. Es liegt keineswegs in meiner Absicht, die beiden letztgenannten Dinge einander gleichzustellen; nichtsdestoweniger gelten sie zumindest für die institutionalisierte Naturwissenschaft gemeinhin alle zwei als lästige Übel.

Das Lyell-Paradigma hat einige interessante Folgen gehabt. In den Universitätshörsälen wird es den Geologiestudenten unter dem Titel «Uniformitätslehre» als eine Art geologischer Katechismus eingebleut und als solcher nur allzugut im Gedächtnis behalten, auch wenn nicht immer ganz klar ist, was genau man denn nun unter «Uniformität» zu verstehen habe. Ein klassisches Beispiel für einen Teil der Probleme, die sich daraus ergeben haben, ist der Fall «J. Harlen Bretz und die Rinnen der Scablands».

Die Scablands sind ein Gebiet im Ostteil des Staats Washington (südlich des Spokane), wo die dicke Gletscherbodenschicht und das darunterliegende Vulkangestein von tiefen Rinnen durchfurcht ist.

Auf dem Grund dieser Rinnen lagert grober Kies, der von weit außerhalb der Region hierhergelangt sein muß. In den Jahren nach dem Ersten Weltkrieg unternahm «Doc» Bretz ausgedehnte Feldforschungen über die geologische Beschaffenheit der Scablands. Einen Großteil seiner Befunde führte er auf eine gewaltige, durch Gletscherschmelzwasser verursachte Flutkatastrophe zurück. Für Bretz waren die Tiefe der Rinnen, Erosion und Auswaschung des Vulkangesteins sowie die Kieslager allesamt Anzeichen dafür, daß hier nicht gewöhnliche Flüsse und Ströme mit ihrer langsameren, sachteren Arbeitsweise am Werk gewesen waren, sondern eine plötzliche Flut von gewaltigen Wassermassen. Der Lohn seiner Mühe war eine brüske Abkanzelung, weil er die Stirn gehabt hatte, sich auf ein «außergewöhnliches Agens» zu berufen, und hätte Bretz an der Chicago University nicht ein Amt auf Lebenszeit innegehabt, wäre er wahrscheinlich mit Schimpf und Schande aus dem offiziellen Wissenschaftsbetrieb verjagt worden. Seine Flut-Hypothese mit ihrem entfernten Anklang an die biblische Geschichte von der Sintflut war im Kreis seiner geologischen Fachgenossen schlichtweg indiskutabel. Es muß allerdings zugegeben werden, daß Bretz' Argumentation gewisse Schwächen aufwies, zumal er nichts Überzeugendes zu der Frage vorzubringen wußte, wo die plötzliche Flut denn eigentlich hergekommen sein sollte.

Aber nach langen Jahren vergeblichen Harrens und Bangens erlebte Bretz zu guter Letzt doch noch die Genugtuung, seinen Ruf als Wissenschaftler rehabilitiert zu sehen. Neue Informationen von zweierlei Art kamen ans Licht. Zum einen entdeckten unabhängig voneinander arbeitende Geologen im Westen von Montana Indizien dafür, daß es hier einmal einen ausgedehnten Gletschersee gegeben haben mußte. Und da es aller Wahrscheinlichkeit nach Dämme aus Eis gewesen waren, die diesen See als Befestigungen an Ort und Stelle gehalten hatten, war mit ihm zugleich die Quelle des Flutwassers gefunden. Zum anderen machten Luftbilder (und späterhin die Satellitenaufnahmen) so große Fortschritte, daß es möglich wurde, mit ihrer Hilfe landschaftliche Besonderheiten zu erkennen, die aufgrund ihres gewaltigen Maßstabes vom Boden aus gar nicht wahrzunehmen waren. Auf diesen Fotografien sind auf dem Grunde mehrerer Rinnen kammartige Erhebungen zu sehen, die nichts anderes sein können als ein ins Gigantische vergrößertes Wellenmuster gleichen Typs, wie es sich in verkleinertem Maßstab auf dem Grund reißender Wasserläufe zu bilden pflegt. Dieser neue Befund gab den Ausschlag dafür, daß Bretz' Sintflut-Hypothese nunmehr allgemein als glaubwürdig anerkannt wurde, mochten sich orthodoxe Lyellianer auch noch so sehr dagegen sträuben.

Bretz hatte das Glück, seinen Triumph noch erleben zu können, auch wenn er sich lange gedulden mußte, bis es endlich soweit war: 1976 – er war inzwischen 96 Jahre alt – verlieh ihm die Geological Society of America ihre höchste Auszeichnung, die Penrose-Medaille. Der Fall Bretz ist eine ausgezeichnete Lektion in Sachen Wissenschaftsbetrieb und Wissenschaftlichkeit; trotzdem hat er sowohl für die Lehrbücher der Erdgeschichte als auch generell für die geologische Wissenschaftspraxis im Grundlegenden nicht sonderlich viel Konsequenzen gehabt.

Meteoriten

Meteoriten – in des Wortes buchstäblicher Bedeutung: «Steine, die vom Himmel fallen» – gehören zweifellos zu den Dingen, die Lyell und seine Anhänger als «außergewöhnliche Agenzien» einstufen würden. Sich einmal die wechselnden Anschauungen vor Augen zu führen, die in der Geschichte der Geologie in bezug auf Meteoriten vertreten wurden, ist nicht nur aus lyellianischer Perspektive interessant, sondern auch, weil Meteoriten im Zusammenhang mit Nemesis eine wichtige Rolle spielen.

«Meteorit» ist ein Fachausdruck, mit dem jeder auf der Erde angetroffene Stein außerirdischen Ursprungs belegt wird, gleichgültig, von welchem Ort in unserem Sonnensystem er herstammt und ob er seine Karriere als Asteroid oder als Komet begonnen hat. Meteoriten zeigen in der Regel ein auffälliges Erscheinungsbild und sind daher leicht zu identifizieren; es ist sogar schon etliche Male vorgekommen, daß ein Meteoriteneinschlag von Augenzeugen beobachtet wurde. Man nimmt allgemein an, daß es sich bei diesen Gesteinsbrocken zum größten Teil um Bruchstücke von Asteroiden handelt, die in der Interorbitalzone zwischen Mars und Jupiter miteinander kollidiert sind. Die Kollision bewirkt eine Bahnabweichung der Bruchstücke, und so geraten einige von ihnen unter Umständen auf einen Kurs, der die Erdumlaufbahn kreuzt. Von diesen wiederum ist ein Bruchteil groß genug, um den Weg durch die Erdatmosphäre überstehen zu können.

Und wo bleiben die Kometen? Steine außerirdischen Ursprungs werden nicht zuletzt deshalb allesamt unterschiedslos in den Gummibegriff Meteorit verpackt, weil niemand mit absoluter Sicherheit zu sagen vermag, ob es sich bei ihnen um Kometen oder Asteroiden handelt. Daß Kometen auf der Erde einschlagen und Krater reißen, ist gar keine Frage, aber bisher konnte das noch in keinem konkreten Fall zuverlässig verifiziert werden (mit der einzigen wahrscheinlichen Ausnahme des Einschlags im Tunguska-Becken). Unsere Unkenntnis in puncto Kometeneinschläge geht Hand in Hand mit nicht minder großer Ignoranz, was die stoffliche Zusammensetzung der Kometen selber betrifft. Nach allgemeiner Vermutung handelt es sich um so etwas wie «schmutzige Schneebälle», das heißt, sie bestehen zur Hauptsache aus Eis, das mit Gesteinsbrocken durchsetzt ist. Aber noch niemand hat je eine Probe von einem Kometen zum Analysieren gehabt. Und um alles noch komplizierter zu machen, besteht auch noch eine gewisse Wahrscheinlichkeit, daß sich der Asteroidenbestand des Sonnensystems durch das unablässige Hinzukommen von zerschellten Kometen aus der Oort-Wolke innerhalb sehr langer Zeitspannen komplett erneuert.

Die Meteoriten selbst kennt man seit langem, aber erst seit neuestem finden sich Geologen zu dem Zugeständnis bereit, daß die Erde einem regelmäßigen Bombardement von Meteoriten einer Größenordnung, die zur Kraterbildung führt, ausgesetzt ist. Noch im Jahr 1964 schrieb der renommierte Harvard-Professor Kirtley Mather, auf der gesamten Erdoberfläche gebe es alles in allem nicht mehr als fünf oder sechs Einschlagkrater, als deren bekanntesten er den sogenannten «Meteor Crater» in Arizona anführte. Viele, viele Jahre lang galten die Mondkrater für vulkanische Gebilde, weil es schlichtweg undenkbar war, sie auf Meteoriteneinwirkung zurückzuführen.

Ein radikaler Vorstellungswandel erfolgte auf diesem Gebiet im Anschluß an die Entwicklung präziser physikalischer und chemischer Verfahren zur Bestimmung von Meteoritenkratern. Überdies war mit den Satellitenaufnahmen die Möglichkeit gegeben, auch solche Krater zu erkennen, die aufgrund ihrer enormen Ausmaße nicht nur für die Beobachtung aus der Bodenperspektive, sondern auch für die konventionelle Luftbildfotografie «unsichtbar» blieben. Im selben Zuge steigerte sich auf seiten der Geologen erheblich die Bereitschaft, Meteoriteneinschlag als Ursache kraterähnlicher Bildungen an der Erdoberfläche in Erwägung zu ziehen. Derzeit kennt man rund einhundert zuverlässig verifizierte Einschlagkrater. Zweifellos harren noch viel, viel mehr solcher Krater ihrer Entdeckung, und ganz bestimmt ist auch eine noch größere Zahl dem Zerstörungswerk der Erosion zum Opfer gefallen. Wir haben allen Grund zu der Annahme, daß, gäbe es die Erosion nicht, die Erdoberfläche genauso pockennarbig aussehen würde wie das Gesicht des Mondes.

Ein interessantes Detail aus der Geschichte der Meteoritenforschung ist der Umstand, daß die neuen Fakten und Konzepte ohne nennenswerte Veränderung der fundamentalen Dogmen in das Glaubensgebäude der lyellianischen Uniformitätslehre integriert werden konnten. Meteoriten fallen vom Himmel und hinterlassen – mitunter sogar recht große – Einschlagkrater auf der Erdoberfläche: Hatte man sich mit diesem Sachverhalt erst einmal abgefunden, ordnete er sich zwanglos in das Uniformitätskonzept ein und war fortan nicht mehr als Katastrophe zu betrachten. Als Illustration dafür mag die folgende Erklärung von George Wetherill und Eugene Shoemaker aus dem Jahr 1982 dienen:

«Obzwar der Aufprall solcher Objekte auf der Erde, was die Größenordnung der von ihnen angerichteten Schäden betrifft, mit Recht eine ‹Katastrophe› genannt werden kann, sind derlei Vorkommnisse zugleich auch

Beispiele für ‹Uniformität›, insofern sie nämlich die Verlängerung gegenwärtig zu beobachtender geologischer Vorgänge in ältere Epochen der Erdgeschichte darstellen.»

Katastrophal – so läßt sich daraus folgern – ist eine Sache eigentlich nur so lange, wie sie für uns unvertraut ist. Sobald sie zu einer vertrauten Sache geworden ist, braucht man sie nicht länger mit jener häßlichen Etikettierung zu verschandeln. Naturwissenschaftler sind flexible Leute.

Querdenker und tollkühne Thesen

Seit hundert Jahren gibt in der Geologie und der Paläontologie der lyellsche Denkstil den Ton an. Cuvier wird oft zitiert, wenn es darum geht, zu Beginn eines geologischen Proseminars durch Erheiterung der Teilnehmer die Atmosphäre zu entkrampfen; mitunter dient die Erwähnung seines Namens auch als eine Art Knüppel-aus-dem-Sack, um einen ausgefallenen Gedankengang abzuwürgen. Es ist eine leider nur allzu beliebte Praxis, irgendwelche – sei's auch noch so entfernt – «nach Katastrophismus riechenden» Erklärungsmodelle mit dem schlichten Hinweis auf Cuvier abzufertigen: sie müssen einfach deswegen falsch sein, weil schon Cuvier unrecht hatte. Noch hanebüchener sind die Versuche, Cuvier zu unterstellen, er habe es gar nicht so gemeint. Das Mißverständnis, so wird in diesem Zusammenhang geltend gemacht, sei zustande gekommen durch die Übersetzung von Cuviers Äußerungen in andere europäische Sprachen, in denen das Wort «Katastrophe» etwas anderes bedeute, als was Cuvier in seiner französischen Muttersprache damit habe sagen wollen. Ich halte diese Behauptung für völlig aus der Luft gegriffen, denn der Gesamtzusammenhang von Cuviers Arbeiten gestattet meiner Meinung nach keinen Zweifel daran, was Cuvier gemeint hat.

Der permanenten Gehirnwäsche zum Trotz sind sporadisch immer wieder Querdenker mit eindeutig «katastrophentheoretischen»

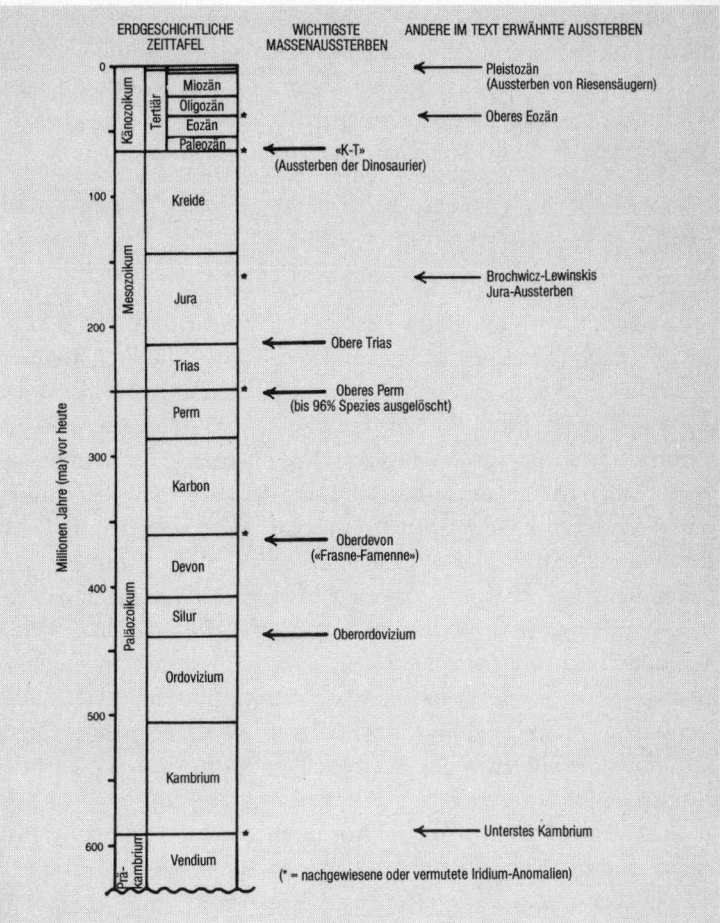

Zeittafel für die letzten 600 Millionen Jahre der Erdgeschichte. Die Gliederung in Zeitalter (Paläozoikum, Mesozoikum, Känozoikum) und Perioden (Kambrium, Ordovizium, Silur usw.) beruht zur Hauptsache auf Fossilienfunden («Leitfossilien»). Die Zeitachse ist aufgrund radiometrischer Datierungen («Isotopen-Geochronologie») in der Größenordnung von Millionen Jahren (ma) skaliert. Die Pfeile in der mittleren Spalte markieren die wichtigsten Fälle von Massenaussterben (in Auswahl).

Hypothesen zur Auslöschungsproblematik hervorgetreten. Von diesen Hypothesen möchte ich diejenigen, die im Hinblick auf das Nemesis-Thema besonders interessant sind, im folgenden kurz vorstellen. Bei allen geht es darum, daß eine außerirdische Ursache für ein Massenaussterben in Anspruch genommen wird.

Otto Schindewolf

Schindewolf war vom Ende des Zweiten Weltkriegs bis zu seinem Tod im Frühjahr 1972 Ordinarius für Paläontologie in Tübingen. Er war zweifellos in Deutschland und vielleicht sogar weltweit der anerkannt größte Experte auf dem Gebiet der geologischen Formationen; sein Ruf gründete vor allem in seinen Forschungen zu dem großen Massenaussterben am Ende des Perms vor 250 Millionen Jahren. Über viele Jahre hin unternahm er ausgedehnte Feldforschungen in der Salt Range in Pakistan, einem der ganz wenigen bekannten Vorkommen nahezu lückenloser Schichtfolgen des Übergangs von permischem zu Triasgestein. 1962 veröffentlichte Schindewolf unter dem Titel «Neokatastrophismus?» einen Aufsatz, in dem er die Hypothese zur Diskussion stellte, daß die Massenauslöschung am Ende des Perms auf eine in Erdnähe erfolgte Explosion eines Sterns, den Ausbruch einer «Supernova», zurückzuführen sei.

Keine Frage: ein Supernova-Ausbruch in der Nähe unseres Planeten müßte für die Erde als Lebensraum verheerende Folgen haben; aber wie diese konkret aussehen würden, hinge in erheblichem Umfang davon ab, *wie* nahe bei der Erde die Supernova sich zum fraglichen Zeitpunkt befände. Laut Isaac Asimov würde ein Supernova-Ausbruch in nur zehn Lichtjahren Entfernung mit seiner sichtbaren und Infrarot-Strahlung auf der Erde eine wochenlang anhaltende Hitzewelle – mitsamt den entsprechenden Begleiterscheinungen in Form veränderter Klimabedingungen – hervorbringen. Zudem würden hohe Dosen von Röntgen- und UV-Strahlung in die Erdatmosphäre geschossen werden. Was das für das Leben auf der Erde zu bedeuten hätte, ist schwer abzuschätzen, denn unsere Kenntnisse in puncto Strahlungsfolgen sind noch erstaunlich dürftig. Überdies würde ein Großteil der Strahlen in den oberen Schichten der Atmosphäre absorbiert werden. Würde der Supernova-Ausbruch in einer Entfernung von mehr als zehn Lichtjahren stattfinden, wären die Auswirkungen auf der Erde um vieles geringer. Es existieren historische Zeugnisse, wonach mehrfach Supernovae in sehr großer Entfernung von der Erde gesichtet wurden: zweimal in Europa (1572 und 1604) und einmal in China (1054).

Ein wesentlicher Faktor für die Bewertung von Schindewolfs Hypothese ist ihre Haltbarkeit nach statistischen Kriterien. Wie hoch ist die Wahrscheinlichkeit, daß mindestens einmal im Lauf der Erdgeschichte ein Supernova-Ausbruch nahe genug bei der Erde stattgefunden haben könnte, um auf unserem Planeten massives biologisches Unheil anzurichten? Nach zuverlässiger Schätzung beträgt der Wahrscheinlichkeitswert für einen Supernova-Ausbruch im Erdumkreis von bis zu 100 Millionen Lichtjahren im Mittel 1 pro 750 Millionen Jahre – und das ist in bezug auf einen so außergewöhnlichen Vorfall wie das Perm-Massenaussterben ein durchaus plausibler Häufigkeitsgrad. Wenn freilich die zuvor zitierten Berechnungen Isaac Asimovs stimmen, reicht eine Distanz von 100 Millionen Lichtjahren für diesen Effekt bei weitem nicht aus. Für eine Supernova in nur zehn Lichtjahren Entfernung ist die Wahrscheinlichkeit weitaus geringer. Einen Supernova-Ausbruch als Ursache eines Massenaussterbens zu postulieren, ist demnach in der Tat eine weit hergeholte Erklärung.

Was aber bei weitem schwerer ins Gewicht fällt, ist der Umstand, daß Schindewolf keinerlei unabhängiges Indiz für einen Sternausbruch im Perm vorzuweisen hatte. Seine Hypothese ist einzig in der ansonsten unerklärlichen Plötzlichkeit und Umfänglichkeit des Artensterbens begründet. Schindewolf mochte sich das Gehirn zermartern, wie er wollte: er kam auf keinen irdischen Vorgang, kein irdisches Phänomen, der oder das ihm die Erklärung für die Dinge geboten hätte, die er aus der Fossilgeschichte des

Perms herauslas. So war seine Hypothese gewissermaßen ein Akt der Verzweiflung. Hätte irgend jemand anderer die gleiche Idee geäußert – jemand ohne Schindewolfs ausgewiesene Kennerschaft der Schichtfolgen des Perm oder ohne seine Beschlagenheit in der Paläontologie im allgemeinen – wäre ein solches Postulat wahrscheinlich als offenkundiges Hirngespinst mit stillschweigender Mißbilligung ad acta gelegt worden. Aber auch so rief die Hypothese kein großes Echo hervor: im Lauf der nächsten paar Jahre nach ihrer Veröffentlichung erschienen einige wenige Aufsätze, die sich mit den biologischen Auswirkungen energiereicher Strahlung beschäftigten – und das war dann auch schon ungefähr alles. Freilich konnte unsereiner mit Schindewolfs These auch nicht viel anfangen, solange keine geologischen Spuren eines Supernova-Ausbruchs im Perm aufgetaucht waren.

Digby McLaren

Digby McLaren ist ein hochkarätiger kanadischer Geologe und Paläontologe. Er war mehrere Jahre lang Generalsekretär des kanadischen Amts für geologische Aufnahmen (Canadian Geological Survey); sein wissenschaftlicher Rang hat ihm darüber hinaus Auszeichnungen vielfältiger Art eingebracht, so den Vorsitz der Geological Society of America sowie der Paleontological Society und weiterhin die Ernennung zum Korrespondierenden Mitglied der National Academy of Sciences der Vereinigten Staaten. Digby lehrt heute Geologie an der Universität Ottawa.

In seiner Rede zum Amtsantritt als Präsident der Paleontological Society im Jahr 1970 sprach McLaren ausgiebig über seinen Lieblingsgegenstand in der Geologie: die Devon-Periode und speziell das Massenaussterben am Ende der Frasne-Stufe des Devons vor rund 365 Millionen Jahren, die auf der Heftigkeitsskala der Massenauslöschungen den vierten oder fünften Platz einnimmt.

McLaren wagte die kühne These, die Frasne-Auslöschung sei möglicherweise indirekte Folge eines Meteoriteneinschlags gewaltigen Ausmaßes gewesen. Er war jedoch sehr sorgfältig darauf bedacht, diese Annahme als lediglich eines von mehreren denkbaren Erklärungsmodellen zu präsentieren. Wie Schindewolf verfügte auch er über keinerlei handgreifliches Beweismaterial für das angenommene Ereignis, und wiederum wie im Fall Schindewolf waren es einzig die, so schien ihm, anders kaum erklärliche Rasanz und Intensität des Massensterbens, die ihn zu seiner Annahme drängten.

McLarens Hypothese hatte derjenigen Schindewolfs an Glaubwürdigkeit insofern einiges voraus, als Meteoriteneinschläge auch größeren Kalibers zu den einigermaßen gängigen Naturerscheinungen gehören. Bis zum Jahr 1970 hatte man auf der Erdoberfläche bereits eine stattliche Anzahl von Einschlagkratern massereicher Himmelskörper identifiziert und datiert. Doch McLaren erregte mit seiner Antrittsrede und deren anschließender Publikation noch weniger Aufsehen als rund ein Jahrzehnt früher Schindewolf. Zum Teil mag dies durchaus daran gelegen haben, daß auch McLaren den Beweis für seine Hypothese schuldig blieb; meiner Meinung nach ist dafür jedoch ebensosehr auch der Umstand verantwortlich, daß diese Hypothese für das – im Lyellschen Glaubensbekenntnis erzogene – Gros der Geologen und Paläontologen nichts weiter als eine Gedankenverirrung und als solche schlichtweg indiskutabel war.

Es muß daher Balsam in Digby McLarens Ohren gewesen sein, als er von Alvarez' Entdeckung der Iridiumanomalien an der Kreide-Tertiär-Grenze hörte. Und eine noch süßere Labsal für seine Seele, daß er im Jahr 1984 selber jenem Forscherteam angehörte, das in Australien eine Iridiumanomalie entdeckte, und zwar just da, wo er sie auch erwartet hatte: zuoberst in der Frasne-Stufe!

Harold Urey

Die Leute hören gewöhnlich auf das, was ein Nobelpreisträger sagt. Harold Urey war von Hause aus Chemiker und als solcher eine Koryphäe, aber seine Interessen und Begabungen erstreckten sich darüber hinaus auf ein breites Spektrum naturwissenschaftlicher Disziplinen. Unter anderem war er eine angesehene Autorität auf dem Gebiet der Kosmochemie, und auch auf dem Sektor Geologie bewies er eine Kenntnis, die alles andere als oberflächlich genannt zu werden verdient. So war er zum Beispiel Anfang der fünfziger Jahre an der University of Chicago Anreger und Motor eines Forschungsprojekts, bei dem ein Team von Chemikern, Geologen, Paläontologen und Biologen erstmals aus dem quantitativen Verhältnis der Sauerstoffisotope in Fossilien Rückschlüsse auf die Temperaturverhältnisse in erdgeschichtlicher Vergangenheit zog.

1973 publizierte Urey in der Zeitschrift «Nature» einen Artikel, in dem er die These aufstellte, daß mehrere der in den letzten 40–50 Millionen Jahren eingetretenen Auslöschungsvorfälle jeweils durch den Einschlag eines großen Kometen verursacht worden seien. Anders als seine Vorgänger trat Urey mit Beweismaterial gewappnet in die Arena. Seine Überlegungen basierten auf historischen Daten von zweierlei grundverschiedener Art: zum einen auf der Chronologie der Massenaussterben im Tertiär und zum anderen auf dem festgestellten Alter von *Tektiten* – jenen Glaskügelchen, die man zuweilen im Boden und in Gestein findet und die nach allgemeiner Ansicht zur Hinterlassenschaft von Meteoriteneinschlägen zählen. Bis heute hat man mehrere Episoden der Tektitbildung bestimmen und zuverlässig datieren können.

Mag sein, daß Urey die fossilen Zeugnisse der Geschichte der Massenaussterben nicht in allen Einzelheiten überblickte; jedenfalls benutzte er statt der geologischen Daten von Massenaussterben in dem durch die datierten Tektiten abgesteckten Zeitraum eine Ersatzgröße. Und zwar wählte er für diesen Zweck – ausgehend von dem generellen Befund, daß die Grenzmarkierungen auf der erdgeschichtlichen Zeitskala in aller Regel mit der Chronologie bedeutsamer Aussterbeereignisse korrelieren – das radiometrisch ermittelte Alter der Grenzen zwischen den einzelnen *Stufen* des Tertiärs (also Paleozän, Eozän, Oligozän sowie Miozän und Pliozän).

Bei der statistischen Durchleuchtung seines Datenmaterials gelangte er dann zu dem Ergebnis, daß die Übereinstimmung zwischen der Chronologie des Aussterbens auf der einen und der Altersstufung der Tektiten auf der anderen Seite zu groß ist, um sich als bloßer Zufall abtun zu lassen. Ureys Deutung dieses Befunds: Ursache des Aussterbens war jeweils ein Kometeneinschlag.

Wieder einmal herrschte Schweigen im Blätterwald. Ungeachtet der prominenten, autoritätsbesetzten Stellung, die sein Verfasser im Wissenschaftsbetrieb innehatte, weckte Ureys «Nature»-Artikel nicht das leiseste Echo. Mir ist aus der Zeit vor dem 1980er «Science»-Artikel der beiden Alvarez und ihrer Mitarbeiter über die Iridiumanomalie und das K-T-Aussterben keine einzige Publikation bekannt, in der von Ureys Arbeit Notiz genommen worden wäre.

Dabei ist «Nature» ein auflagenstarkes und von seinem Publikum sehr sorgfältig gelesenes Periodikum. Möglich, daß eine Menge Leute, die den Artikel zu Gesicht bekamen, unzufrieden waren mit Ureys Art, Statistik zu treiben, und daß sie deshalb die Sache einfach stillschweigend auf sich beruhen ließen. Das entspräche einer weitverbreiteten Gepflogenheit des Wissenschaftsbetriebs: Wo sollte man auch die Zeit hernehmen, jeder einzelnen der zahllosen Irrmeinungen, die Monat für Monat in wissenschaftlichen Periodika veröffentlicht werden, in aller Form entgegenzutreten? Und ruhte denn nicht Ureys Beweisführung in der Tat auf schmaler Basis?

Als zweite Möglichkeit kommt natürlich auch in Betracht, daß Ureys These aus der Perspektive des Lyell-Paradigmas viel zu unkonventionell war, um sich auf einer von diesem Paradigma beherrschten Wissenschaftsbühne Gehör verschaffen zu können – das heißt: viel zu «abwegig», um überhaupt registriert, geschweige denn ernsthaft diskutiert zu werden. Ich für meinen Teil kann mich nicht erinnern, daß ich seinerzeit von dem Artikel Notiz genommen hätte. Und hätte ich es doch getan, hätte ich bestimmt ablehnend reagiert.

Zum Abschluß seines Artikels von 1973 äußerte Urey die Vermutung, daß man eines Tages vielleicht einmal Tektite finden werde, deren Alter dem des Dinosaurier-Aussterbens am Ende der

Kreidezeit entspricht. Seiner Meinung nach war auch dieses Aussterben höchstwahrscheinlich durch einen Kometeneinschlag bedingt. Schade, daß es Urey nicht vergönnt war, die Veröffentlichung jenes Artikels noch mitzuerleben, als dessen Hauptautor ein anderer Nobelpreisträger, nämlich Luis Alvarez, zeichnete.

Die Beispiele der «katastrophentheoretischen» Erklärungsweise des Massenaussterbens, wie sie von Schindewolf, McLaren und Urey gegeben wurden, sind informativ in mehrfacher Hinsicht. Der interessanteste Aspekt zeigt sich nach meinem Dafürhalten in der Tatsache, daß die fragliche These in allen drei Fällen von einem Wissenschaftler vorgetragen wurde, der auf dem Höhepunkt seiner Laufbahn und seiner Einflußmöglichkeiten stand. Gehört dies zu den Normalbedingungen des Querdenkertums? Ich kenne mich in der Wissenschaftsgeschichte nicht gut genug aus, um diese Frage beantworten zu können. Haben wir es mit Fällen von geistigem Abbau infolge von Vergreisung zu tun? Mit allem kategorischen Nachdruck: nein! Wahrscheinlich sind in einem kleinen Bruchteil der Wissenschaftsgehirne *aller* Altersgruppen ständig irgendwelche verrückten Ideen am Keimen − aber nur wer eine Spitzenposition innehat, hat auch die nötige Selbstsicherheit und den Rückhalt, um seine Ideen getrost dem Test auf dem Forum der Öffentlichkeit überantworten zu können, und die nötige Autorität, um ihre Veröffentlichung durchsetzen zu können, gleichgültig, was man in Lektoraten und Redaktionsstuben von ihnen halten mag.

In diesem Zusammenhang sei nun ein weiteres Beispiel von querdenkerischer Behandlung der Massenaussterbefrage vorgestellt. Es stammt aus meiner eigenen Forschungstätigkeit, datiert in die Mitte der siebziger Jahre und nimmt ein völlig anderes Ende als die bisher zitierten Fälle.

Bomben auf Australien

In den Jahren 1970–1980 war ich die meiste Zeit über an der University of Rochester tätig. In noch halb spielerischen Anläufen begann ich mich damals mit der numerischen Analyse der Schemata des Aussterbens, wie sie sich in den fossilen Urkunden abzeichnen, zu beschäftigen. Jack Sepkoskis große Faktensammlung zu diesem Thema, das «Compendium of Fossil Marine Families», lag zu der Zeit noch nicht vor – tatsächlich hatte der Autor als Schüler von Stephen Jay Gould in Harvard gerade erst mit dieser Arbeit begonnen, die ihm den Weg zu den höheren Fachexamina ebnen sollte – doch stand mir ein IBM-7094-Computer mit einer primitiven Datenbank zur Verfügung. Nach meiner Erinnerung hatte ich seinerzeit von McLarens 1970er Meteoriten-Theorie des Aussterbens noch nichts mitbekommen, dafür jedoch war mir eine mehrere Jahre alte Artikelfolge des irischen Astronomen E. J. Öpik in die Hände gefallen.

Öpik, ein führender Experte für alles, was mit Kometen zu tun hat, war schon lange der Ansicht, daß Kometeneinschläge unter Umständen biologische Schäden verheerenden Ausmaßes bis hin zur Artenauslöschung anrichten können. Seine Arbeiten blieben jedoch außerhalb der Fachgrenzen der Astronomie weitgehend unbeachtet. Was mich an ihnen bestach, war der Umstand, daß Öpik bei seinen Überlegungen nicht von globalen, sondern von regional begrenzten Auswirkungen ausging. Nach seiner Auffassung wäre der Schaden, den ein Kometeneinschlag verursacht, in der Regel auf einen gewissen «Letalbereich» rund um die Einschlagstelle begrenzt.

Vor allem dieser Punkt weckte mein Interesse, denn er deckt sich genau mit einem alten Gedanken von Cuvier. Würde beispielsweise alles Leben in Australien und Neuguinea einer einigermaßen lokal begrenzten Katastrophe zum Opfer fallen, so wäre die Folge davon die vollständige – und mithin eo ipso auch globale – Auslöschung sämtlicher ausschließlich in Australien und Neuguinea vorkommenden Beuteltiere. Weil das Vorkommen von Pflanzen und Tieren in vielen Fällen von Natur aus auf einen einzelnen Bezirk oder eine bestimmte Region beschränkt ist, braucht man keine globale Umweltkatastrophe zu postulieren, um das vollständige Aussterben solcher «Endemiten» einleuchtend zu erklären. Dank dieser Standortgebundenheit («Endemismus») muß es nicht unbedingt etwas so besonders Großmächtiges sein, was ein Massenaussterben der im Fossilmaterial belegten Art zu bewirken vermag.

Wie konnte man diesen Gedanken wenigstens auf Eigenschaften wie Plausibilität und Opportunität hin testen? Wir kennen die geographische Verbreitung fossiler Organismen nicht annähernd gut genug, um sinnvoll die Frage stellen zu können, ob die Opfer dieser oder jener bestimmten Auslöschung ausnahmslos in einem Bezirk oder einer Region zu Hause waren. Das Beste, was unter diesen Bedingungen zu tun bleibt, ist die Simulation des fraglichen Effekts, ausgehend von der gegenwärtigen Verbreitung hinreichend bekannter lebender Organismen. Also brachte ich die Daten über die geographische Verbreitung verschiedener Sippen von derzeit lebenden Tieren in «computergerechte» Form und speiste sie in meine Anlage ein: Straußvögel, Reptilien, Amphibien, Säuger und Süßwasserfische, dazu zwei Meerestiersippen: Korallen und die Ordnung «Echinoide» aus der Klasse der Stachelhäuter (Seeigel, «Sanddollar»). Dank der reichlich vorhandenen biogeographischen Literatur war das soweit ziemlich einfach.

Dann «bombardierte» ich die Verbreitungsgebiete unter Zuhilfenahme der Monte-Carlo-Technik. Diese Form der Computersimulation verdankt ihren Namen dem Umstand, daß sie einen Zufallszahlengenerator – also eine Art computerisiertes Roulette – verwendet, um Modelle von komplexen, nicht vorausberechenbaren Naturvorgängen zu erzeugen. Das Computerprogramm bestimmte nach dem Zufallsprinzip Einschlagstellen auf der Erdoberfläche und markierte das Gebiet in einem gewissen Radius darumherum als «Letalbereich». Daraufhin war es dann nur noch eine Sache schlichter computergestützer Bilanzbuchhaltung, zu bestimmen, wie viele Ordnungen und Familien von Tieren aufgrund der Tatsache, daß ihr Habitat vollständig innerhalb eines Letalbereichs lag, für «ausgestorben» zu erklären waren. Erreichten die Todesraten die Größenordnung, die man, wenn sie in der fossilen Urkunde begegnen, normalerweise als Massenaussterben bezeichnet, dann hätte ich einen Mechanismus des Massenaussterbens modelliert, der keine Umweltbelastung globalen Ausmaßes implizierte.

Der Ausgang des Experiments war für mich einigermaßen überraschend. Am Simulationsmodell zeigte sich, daß ein typisches Massenaussterben nicht durch die Vernichtung allen Lebens in einer einzelnen Region zu bewerkstelligen war, es sei denn, diese Region wäre extrem groß – nämlich größer als die halbe Erdoberfläche. Ich war ein bißchen frustriert angesichts dieses Ergebnisses, weil mir im Geiste von Anfang an immer die endemischen Beuteltiere Australiens, die endemischen Korallen der Karibik usw. vorgeschwebt hatten. Meine Frustration steigerte sich schließlich so weit, daß ich den Programmteil, der die Zufallsgenerierung der Einschlagstellen umfaßte, löschte und den Computer so programmierte, daß ich den imaginären Kometen das Ziel nach eigenem Gutdünken vorgeben konnte. So war ich in der Lage, das gesamte Leben in – beispielsweise – Australien oder der Karibik auszulöschen, ohne befürchten zu müssen, daß irgendein Teil der Region verschont blieb. Meine Katastrophensimulationen waren seinerzeit in Rochester das Gespött der Studenten des Fachbereichs: sie alle – ob Anfänger oder «bemooste Häupter» – hielten das ganze Unternehmen für «bekloppt». Aber auch die präzise Ziellenkung der Kometen brachte mich nicht weiter. Ich schaffte es trotzdem nicht, durch Zerstörung des Lebens in einer relativ kleinen Region im Modell ein Massenaussterben nachzubilden. Es gibt zwar eine ganze Menge endemischer Beuteltiere in Australien – aber letzten Endes verkörpern sie doch nur einen kleinen Bruchteil der Säugerfauna des gesamten Erdballs.

Nachdem das geschilderte Forschungsprojekt abgeschlossen war, dachte ich naturgemäß an eine Publikation. Auch wenn das

Ergebnis nicht ganz so ausgefallen war, wie ich es erwartet hatte, stellte es doch insofern etwas Brauchbares dar, als es mir gelungen war, das Öpik-Szenarium des Massenaussterbens in bezug auf seine Effizienz aus mathematischer Sicht zu relativieren. *Trotzdem machte ich keinen Versuch, einen Bericht über mein Projekt und seinen Ausgang zu veröffentlichen, denn ich wußte, daß ich mir damit nur den Spott meiner Fachgenossen, wenn nicht gar Schlimmeres, einhandeln würde.* Und so mottete ich mein gesamtes Datenmaterial mitsamt den Computerprogrammen in meinem Privatarchiv ein und wendete mich anderen Dingen zu.

Wenige Jahre darauf hatte sich das Öffentlichkeitsklima gewandelt. Im Oktober 1981 erhielt ich eine Einladung zur Snowbird-Konferenz über Meteoriteneinschlag und Massenaussterben. Für die Konferenz und den gedruckten Bericht hatte ich ein Referat vorzubereiten – nie zuvor und niemals wieder ist mir diese Aufgabe so leicht gefallen wie damals: Ich brauchte nur die alten Unterlagen über meine Computersimulationen hervorzukramen und, nachdem ich sie abgestaubt hatte, mit dem Titel «Biogeographie des Aussterbens» zu versehen. Es war nicht gerade eine wissenschaftliche Großtat, was ich da zu präsentieren hatte, doch es lag genau im Trend von Snowbird.

3
DINOSAURIERSTERBEN UND ARTENTOD

Sämtliche Arten sind ausgestorben!

Sämtliche Arten, die jemals gelebt haben, sind – in erster Näherung genommen – ausgestorben: Wenn die Naturwissenschaftler von der Kongruenz zweier Werte sprechen, bedienen sie sich gern solch relativierender Ausdrücke wie «in erster Näherung» oder «im Rahmen der zutreffenden Größenordnung». In manchen Fällen sind das nichtssagende Floskeln, die nur dazu da sind, nackte Unwissenheit zu kaschieren oder beim Hörer den Eindruck zu erwecken, er werde hier mit einer Präzision bedient, die nach Lage der Dinge gar nicht möglich ist. In der Regel jedoch haben diese Formeln im konkreten Zusammenhang eine klar umrissene Bedeutung; «in erster Näherung» heißt nämlich soviel wie – eben «annähernd» (mit anderen Worten: «fast», «nahezu», «beinahe»), und «im Rahmen der zutreffenden Größenordnung» bedeutet «innerhalb des Faktors Zehn» (das heißt «am Maßstab des bis zu Zehnfachen gemessen»). Köln und Düsseldorf liegen – in erster Näherung – an ein und demselben Ort im Sonnensystem als Ganzes gesehen. Doch weder in erster noch sonstiger Näherung sind Köln und Düsseldorf, von Leverkusen aus gesehen, jemals derselbe Ort. Die Menschen sind – im Rahmen der zutreffenden Größenordnung – alle gleich groß. Und genau in diesem Sinne kann man dann auch sagen, daß sämtliche Arten, die jemals gelebt haben, ausgestorben sind. Denn das ganze Stück, das da gespielt wird, heißt Aussterben.

Rund eineinhalb Millionen verschiedener Arten sind bis dato in der Fauna und Flora der Gegenwart identifiziert, beschrieben und mit lateinischen Namen versehen. Und alle diese Namen wurden

in Übereinstimmung mit international anerkannten Verfahrens-
vorschriften und Regeln – gewöhnlich durch Veröffentlichung in
anerkannten Fachzeitschriften – publik und verbindlich gemacht.
Ungeachtet der schier unglaublichen Zahl von eineinhalb Millionen bezeichnet die bisher bekanntgewordene Größe der Arten-
mannigfaltigkeit aller Wahrscheinlichkeit nach nur einen geringen
Bruchteil der tatsächlich existierenden Artenzahl. Nach jüngsten
Schätzungen auf der Grundlage des derzeitigen Tempos der Neuentdeckungen existieren heute nicht weniger als 40 Millionen
Arten.

Anhand dieser Zahlen sowie der Schätzwerte für die mittlere
Lebensdauer der Arten und die Gesamtdauer des Lebens auf der
Erde sind wir in der Lage, einigermaßen begründete Vermutungen
über die Zahl aller im Lauf der Erdgeschichte jemals aufgetretenen
Arten – gleichsam den Gesamtausstoß an Arten in in der Evolution
des Lebens – anzustellen. Dank einem glänzenden Stück Arbeit, das
Leigh Van Valen vor rund zehn Jahren an der University of Chicago leistete, haben wir heute ein ziemlich klares Bild von der
Lebensdauer der Arten – zumindest in statistischen Mittelwerten
ausgedrückt. Die Mittelwerte schwanken ein wenig von Sippe zu
Sippe, verharren jedoch alles in allem innerhalb der Grenzen eines
erstaunlich schmalen Spektrums: es reicht von einer bis zu zehn
Millionen Jahren. Die Lebensdauer der Arten ist, nach normalem
menschlichem Maßstab gemessen, lang, aber für den Geologen, der
in erdgeschichtlichen Jahrmilliarden zu rechnen gewohnt ist, ist sie
überaus kurz.

Die ältesten Fossilien, die wir kennen, sind 3600 Millionen Jahre
alt, und die formenreiche Geschichte der vielzelligen Organismen
reicht etwa 600 Millionen Jahre in die Vergangenheit zurück. Es ist
keine große rechnerische Anstrengung vonnöten, um herauszufinden, daß die heute lebenden Arten in der Gesamtzahl aller Arten,
die jemals existiert haben, nur einen winzig kleinen Bruchteil
ausmachen – sehr wahrscheinlich noch beträchtlich weniger als ein
Prozent. Von den Schätzwerten, die in diese Berechnung eingegangen sind, ist der eine und andere in der Gelehrtenwelt noch umstrit-

ten; vollkommen einig ist man sich jedoch darüber, daß den zahlenmäßig größten Anteil aller Arten die ausgestorbenen Arten ausmachen.

Die Allgegenwärtigkeit des Phänomens Aussterben wurde erstmals anfangs des neunzehnten Jahrhunderts registriert, und ohne diese Einsicht hätten wir wohl kaum gelernt, aus unserer Kenntnis der fossilen Urkunde ein erdgeschichtliches Periodisierungsprinzip abzuleiten. Dem Aussterben (sowie natürlich auch der damit zusammenhängenden Neuentstehung von Arten, die den Platz der ausgestorbenen einnehmen) ist es zuzuschreiben, daß sich in dieser Zusammensetzung von Fossilanhäufungen ein Wandel zeigt, der dem Fortschreiten der historischen Zeit entspricht. Dieser Wandel war es, was den ersten Paläontologen das Mittel an die Hand gab, Bilder von Ereignisfolgen zusammenzusetzen, so wie Archäologen aus den unterschiedlichen Funden auf unterschiedliche Ausgrabungsebenen die Abfolge der menschlichen Kulturen rekonstruieren.

Artenauslöschungen sind im Zeitraum der Erdgeschichte nicht gleichmäßig verteilt. An manchen Stellen – wir bezeichnen sie heute als «Aussterbeereignisse» (extinction events) oder «Massenauslöschungen» bzw. «Massenaussterben» (mass extinctions) – liegt die Rate des Artensterbens weit über dem Normalwert. Den Geologen des frühen neunzehnten Jahrhunderts dienten diese Einsprengsel als Bezugspunkte für die Konstruktion eines erdgeschichtlichen Zeitgerüsts von weltweiter Geltung. Die Namen, die man den Zeiträumen zwischen derlei Massenauslöschungen gegeben hat, sind auch heute noch in Gebrauch. Es überrascht also nicht, daß die hauptsächlichen Aussterbeereignisse zugleich die hauptsächlichen Epochenschwellen auf der erdgeschichtlichen Zeitachse bezeichneten und nach wie vor bezeichnen. Es kommt auch nicht von ungefähr, daß die Dinosaurier genau – oder doch ziemlich genau – in dem Zeitraum ausstarben, der für uns die Grenze zwischen Kreide und Tertiär markiert (die sogenannte K-T-Grenze). Die Grenze zwischen diesen zwei Erd*perioden* trennt zugleich zwei übergeordnete Zeitabschnitte, nämlich die Erd*zeitalter* Mesozoikum und Käno- (oder Neo)zoikum.

Das größte Massenaussterben aller Zeiten fand vor ungefähr 250 Millionen Jahren im Perm statt, präziser: an – oder nahe – der Perm-Trias-Periodengrenze, die zugleich die Grenze zwischen den Zeitaltern Paläozoikum und Mesozoikum ist. Diesem Vorfall fielen, so wird heute geschätzt, nicht weniger als 96 Prozent aller im Meer lebenden Organismen zum Opfer – was zur fraglichen Zeit der fast vollständigen Auslöschung allen Lebens gleichkam.

Von der Entstehung der Arten

Bisher haben wir in diesem Kapitel nur reine Bilanzbuchhaltung getrieben. Es ist eine hinlänglich bekannte Tatsache, daß auf der Erde eine Unmenge von Arten ins Dasein getreten und zum größten Teil wieder untergegangen ist. Aber was steckt dahinter, hinter all diesem Werden und Vergehen?

Für den Biologen ist die Frage nach der Entstehung der Arten schon immer ein faszinierendes Problem gewesen, aber genaugenommen können Arten auf zweierlei Weise entstehen. Eine davon ist die «Entstehung der Arten», wie sie sich für Darwin darstellte: der schlichte, durch natürliche Selektion im Lauf der Zeit bewirkte Wandel in einem einzelnen Evolutionsstrang. Sobald dieser Wandel ein gehöriges Ausmaß erreicht hat, ist es eine neue Art, was dadurch zustande gekommen ist. Die ursprüngliche Art ist nicht ausgestorben in dem Sinn, daß sie vernichtet worden wäre, sondern sie wurde sukzessive umgeformt – gleichsam «umgebaut» – zu einer neuen Art. Die Gesamtzahl aller gleichzeitig nebeneinander bestehenden Arten wird durch diesen Vorgang nicht verändert.

Die zweite Form der Artentstehung ist dort gegeben, wo aus der Abstammungslinie einer Art gleichsam als «Zweig» oder «Ableger» eine Seitenlinie hervorgeht, die neben der weiterbestehenden alten Art eine neue Art für sich bildet. Dieser Vorgang (der in wesentlich größerer Näherung dem entspricht, was eine Generation in der Ahnenforschung bedeutet), ist verantwortlich für die Zunahme im Zahlenstand der Artenpopulation – der Artenpopulation, die ihrerseits je reichhaltiger an Zahl desto mehr «Kanonenfutter» für das Aussterben bereitstellt. Damit bereits auf der terminologischen Ebene für klare Verhältnisse gesorgt ist, heißt die darwinsche Form des Artwandels «phylogenetischer Wandel» (phyletic transformation), während die Verzweigung als «Artbildung» (speciation) bezeichnet wird.

Der Artbildungsprozeß per Verzweigung ist seit einigen Jahren Gegenstand immenser Anstrengungen der evolutionsbiologischen Forschung, deren umfassende Ergebnisse ihren Niederschlag in internationalen Wissenschaftskongressen und einer Reihe bedeutender Lehrbücher gefunden haben. Wenngleich der Vorgang noch einige Rätsel birgt, wissen wir doch schon eine ganze Menge über ihn.

Die Zahl der Fälle von Art*auslöschung* ist («in erster Näherung») wahrscheinlich genau so groß wie die der Fälle von Art*bildung*. Würde die Artbildung der Auslöschung über Hunderte Millionen Jahre hinweg überwiegen, müßte das einen so unverhältnismäßigen Anstieg im Zahlenstand der Artenpopulation nach sich ziehen, daß schließlich auf dem ganzen Erdball ein einziges Gedrängel herrschen würde. Entsprechend gilt: Läge umgekehrt die Aussterberate über Zeiträume von erdgeschichtlicher Dimension hinweg höher als die Entstehungsrate, so hätte dies das Erlöschen allen Lebens zur Folge.

Wir haben es also mit zweierlei Vorgängen – Entstehung und Auslöschung – zu tun, die einerseits so gegensätzlich wie Geburt und Tod, andererseits in der langfristigen Perspektive der Geologie einigermaßen im Gleichgewicht geblieben sind.

Der Prozeß des Aussterbens

In unübersehbarem Gegensatz zur Artbildung haben die Biologen über die Mechanismen des Aussterbens so gut wie nichts zu vermelden. Wie wir festgestellt haben, handelt es sich in beiden Fällen um – jedenfalls in erdgeschichtlicher Perspektive – kontinuierliche

Vorgänge von ungefähr gleich großer Wirkungsrate. Aber wer in den Registern von sei's noch so gewichtigen Lehrbüchern und Abhandlungen zur Evolutionstheorie nach dem Stichwort «Auslöschung» oder «Aussterben» fahndet, wird nur selten fündig. Anscheinend erfreut sich dieses Thema bei den zuständigen Experten keines sonderlich großen Interesses.

Und wird da oder dort doch mal was über Aussterben gesagt, läuft es in summa gewöhnlich auf Plattheiten und Tautologien hinaus. «Eine Art stirbt aus, wenn der Umfang der fortpflanzungsfähigen Population sich dem Wert Null nähert.» Anderes Beispiel: «Eine Art stirbt aus, sobald sie mit veränderten Umweltbedingungen nicht mehr fertig wird.» Man braucht wirklich nicht viel von einer Sache zu verstehen, um derartige Weisheiten über sie verzapfen zu können.

Ich könnte mir vorstellen, daß es mehrere Gründe gibt, die für diese traditionelle Uninteressiertheit und Ahnungslosigkeit in puncto Aussterben verantwortlich sind. Einer davon dürfte sein, daß man das Problem als solches unterschätzt, weil man es – nach der Devise: «Was ist schon groß dabei?» – für trivial hält. Wenn ein Organismus mit seiner materiellen Umwelt nicht mehr fertig wird, dann – so der «Untersuchungsbefund» – geht er eben unter (und das vielleicht mit Recht). Gibt es etwas wissenschaftlich Uninteressanteres und Ungenügenderes als diesen Erklärungsstil? Nur in verschwindend wenigen von allen aus erdgeschichtlicher Vergangenheit aktenkundig gewordenen Aussterbefällen gibt es *mehr* Indizien für die Unangepaßtheit der Opfer *als nur das eine*: daß sie eben nicht überlebt haben. Die Dinosaurier hatten sich runde 140 Millionen Jahre lang ganz vortrefflich gehalten, ehe sie dann innerhalb vergleichsweise kurzer Frist (das exakte Zeitmaß ist noch umstritten) restlos ausstarben. In der Bilderwelt unserer Popkultur – Witzblattkarikaturen, Comics usw. – sind die Dinosaurier als Plumpsäcke und Einfaltspinsel abgestempelt, aber das ist nichts weiter als ein krasser Anthropomorphismus. Keineswegs ist es so, daß die Säuger in sprunghafter Entwicklung auf der Bildfläche erschienen wären und im selben Zug die Dinosaurier von ihren Plätzen verdrängt hätten: zwischen Dinosauriern und Säugern hat während des größten Teils der erwähnten 140 Millionen Jahre eine friedliche Koexistenz bestanden. Wenn die Dinosaurier überlebt hätten, hätten sie verdientermaßen überlebt. Wir können uns dieses und wir können uns jenes Szenarium für den Untergang der Dinosaurier ausdenken, aber im Grunde ist das einzig Genaue, was wir über sie wissen, daß sie eben nicht überlebt haben.

Ein zweites schwerwiegendes Manko der im Zusammenhang mit dem Phänomen Aussterben gebräuchlichen Denkschablonen liegt in deren Überstrapazierung des Darwin-Paradigmas. Darwins wichtigster Beitrag zur Biologie besteht im Aufweis eines Anpassungsmechanismus auf der Grundlage von «natürlicher Selektion» (im Deutschen anfangs mit «natürliche Zuchtwahl» wiedergegeben; später unter dem Schlagwort vom «Überleben der Tauglichsten» [the survival of the fittest] ein populäres Konzept geworden). Das Ganze ist eine Sache, die unbestreitbar funktioniert. Unter Ackerbauern und Viehzüchtern war es schon lange vor Darwin eine bekannte Tatsache, daß man mittels selektiver Kreuzung («Zuchtwahl») neue Unterarten von Pflanzen und Tieren «entwickeln» kann. Indem man Individuen, die dem Zuchtziel nicht entsprechen, ausmerzt oder an der Fortpflanzung hindert, bringt man zu guter Letzt erbliche Veränderungen der Artmerkmale hervor. Es handelt sich dabei um den «phylogenetischen Wandel», von dem schon die Rede war: er bewirkt kein Aussterben im eigentlichen Wortsinn und trägt auch nichts zur Beantwortung der Frage bei, weshalb auf einmal alle Populationen einer Art oder weshalb alle Arten einer übergeordneten biologischen Gruppierung zugrunde gehen.

Eine Methode, diese Hürde zu nehmen, besteht in der Anwendung von Darwins Prinzip der natürlichen Selektion auf höherer Ebene – nämlich nicht mehr nur im Verhältnis von Individuum zu Individuum *innerhalb einer einzelnen Art*, sondern auch im Verhältnis *der einen Art zur anderen Art*. Steht der Art X im Vergleich zur Art Y mehr Nahrung zur Verfügung, oder ist sie flinker oder besser ausgerüstet für extreme Temperaturen, oder besser dran hier . . .

besser dran da . . . – dann wird die Art Y auf die Dauer den kürzeren ziehen und aussterben. Dieser Gedanke hat etwas Gewinnendes, zumal er sich ausgezeichnet verträgt mit den traditionell kalvinistischen oder allgemein protestantischen Moralanschauungen, mit denen die meisten von uns groß geworden sind. Die Vorstellung, die ihm zugrunde liegt, ist das Bild vom fairen Wettkampf, bei dem am Ende der Beste gewinnt.

Der große Satiriker William Cuppy hat es einmal so formuliert: «Das Reptilienzeitalter nahm ein Ende, weil es lange genug gedauert hatte und von Anfang an nichts wie Blödsinn gewesen war.»

Der Aussterbevorgang nach dem eben beschriebenen Muster präsentiert sich dermaßen einleuchtend und überzeugend, daß er den Anschein erweckt, als seien im Zusammenhang mit ihm empirische Bestätigung und experimentelle Beweisführung kaum noch erforderlich. Und hier liegt nach meinem Dafürhalten die Hauptursache, weswegen allgemein so wenig wissenschaftliche Energie darauf verwendet wird, nach dem Wie und Warum der Auslöschungen zu fragen. Aber im Lauf der bisherigen Wissenschaftsgeschichte hat es sich wieder und wieder gezeigt, daß dies ein Kurs ist, der hohe Risiken in sich birgt. In zahllosen Fällen haben sich Ideen, deren «Selbstverständlichkeit» den Ruf nach kritischer Überprüfung lange Zeit fast als Sakrileg erscheinen ließ, schließlich und endlich als völlig haltlos erwiesen.

Erfreulicherweise gibt es neuerdings Ansätze zu einer ernsthaften Extinktionsforschung, und zwar sowohl, was das Aussterben als biologischen Prozeß im Hier und Jetzt angeht, als auch nach der Seite ihrer Wirksamkeit im erweiterten Maßstab der Evolution des Lebens. Unter Evolutionsbiologen und Paläontologen hat sich das Bewußtsein für diese Fragen immerhin so weit geschärft, daß einzelne Aspekte der Problematik wenigstens schon ein eigenes Namensschildchen tragen. Die differentielle Auslöschung von Arten läuft unter der Bezeichnung «Artenselektion», außerdem beginnt sich bei den Paläontologen die Unterscheidung zwischen «Hintergrund»- und «Massen»-Auslöschung bzw. -Aussterben durchzusetzen.

So zeigte beispielsweise mein Fachgenosse David Jablonski vor kurzem, daß die biologische Selektivität in Massenaussterbephasen sich beträchtlich unterscheidet von derjenigen des Hintergrundaussterbens (der Phase zwischen den Massenauslöschungen). Anhand umfänglicher Stichproben von Molluskenfossilien aus der Kreidezeit führte Jablonski den Nachweis, daß im «ruhigeren» Abschnitt der Kreideperiode bei Arten mit treibenden oder schwimmenden Larven die Aussterberate deutlich niedriger lag als bei den Arten, die ihren Eiern Brutpflege angedeihen ließen. In der Massenauslöschung am Ende der Kreideperiode war es dann jedoch vorbei mit dieser Unterschiedlichkeit, und beide Molluskengruppen wurden gleichermaßen in Mitleidenschaft gezogen.

Zu diesem neuen Problembewußtsein der Paläontologen kommt hinzu, daß sich in der Menschheit allgemein und weltweit Besorgnis ausbreitet angesichts der Bedrohung der Arten und der zeitgenössischen Formen von Auslöschung, von denen insbesondere die tropischen Regenwälder betroffen sind. Nirgendwo sonst kann sich unsere generelle Unwissenheit in Sachen Aussterben, Auslöschung heute verhängnisvoller auswirken als auf dem Sektor Ökologie. Wir wissen wohl: wenn alle Lebensräume einer Art zerstört sind, ist die betreffende Art ihrerseits zum Untergang verurteilt – aber wie nicht zu übersehen, ist dies auch wieder bloß so eine von den altbekannten Tautologien. Indes hat die ernsthafte Beschäftigung mit diesem wie auch mit andern Aspekten der Gesamtproblematik bereits eingesetzt.

Saurier sterben

Im Bewußtsein der Menschen von heute trägt in der Regel alles, was mit den Dinosauriern und ihrem Untergang zu tun hat, den Stempel des übertrieben Sensationellen und Spektakulären; demgegenüber ist mit Nachdruck daran zu erinnern, daß sich all das – das Drama mitsamt seinen Akteuren – in unbedeutenderen Dimensionen hielt, als sie in den Stereotypen unserer Kultur ausgemalt zu werden pflegen. Zugegeben, viele Saurier waren «Ungetüme» in dem Sinn, daß sie enormen Leibesumfang und entsprechendes Gewicht in die Waagschale zu werfen hatten, und manche auch in dem Sinn, daß sie sich recht angriffslustig verhielten, aber für keinen Zeitpunkt der Vergangenheit trifft es zu, daß sie «die Erde beherrschten», es sei denn in dem höchst eingeschränkten Sinn, daß sie in einigen symbiotischen Systemen von landbewohnenden Tieren die Spitzenposition unter den Fleischfressern einnahmen. Aber das machte sie ebensowenig zu Beherrschern der Erde, wie man etwa die Löwen in der Welt von heute als Beherrscher der Erde bezeichnen könnte.

Selbst in Zeiten ihrer größten Verbreitung waren die Dinosaurier niemals mit mehr als ingesamt etwa fünfzig Arten vertreten. Diese Zahl ist verschwindend klein, verglichen mit den Millionen von Arten, die die irdische Biosphäre insgesamt bevölkern. Auch wenn man den Vergleich auf die festlandbewohnenden Wirbeltiere beschränkt, wird das Zahlenverhältnis dadurch nicht viel beeindruckender. Die Zahl aller heute existierenden Säugetierarten wird auf runde 5000 beziffert, etwa ebensogroß ist die Zahl der Reptilien. Im Mesozoikum, dem Dinosaurier-Zeitalter, waren die Verhältnisse, was die relativen Anteile an der Gesamtfauna betrifft, zwar etwas anders gelagert als heute – im Fall der Dinosaurier war der Anteil höher, bei den Säugern niedriger –, aber gleichgültig, auf welcher Grundlage man die Bilanz aufmacht, das Fazit bleibt in *einer* Hinsicht stets das gleiche: Dinosaurier spielten in der Fauna des Mesozoikums zahlenmäßig eine untergeordnete Rolle.

Was Wunder also, daß in der Wissenschaft sogar schon die These vorgetragen wurde, das Aussterben der Dinosaurier sei wohl eher ein Fall von schlechter Glückskonstellation als schlechter Genkonstellation gewesen. Da permanent ein eigendynamisches Artensterben im Gange ist, besteht für jede einzelne Art in bezug auf jede beliebige Zeitspanne ein bestimmter Grad von Wahrscheinlichkeit, daß sie innerhalb dieser Zeitspanne untergeht. Artenarm, wie sie war, starb die Dinosaurierfamilie vielleicht einfach nur deswegen aus, weil sie vom gleichen Pech betroffen war (und es nicht verkraftete), von dem sämtliche in einem bestimmten Zeitraum – aus nicht notwendigerweise gleichen Ursachen – aussterbenden Arten betroffen sind. Das Ganze läßt sich etwa mit der Situation einer Fußballmannschaft vergleichen, der es in einem bestimmten Match trotz zahlloser guter Torchancen vieler Spieler nicht gelingt, den Ball auch nur ein einziges Mal ins gegnerische Netz zu bringen – aber nicht etwa, weil mit der Mannschaft als solcher irgend etwas Grundlegendes nicht in Ordnung wäre, sondern weil heute zufällig jeder Spieler für sich genommen eine persönliche Pechsträhne hat. Was die Dinosaurier betrifft, ist diese Möglichkeit bereits mathematisch getestet worden, aber danach sieht es so aus, als seien diese Tiere keineswegs nur die Opfer einer «Pechsträhne» im besagten Sinn. Der Untergang der Dinosaurier binnen solch kurzer Frist, wie tatsächlich vorgefallen, sprengt den Rahmen der statistischen Normalität.

Das bedeutet jedoch nicht unbedingt, daß den Dinosauriern als Gruppe irgendein Fehler (qua Fehlanpassung) zur Last gelegt werden müßte – es sei denn, man wolle sich nach dem altbekannten Tautologie-Schema darauf versteifen, die bloße Tatsache ihres Aussterbens sei schon Beweis genug für ihre Fehlangepaßtheit.

Die herkömmliche Standarderklärung für das Aussterben der Dinosaurier lautet, daß die (biologischen wie physikalischen) Umweltbedingungen sich für diese Tiere in den letzten fünf bis zehn Millionen Jahren der Kreideperiode zunehmend verschlechterten, bis schließlich ein Zustand des rien ne va plus erreicht war. Als der Erzbösewicht unter den unmittelbaren Ursachen wird gemeinhin die Klimaabkühlung identifiziert. Und in der Tat durchlief das Erdklima in der ausgehenden Kreideperiode eine Abkühlungsphase, und Tatsache ist ebenso, daß die Lebensräume der Dinosaurier im allgemeinen auf die wärmeren Regionen beschränkt waren. Hinzu kommt, daß die Zahl von unterschiedlichen Dinosaurierarten in der oberen Kreide mehr und mehr zurückging, so daß zuletzt kaum mehr als 25 verschiedene Arten gleichzeitig existiert haben dürften.

Das Klimawechsel-Szenarium leuchtet ganz ohne Zweifel ein,

und es wäre durchaus möglich, daß es den Tatsachen entspricht. Das Problem besteht nur darin, irgendwelche Fakten aufzutreiben, die, sei's auch bloß halbwegs, einem Beweis gleichsehen. Eine altbekannte Fallgrube, in die man bei der Analyse von historischem Datenmaterial gern hineintappt, ist die – von G. Udny Yule, einem bekannten Statistiker der Universität Oxford, auf diesen Namen getaufte – «absurde Übereinstimmung» (nonsense correlation). Die meisten Dinge, für die wir über einen gewissen Zeitraum hinweg Meßwerte sammeln – egal, ob es sich um die mittleren Temperaturen auf der Erde, den Börsenindex oder die Länge der Damenröcke handelt – unterliegen dem Wandel. Wenn wir nun zwei x-beliebigen Serien von Meßwerten miteinander vergleichen, können wir mit großer Wahrscheinlichkeit eine – sei's positive, sei's negative – Korrelation zwischen ihnen feststellen: entweder gehen die Werte in beiden Fällen rauf bzw. runter, oder aber sie gehen in der einen Reihe rauf, während sie in der anderen runtergehen. Indem er Dutzende von Jahrgängen des Statistischen Jahrbuchs von Großbritannien auswertete, konnte Professor Yule zeigen, daß die allgemeine Lebenserwartung auf den Britischen Inseln im gleichen Maßstab anstieg, in dem der Mitgliederstand der Church of England sank. Als baren Unsinn bezeichnete er es jedoch, daraus nun den Schluß ziehen zu wollen, die Hebung der Volksgesundheit in Großbritannien sei eine Folge des rückläufigen Interesses an den kirchlich organisierten Formen der Religionsausübung – oder umgekehrt. Oder wollte etwa wirklich jemand die «absurde» Logik so weit treiben zu behaupten, daß die frappante Übereinstimmung zwischen den Aufwärtstrends bei Lungenkrebserkrankungen einerseits und der Verbreitung von Automatik-Toastgeräten andererseits auf ein Ursache-Wirkungs-Verhältnis hindeute?

So gesehen ist die festgestellte Übereinstimmung zwischen der Verschlechterung des Erdklimas und dem Untergang der Dinosaurier zwar potentiell höchst interessant, verrät uns aber näher betrachtet nicht viel Konkretes. Im Zusammenhang mit der Nemesis-Hypothese entschieden interessanter ist die Frage, innerhalb welcher Frist sich das Aussterben der Riesenechsen eigentlich abgespielt hat. War das gleichsam eine Wochenendepisode (wie das Nemesis-Szenarium nahelegt), oder handelt es sich um einen Vorgang von Jahrmillionen Dauer (wie die Klimawechsel-Hypothese veranschlagt)?

Ein Argument, das von streitbaren Gegnern der Nemesis-Theorie schon viele Male ins Treffen geführt wurde, lautet: Da dem endgültigen Verschwinden der Dinosaurier ein über mehrere Jahrmillionen sich erstreckender Rückgang der Artenzahl (von rund 50 auf rund 25) vorausging, *müssen* es langfristige und ständig wachsende Belastungen gewesen sein, die diese Tiere ausrangiert haben. Die Tatsache des Artenschwunds – so wird zusätzlich geltend gemacht – schließe eine Katastrophe wie Kometeneinschlag völlig aus. Oder solle man etwa annehmen, daß die Tiere das Ereignis Jahrmillionen im voraus geahnt haben? Dieser Einwand erscheint zwar auf den ersten Blick solide und bestechend, erweist sich aber bei näherem Hinsehen als heillos löcherige Angelegenheit.

Man dürfte sich schwertun, irgendeinen Zeitabschnitt der Erdgeschichte ausfindig zu machen, in dem nicht irgendwelche Fossilgruppen im Zunehmen oder Abnehmen begriffen sind. Wie in unseren Tagen die Rocklängen oder die Kirchenmitgliedschaften, geht im allgemeinen alles jederzeit entweder gerade rauf oder gerade runter. So gesehen hat die Feststellung, daß es mit den Dinosauriern schon lange vor ihrem Aussterben bergab ging, keinerlei Beweiskraft in bezug auf die Möglichkeit oder Unmöglichkeit einer plötzlichen Katastrophe – ja, sie sagt so gut wie gar nichts darüber aus, welcher Art von Umweltbelastung die Tiere denn nun eigentlich und letzten Endes zum Opfer fielen. Tatsächlich sollte man eher von der Überlegung ausgehen, daß eine jähe und exzeptionelle Umweltbelastung, falls etwas Derartiges zu einem bestimmten Zeitpunkt vor 65 Millionen Jahren eingetreten sein sollte, am ehesten doch wohl diejenigen biologischen Gruppen ausgerottet hätte, die aus anderen Ursachen ohnehin bereits stark dezimiert waren.

Ich hoffe, dem Leser ist inzwischen klargeworden, daß wir uns kein absolut zuverlässiges Bild von den Umständen machen können, die für das Aussterben der Dinosaurier verantwortlich waren, und daß wir auch nicht mit letzter Sicherheit zu sagen wissen, wie lange der Vorgang eigentlich gedauert hat. Die Vorstellung von einem Kometeneinschlag als Ursache des Sauriersterbens ist nicht zuletzt auch deswegen so interessant, weil ein solcher Vorfall noch andere Spuren hätte hinterlassen müssen – Spuren, aufgrund deren es möglich sein müßte, ihn positiv und präzis zu orten.

Die Frage, wie man sich die letzten Tage der Dinosaurier vorzustellen hat, wird noch schwieriger zu beantworten durch den ziemlich dürftigen Bestand an fossilen Urkunden. Die Dinosaurier lebten größtenteils auf dem Festland, und zwar in Umgebungen, die seither weniger von Sedimentation als von Erosion betroffen waren, so daß ein eingelagerter, versteinerter Dinosaurier eine Seltenheit ist. In Anbetracht der lückenhaften Beschaffenheit der fossilen Urkunden genügt es nicht, einfach nur die Gesteinsformation in der obersten Etappe der Kreidezeit «durchzusehen», um das Problem zu lösen.

Weitere Auslöschungen der Kreidezeit

Das Ende der Kreidezeit zählt zu den fünf schwersten der geologischen Forschung bekannten Massenaussterben. Und wie wir gerade gesehen haben, war das Aussterben der Dinosaurier für sich genommen kein Ereignis so großmächtigen Ausmaßes, daß es in die Kategorie des Massenaussterbens eingereiht werden müßte. De facto waren Organismen in allen Lebensräumen – im Wasser wie auf dem Festland – gleichermaßen betroffen. Indes liefert das vollständigste Bild des Geschehens immer noch die Urkunde im maritimen Bereich, weil die Schichtfolgen des Meeresbodens vollständiger sind und Versteinerungen hier auch etwas häufiger auftreten als im Festlandboden.

Anhand der fossilen Urkunde des Meeres sind schwere Auslöschungen in der obersten Kreide zu erkennen (wenngleich der Schweregrad für den einzelnen Betrachter natürlich davon abhängt, welchen Maßstab er zugrunde legt). Zur fraglichen Zeit existierten etwa 790 taxonomische Familien von versteinerungsfähigen Meerestieren. Einige dieser Familien hatten vermutlich nur eine einzige Art aufzuweisen, andere wiederum dürften aus Dutzenden, Hunderten oder Tausenden Arten bestanden haben. Für statistische Zwecke wird im Schnitt wohl für jeden konkreten Zeitpunkt pro Familie eine Zahl von 100 Arten zu veranschlagen sein (wobei allerdings niemals vergessen werden sollte, daß dies lediglich das statistische Mittel über einer durch enorme Disparitäten gekennzeichneten Matrix von Familiengrößen ist).

Von den 790 in dem nach herkömmlicher Gepflogenheit als oberstes homogenes Glied identifizierten Abschnitt der Kreideformation (dem sogenannten Maastricht«) vorhandenen Familien waren am Ende der Kreideperiode 120 – das sind rund 15 Prozent – ausgestorben. Das entspricht einem Wert von 50 Prozent auf der Ebene der taxonomischen Gattungen. Daß die Aussterbequote bei den Gattungen höher liegt als bei den Arten, ist ein interessantes Faktum, das eine handfeste Information über die Natur jener Auslöschungen in sich enthält. Wäre nämlich eine gewisse Anzahl von Familien vollkommen unbeeinflußt von Umweltereignissen welcher Art auch immer geblieben, die übrigen dagegen diesen Ereignissen uneingeschränkt und wehrlos preisgegeben gewesen, dann müßten eigentlich die Prozentzahlen für beide Gruppen gleich sein. Einige Familien wären vollständig (mit allen Gattungen und Arten) ausgelöscht worden, die anderen wären völlig ungeschoren davongekommen.

So war es aber nicht. Zahlreiche Familien büßten Arten und Gattungen ein, konnten jedoch in wenigstens *einer* Art überleben. Ein sehr gutes Beispiel hierfür ist im Reich der Landtiere das Schicksal der Säuger in der oberen Kreide. Wir pflegen uns die Mammalia im allgemeinen als vom Glück verwöhnte Überlebende vorzustellen, das trifft jedoch lediglich insoweit zu, als die Klasse als solche erhalten blieb. Viele Säugetierordnungen und -familien mußten so schwere Verluste hinnehmen, daß der größte Teil ihrer Arten ausgetilgt war. Bei den Beuteltieren ging das bis knapp an den Rand des Aussterbens, aber irgendwie rutschten sie dann gerade noch so durch mit ein paar Arten, die sich seither zu der höchst beachtlichen Vielfalt verzweigt haben, der sich die Marsupialia heute in Südamerika und Australien erfreuen.

Unerläßlich ist es im gegebenen Zusammenhang für uns, das Aussterbegeschehen der oberen Kreide auf der Artenebene, so gut es nur geht, in geschätzten Zahlen auszudrücken. Keine ganz einfache Aufgabe, da die einzelnen Arten von der Fossilisation in sehr unterschiedlichen Ausmaßen betroffen sind, so daß man hier auf mathematische Konstruktionen nicht verzichten kann. Aber wie immer dem auch sei – den besten unter den gegebenen Bedingungen erreichbaren Schätzungen zufolge sind damals 60–80 Prozent aller Meerestierarten ausgestorben. Die Zahl bleibt um einiges hinter dem Schätzwert für das permische Massenaussterben (96 Prozent) zurück, bezeichnet aber nichtsdestoweniger ein komplettes Desaster und läßt auf Umweltverhältnisse schließen, angesichts deren wir uns glücklich preisen dürften, sofern wir nur niemals etwas Derartiges am eigenen Leib erleben müssen.

Schön wäre es, wenn wir an dieser Stelle schlicht und einfach eine Liste von Opfern und Überlebenden des Kreide-Auslöschungsvorfalls einschalten könnten. Das ist jedoch nicht so ohne weiteres zu machen, da sich unter den 120 ausgestorbenen Meerestierfamilien einige nicht sonderlich gut bekannte Lebewesen mit ziemlich ausgefallenen Namen befinden. Indes lassen sich Feststellungen auf genereller Ebene treffen. In den Tropen waren Riffe besonders schwer in Mitleidenschaft gezogen, insbesondere die Bauten einer ziemlich sonderbaren Muschel mit Namen Rudist (die man sich im Aussehen etwa wie eine Auster, die so tut, als wäre sie eine Koralle, vorstellen kann). Auch die Schwebefauna (das Zooplankton) wurde, vor allem in tropischen Gewässern, stark dezimiert. Auf seiten der Überlebenden gehören die Riffkorallen selbst mit zu denjenigen, die die ganze Geschichte einigermaßen heil überstanden; das gleiche gilt für den größten Teil der Tiefseefauna.

Nimmt man all das zusammen, so sieht man hier einen Selektivitätsmechanismus am Werk, der nach dem Kriterium der Zugehörigkeit zu bestimmten (u. a. auf der Basis anatomischer und physiologischer Gemeinsamkeiten abgegrenzten) biologischen Klassen sowie nach dem Kriterium der exklusiven Ansiedlung in bestimmten Lebensgroßräumen (etwa Flachsee oder Tiefsee) funktionierte. Indes bleibt es eine der großen Aufgaben zukünftiger Forschung, noch sehr viel umsichtiger und genauer als bisher die Gewinner und Verlierer jener Krise zu bestimmen, weil sich mit Fortschritten auf diesem Gebiet im selben Maßstab auch unsere Chancen erhöhen, Genaueres über die für das gesamte Desaster verantwortlichen Umweltbelastungen in Erfahrung zu bringen.

Weitere Massenaussterbeereignisse

Von den übrigen Auslöschungen schlugen einige noch gravierender zu Buch als der K-T-Vorfall, die meisten jedoch erreichten dessen Schweregrad nicht. In allen zeigt sich eine Selektivität am Werk, die au fond in Abhängigkeit von Körperbau und/oder Habitat funktioniert, wenngleich das konkrete Funktionsschema von Fall zu Fall ein anderes ist. In einigen Jahren werden wir wahrscheinlich über diese Dinge sehr viel genauer Bescheid wissen als heute, weil derzeit eine ganze Reihe von brillanten, statistisch versierten Paläontologen mit Forschungen auf diesem Sektor beschäftigt ist. Außerdem werden seit neuestem die Fakten des Aussterbegeschehens in EDV-Systemen gespeichert und aufbereitet, so daß es jetzt möglich ist, die Antworten auf diesbezügliche Fragen (solange es sich dabei um solche einfacherer Art handelt), binnen Minutenfrist am Computerterminal abzurufen. In hochgradig chiffrierter Form passen sämtliche Daten, die das Geschehen auf der Familienebene betreffen, auf eine einzige «DS/DD»-5¼-Zoll-Diskette, wohingegen das Datenmaterial der Gattungsebene derzeit schon etwa zehn Disketten beansprucht und gleichwohl noch im Anwachsen begriffen ist. Später in diesem Buch werde ich noch ausführlich davon zu reden haben, was wir mit diesen Daten machen – insbesondere im Zusammenhang mit der Frage, ob die bedeutenderen Auslöschungen mit gleichsam uhrwerksmäßiger Präzision über die Zeit verteilt sind.

Es gibt in der erdgeschichtlichen Vergangenheit noch ein weiteres Aussterbeereignis, das unser besonderes Interesse verdient. Er datiert ins oberste Pleistozän (ungefähr 10 000–7000 v. Chr.) und betraf am härtesten die großen Säuger der beiden Amerikas. Auf dem nordamerikanischen Kontinent gediehen einst Mammute, Mastodonten, Pferde, Kamele, Faultiere, Säbelzahnkatzen und eine beträchtliche Zahl weiterer Großtiere, die aber samt und sonders binnen vergleichsweise kurzer Frist in diesen Breiten ausstarben. Die Ausrottungsquote auf der Artenebene betrug 70 Prozent, und das ist viel: Weil aber fast ausschließlich große landbewohnende Säuger von dieser Ausrottung betroffen waren, ist der Vorgang nach den gebräuchlichen Kriterien nicht in die Kategorie des Massenaussterbens einzuordnen.

Die Ursachen dieser Auslöschung ist seit vielen Jahren Gegenstand erhitzter Debatten. Im einen Lager macht man sich (fast schon routinemäßig) stark für den Klimawechsel großen Stils – und in der Tat war das obere Pleistozän in puncto Klima eine Zeit großer Instabilität. Anderswo rührt man die Trommel für rein biologische Ursachen, die man als den Zusammenbruch eines geschlossenen Ökosystems identifiziert. Indes der bei weitem bestechendste Gedanke ist zugleich derjenige, für den sich das Beweismaterial ständig zu mehren beginnt: Die Ausrottung der großen Säugetiere ist das Werk von Homo sapiens. Die Chronologie des Ereignisses entspricht ungefähr dem Zeitpunkt der Wanderung des Frühmenschen von Asien nach Nordamerika, darüber hinaus hat man bei archäologischen Grabungen Jagdplätze mit den Überresten von großen Säugetieren gefunden. Danach haben wir es hier möglicherweise mit dem ersten vom Menschen bewirkten Aussterben zu tun.

4
GUBBIO UND DIE IRIDIUMANOMALIE

Was heißt hier Gubbio?

In der Nähe der umbrischen Stadt Gubbio entdeckte ein Forschungsteam der Berkeley-Universität, bestehend aus Luis und Walter – Vater und Sohn – Alvarez sowie den beiden Chemikern Frank Asaro und Helen Michel, ein ungewöhnlich hochkonzentriertes Vorkommen des an sich seltenen Elements Iridium (aus der Gruppe der Platinmetalle). Da der Fundort genau auf der Kreide-Tertiär-Grenze liegt und überdies Iridium in der Erdrinde äußerst selten, dafür aber ein um so häufigerer Bestandteil einiger Meteoritentypen ist, schien es daraufhin nicht ganz abwegig, die Aussterbefälle am Ende der Kreide auf extraterrestrischen Einfluß zurückzuführen.

War jene Entdeckung lediglich ein Glücksfall, oder war sie ein Planungserfolg? Die Antwort darauf läßt sich nicht in die Form einer eindeutigen Entscheidung für den einen oder den anderen Zweig dieser Alternative pressen. Soviel jedoch steht von vornherein fest: Hier haben wir es zur Abwechslung einmal nicht mit wissenschaftlicher Forschung nach dem sprichwörtlichen Schema F zu tun. Das heißt in diesem Fall: Das Alvarez-Team setzte sich nicht erst hin und formulierte eine Hypothese betreffend die Ursachen des Aussterbens, um anschließend zwecks experimenteller Überprüfung seiner Hypothese nach Gubbio zu reisen.

Walter Alvarez absolvierte sein Geologiestudium an der Columbia University und in Princeton; als Forscher beschäftigt er sich seit vielen Jahren mit Fragen der Gesteinsdislokation. Seine Vorgehensweise besteht in der Kombination von detaillierter Feldforschung mit gründlicher praktischer (d. h. laborgestützter) und theoretischer Analyse. In der zweiten Hälfte der siebziger Jahre war sein konkreter Forschungsgegenstand ein umfängliches – hauptsächlich aus Kalkstein bestehendes – Sedimentglied der oberen Kreide und des unteren Tertiärs in der nördlichen Hälfte Italiens. Was ihre stratigraphische Chronologie anlangt, war diese Schichtenfolge für die Forschung durchaus keine Unbekannte mehr – doch sagt diese Art relativer Zuordnung für sich allein noch nichts darüber aus, mit welchen in absoluten Zahlen ausdrückbaren Mengen von real verflossenen Zeiteinheiten (Jahren) man es zu tun hat. Fossilien sind zwar unersetzliche Hilfsmittel, solange es lediglich darum geht, die korrekte Reihenfolge von Dingen und Ereignissen auf der geologischen Entwicklungsachse zu bestimmen; sie geben jedoch wenig bis gar keine Auskunft darüber, wie lange diese oder jene Sache realiter gedauert, wieviel an realer Zeit diese oder jene Entwicklung beansprucht hat. Das liegt daran, daß entwicklungsgeschichtliche Wandlungen sich in unterschiedlichen Bereichen in jeweils unterschiedlichen, ihrerseits wieder ohne erkennbare Gesetzmäßigkeit wechselnden Tempi vollziehen.

Für sein geologisches Forschungsprojekt benötigte Walter Alvarez Schätzungen real verflossener Zeiteinheiten. Er mußte wissen, ob die Sedimentation im Fall einer bestimmten Kalkstein- oder Toneinheit mehr oder weniger Zeit beansprucht hatte als bei einer anderen. Auch eine Frage wie die, welche Zeitdauer in einer dünnen Tonschicht genau auf der K-T-Grenze verkörpert war, interessierte ihn, denn vielleicht ließ sich auf diesem Weg etwas darüber in Erfahrung bringen, wie lange der Übergang von der Kreide zum Tertiär gedauert hatte.

Um zu Realzeitdaten (in der Dimension von Millionen von Jahren vor unserer Zeit) zu gelangen, wäre es theoretisch möglich gewesen, dem betreffenden Formationsglied in geringen Abständen Stichproben zu entnehmen und diese auf radioaktive Isotope zu untersuchen. Doch sind die Daten, die man anhand dieses Verfahrens gewinnt, im allgemeinen nicht präzis genug, um eine Epochendifferenzierung auf feiner gestufter Skala zu ermöglichen.

Im konkreten Fall kam noch hinzu, daß die Beschaffenheit des Gesteins zu einem radiometrischen Datierungsversuch – bei dem der Kostenpunkt durchaus keine Nebensache ist – nicht gerade ermunterte.

In dieser Situation verfielen Sohn Walter und Vater Luis Alvarez auf eine geniale Lösung. Der Planet Erde ist seit eh und je einer fortwährenden Berieselung mit Meteoritensubstanz ausgesetzt. Nur ein Teil der extraterrestrischen Materie stammt von den großen Meteoriten, die Schlagzeilen in den Zeitungen machen; viel bedeutsamer ist im gegebenen Zusammenhang der Dauerregen von feinen und feinsten Partikeln, die zuweilen als «Mikrometeoriten», zuweilen auch als «Meteorstaub» bezeichnet werden. Es handelt sich um jeweils verschwindend kleine Mengen, die da aus dem All hereinregnen, aber andererseits ist die Beregnung praktisch ein immerwährender Vorgang. In einigen Tiefsee-Arealen, die von allen Küsten zu weit abgelegen sind, als daß sie in nennenswertem Umfang von Ablagerungen kontinentalen Ursprungs erreicht werden könnten, ist Meteorstaub in meßbarer Menge anzutreffen: je größer die Entfernung von der Küste, desto höher die Konzentration, weil der Staub um so weniger mit Substanzen, die vom Festland stammen, durchsetzt ist. Infolgedessen – und das ist das Wichtige an der Sache – zeigt der quantitative Anteil von Meteorstaub in einem Sediment die normale Sedimentationsgeschwindigkeit an. Hierbei gilt folgende einfache Gleichung:

$$\textit{Meteorstaub-Anteil (in \%)} \quad = \quad \frac{\textit{Meteorstaub-Niederschlagsrate}}{\textit{normales Sedimentationstempo}}$$

Umgeformt wird daraus:

$$\textit{Normales Sedimentationstempo} = \frac{\textit{Meteorstaub-Niederschlagsrate}}{\textit{Meteorstaub-Anteil (in \%)}}$$

Wenn man also die Niederschlagsrate des Meteorstaubs kennt, kann man anhand einer dem Sediment entnommenen Stichprobe aus deren prozentualem Meteorstaubgehalt das normale Sedimentationstempo (ausgedrückt etwa in cm/Jahrtausend) errechnen.

Im Prinzip erschien die Sache Vater und Sohn Alvarez durchaus praktikabel: Das einzige Problem bestand darin, den Meteorstaubanteil in dem italienischen Gestein zu bestimmen. Die Teilchen meteorischen Ursprungs sind nicht ohne weiteres von gewöhnlichen, aus der bodenständigen Erosion stammenden Tonpartikeln zu unterscheiden. Hier half nun das spezielle Know-how von Vater Luis Alvarez weiter. Der begriff nämlich sofort, daß man irgendeine leicht zu identifizierende und zu handhabende Meßgröße in der Meteoritensubstanz ausfindig machen müsse, die in der Lage war, stellvertretend den gleichen Zweck wie das faktische Auszählen der Mikrometeoriten zu erfüllen. In der Folge entschieden sich die beiden dafür, auf chemoanalytischem Weg die Konzentration des Spurenelements Iridium zu ermitteln; Grund dafür: In der Materie der Erdrinde kommt Iridium so gut wie gar nicht vor, dafür um so reichlicher in Meteoriten.

Unter Zuhilfenahme des technischen Potentials des Lawrence-Berkeley-Labors sowie der Fachkenntnisse von Frank Asaro und Helen Michel analysierte man also eine Reihe von Kalkstein- und Tonproben aus Italien auf ihren Iridiumgehalt. Das Ergebnis sollte für Walter Alvarez den ursprünglich im Zusammenhang seines Forschungsprojekts benötigten Gradmesser der Sedimentationsgeschwindigkeit abgeben.

So war es natürlich eine enorme Überraschung, als man in der schmalen Tonschicht auf der Kreide-Tertiär-Grenze einen Iridiumgehalt registrierte, der bedeutend höher war als zunächst erwartet und auch höher als in den Gesteinslagen oberhalb und unterhalb der Grenze.

Bestimmt hätten jetzt viele andere Naturwissenschaftler das Iridium-Projekt aufgrund dieses Ergebnisses einfach abgebrochen. Man hätte ja die abnorm hohe Iridiumkonzentration ohne weiteres auch als Indiz dafür interpretieren können, daß einen die Chemomethode im gegebenen Kontext nicht weiterbringen würde. Vielleicht war das Iridium zu ungleichmäßig verteilt, als daß sich aus Stichproben brauchbare Aussagen über die gesamte Umgebung ableiten ließen. Vielleicht gab es da andere, unbekannte Faktoren in der Sedimentations- oder Nach-Sedimentations-Geschichte, die das Bild verzerrten. Vielleicht war aber auch die Iridiumkonzentration in diesem Gestein nach Lage der Dinge zu gering, um die von Walter Alvarez angenommene Indikatorenfunktion erfüllen zu können. Schließlich betrug der höchste in Gubbio festgestellte Konzentrationsgrad nur ein Millionstel Prozent (10 parts per billion [ppb]), und dazu kommt noch, daß eine gewisse Unschärfe aufgrund der Laborbedingungen prinzipiell unvermeidlich ist. Dem stand nun allerdings die Feststellung gegenüber, derzufolge das Grundniveau des Iridiumgehalts ober- und unterhalb der K-T-Grenze bedeutend niedriger liegt, nämlich ungefähr bei einem Dreißigstel von einem Millionstel Prozent ($^3/_{10}$ ppb), und angesichts dieser Größe bedeutet ein Wert von einem Millionstel Prozent – egal, wie man ihn sonst noch interpretieren mag – zunächst einmal eine *faktische* Anomalie.

1980: Die Neuigkeit schlägt wie eine Bombe ein

In ihrer Ausgabe vom 6. Juni 1980 brachte die Zeitschrift «Science» als Hauptbeitrag einen Aufsatz, in dem die Sache mit dem Iridium in aller Ausführlichkeit dargestellt wurde; anschließend wurde im Hinblick auf das Aussterben der Dinosaurier und anderer Lebewesen am Ende der Kreideperiode die These formuliert, die Ursache habe möglicherweise im Einschlag eines massereichen Himmelskörpers gelegen. Als Verfasser des Artikels zeichneten Luis Alvarez, Walter Alvarez, Frank Asaro und Helen Michel gemeinsam. Genaugenommen war dies nicht die erste Nachricht über das Forschungsprojekt, die an die Öffentlichkeit gelangte. Auf einer Tagung der American Association for the Advancement of Science (AAAS) in San Francisco war ein Vorbericht verlesen worden, dessen Inhalt unter Fachleuten bereits die Runde zu machen begonnen hatte. In ihrer Mehrheit jedoch sahen sich die Bürger der

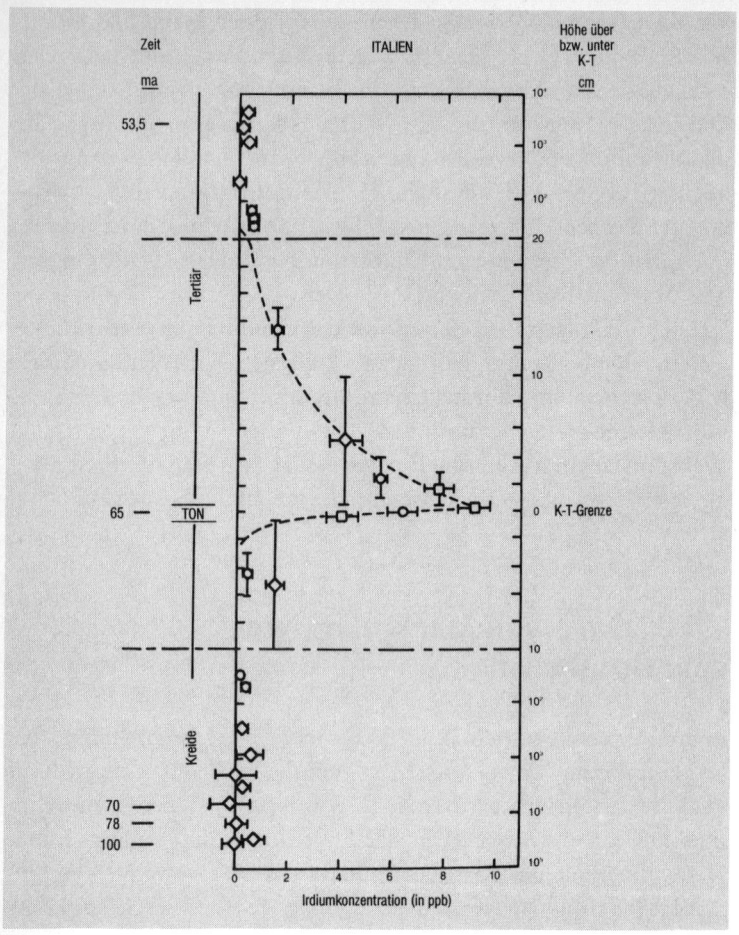

Kurvendarstellung der Iridiumanomalie bei Gubbio (Italien). Die Markierungssymbole bezeichnen die Konzentration des Elements Iridium in ppb (Abkürzung für *parts per billion* = Teile pro Milliarde). Ein ppb entspricht einem Zehnmillionstel Prozent. Die Vorwärtsbewegung der Zeit verläuft auf der Vertikalachse des Schaubilds von unten nach oben und ist ausgedrückt durch den Abstand (in cm) nach unten und nach oben von der dünnen Tonschicht, die den Übergang vom Kreide- zum Tertiärkalkstein markiert. Die Ausknickung in der Kurve zeigt die Lage der Iridiumanomalie an. Die horizontalen Balkenmarkierungen bezeichnen den Unsicherheitskoeffizienten der chemischen Analyse, während die vertikalen zum Ausdruck bringen, aus welcher Gesteinsmächtigkeit die Proben jeweils zusammengetragen wurden. (Nach L. W. Alvarez, in: «Proc. Natl. Acad. Sci. U.S.A.» 80 [1983], S. 627–642; Abb. 4.)

Gelehrtenrepublik durch die «Science»-Veröffentlichung zum erstenmal mit jenem Gedanken konfrontiert.

Gemessen am Standard der Zeitschrift, war der fragliche Beitrag mit 14 engbedruckten Seiten im Drei-Spalten-Format außergewöhnlich umfangreich; dort wurde auf sehr viel mehr Dinge eingegangen, als ich hier in meinem knappen Resümee wiederholen konnte. Im Rahmen einer Gegenprobe auf den meteoritischen Ursprung des Iridiums hatte man noch eine Reihe weiterer chemischer Elemente analysiert. Größere Bedeutung dürfte allerdings der Tatsache beizumessen sein, daß die Iridiumanomalie noch zweimal andernorts festgestellt wurde, nämlich einmal in Dänemark, das andere Mal in Neuseeland. Dadurch war wenigstens im Ansatz der Beweis dafür erbracht, daß es sich bei dem Befund von Gubbio um etwas mehr als bloß um warme Luft oder irgendeine Lokaleigentümlichkeit handelte.

Mehrere Seiten des «Science»-Aufsatzes waren der Frage gewidmet, wie man sich die Iridiumanomalie zu erklären habe. Die Argumentation ließ zwar an Sorgfalt und Nüchternheit nichts zu wünschen übrig, trotzdem hat sich natürlich die damals gegebene Erklärung seither in manchen Punkten noch als verbesserungsfähig erwiesen. In ihren Grundzügen lautet die Theorie, wie sie im Jahr 1980 vorgetragen wurde, folgendermaßen: Vor 65 Millionen Jahren wurde die Erde von einem massereichen Asteroiden getroffen; beim Aufprall wurden pulverisiertes Gestein und Asteroidenteilchen (einschließlich des darin enthaltenen Iridiums) im Volumen vom Sechzigfachen des Himmelskörpers in die Atmosphäre emporgeschleudert, wo sie sich zu einer gigantischen, die Sonneneinstrahlung blockierenden Staubwolke ausbreiteten mit dem Resultat, daß die Photosynthese der Grünpflanzen reduziert oder sogar vollständig unterbunden wurde. Dies wiederum hatte die Unterbrechung der Nahrungskette und das Aussterben von direkt oder indirekt vom Vorhandensein pflanzlicher Nahrung abhängigen Tieren zur Folge.

Auf der Grundlage der bei Gubbio (und anderswo) gefundenen Iridiummengen sowie der verfügbaren Kenntnisse über die

Iridiumkonzentration in Meteoriten war es auch möglich, das Kaliber des fraglichen Himmelskörpers zu bestimmen: danach errechnete man für ihn einen Durchmesser von schätzungsweise zehn Kilometern (mit einer Toleranz von ±4 km).

Erste Reaktionen

Wie absinkendes Sedimentgut hat die seither vergangene Zeit die Reaktionen, die jener Aufsatz bei seiner Veröffentlichung im Jahr 1980 im wissenschaftlichen Publikum auslöste, für die rückblickende Wahrnehmung unter einer undurchdringlichen Decke verborgen. Aber ich kann mich noch ungefähr erinnern, wie ich selber damals reagierte, und das möchte ich im folgenden ersatzweise wiederzugeben versuchen.

Bei der Zeitschrift «Science» ist es Usus, die eingereichten Manuskripte nach einem systematischen Arrangement der Inkognito-Begutachtung durch gleichrangige Fachkollegen der jeweiligen Autoren zu unterziehen. Ich arbeite im Rahmen dieses Systems gelegentlich als «sachverständiger Gutachter» für die «Science»-Redaktion, und in dieser Eigenschaft las ich jenen Aufsatz zum erstenmal. Die Fachkollegenbegutachtung stand in diesem Fall in mancherlei Hinsicht unter dem Vorzeichen des Außergewöhnlichen, so beispielsweise auch in der, daß der Vorgang von einem der Chefredakteure höchstpersönlich bearbeitet wurde – und das bedeutete, daß man es mit einem Manuskript zu tun hatte, das entweder besonders wichtig oder besonders umstritten, oder aber auch beides zugleich war. In den Vorverhandlungen mit der Redaktion war mir überdies aufgefallen, daß man sich dort ein bißchen schwertat mit dem Manuskript, was zumindest teilweise mit dessen ungewöhnlichem Umfang zu tun hatte. Außerdem sagte mir mein Gespür, daß wohl die bereits vorliegenden Gutachten in bezug auf die Qualität des Manuskripts geteilter Meinung waren und daß man sich daraufhin in der Redaktion entschlossen hatte, noch die ein oder andere zusätzliche Stellungnahme einzuholen.

Derlei ist bei diesem System der Fachkollegenbegutachtung durchaus keine Seltenheit, und so habe ich mir nie die Mühe gemacht, hinter die Einzelheiten dieses konkreten Falls zu kommen.

Das Manuskript des Alvarez-Teams war eine harte Nuß für mich, und das Gutachten hat mich in diesem Fall einigen Schweiß gekostet. Einerseits war mir die Vorstellung von Meteoriteneinschlägen als Ursachen von Aussterbeereignissen nicht nur nicht fremd, sondern hatte mich sogar schon Jahre zuvor fasziniert, wie meine Beschäftigung mit Öpiks Kometentheorie und das daraufhin in Rochester durchgeführte Experiment mit dem simulierten Bombardement Australiens beweisen. Andererseits wies der Aufsatz technische Mängel auf, die meinen Unmut erregten: So überschritt etwa der Umfang bei weitem das Maß des sonst (bei «Science») Üblichen. In stilistischer Hinsicht fand ich die Sache nicht sonderlich gelungen: Die Ausdrucksweise der Autoren war mir ein bißchen zu geziert. Diese Dinge konnten zwar naturgemäß nicht allzuschwer zu Buche schlagen, aber in welchem Umfang auch immer – sie belasteten auf jeden Fall das Negativkonto.

Zur inhaltlichen Seite der Sache konnte ich lediglich in gewissen Grenzen Stellung nehmen – soweit es eben um Fachwissen ging, für das ich mich einigermaßen kompetent fühlen durfte. Dieses Problem der eingeschränkten Perspektive jedes Einzelbeobachters ist von Anfang an das Haupt- und Erbübel in der Sache Nemesis gewesen. Die Nemesis-Theorie übergreift ein enorm breites Fächerspektrum, das sich von der Paläontologie über die Geochemie und weiter über Biologie und Meteorologie bis hin zur Astrophysik erstreckt. Für einen einzelnen ist es faktisch unmöglich, sich auf *allen* einschlägigen Gebieten ein Wissen anzuzeigen, das über bloßen Dilettantismus hinausgehen würde. Infolgedessen kann es einfach nicht ausbleiben, daß in den Gesprächen und Streitgesprächen über Nemesis aus allen Lagern immer wieder vollkommen abwegige Auffassungen und Gesichtspunkte vorgetragen werden.

In meinem Gutachten über das Manuskript bemängelte ich den dargestellten Sachverhalt in einigen Punkten und gab zugleich Anregungen, wie man sowohl die zugrundeliegenden Forschun-

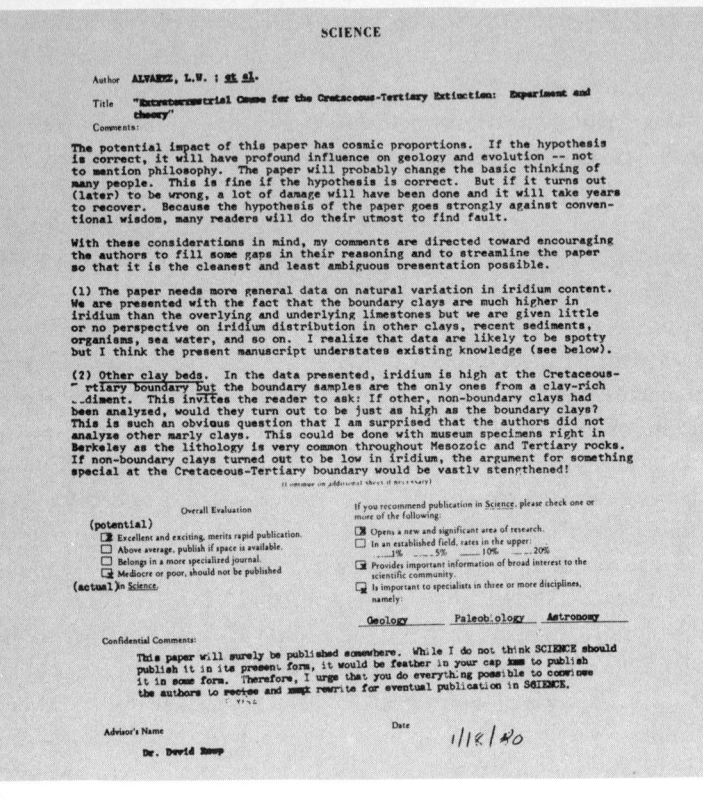

Seite 1 meines Gutachtens über die Alvarez-Publikation von 1980, erstellt nach dem bei «Science», einer der bedeutendsten internationalen Wissenschaftszeitschriften, für Kollegengutachten gebräuchlichen Schema. Die Fortsetzung umfaßt mehrere Seiten mit detaillierten Stellungnahmen, Einwänden und Änderungsvorschlägen. Solche Gutachten werden normalerweise dem/den betroffenen Autor(en) zusammen mit der Entscheidung des Redakteurs über Annahme oder Ablehnung des Manuskripts zugeleitet. Dabei wird dem/den Autor(en) der Name des Gutachters gewöhnlich vorenthalten. In bezug auf die Autoren erfüllen diese Gutachten den Zweck, entweder die ablehnende Entscheidung des Redakteurs zu begründen bzw. zu untermauern oder bei Annahme des Manuskripts eine gewisse Hilfestellung bei der Überarbeitung zu geben. Man beachte das bereits im Formular vorgesehene Feld für vertrauliche Bemerkungen (die außer dem Redakteur niemand zu Gesicht bekommt). «Science» brachte den Alvarez-Artikel im Juni 1980 in einer Fassung, die vielen der in meinem Gutachten vorgebrachten Einwände Rechnung trug – und größtenteils auch denjenigen, die auf der hier abgebildeten Seite enthalten sind.

gen noch weiter ausbauen als auch den Darstellungsstil verbessern könne. Wie sich das im einzelnen las, spielt hier und heute keine große Rolle mehr. Allerdings schloß ich mit einer nicht gerade freundlich zu nennenden Bemerkung des Wortlauts: «Würde mir dieses Manuskript von einem Examenskandidaten vorgelegt, so würde ich die Sache zwar als ein brillantes Stück Arbeit bewerten (in dem sich eine enorm vielversprechende Begabung verrät), jedoch nichtsdestoweniger das Ganze seinem Verfasser zurückgeben und ihn auffordern, die Arbeit noch mal, jetzt aber richtig zu machen!»

Nach meinem Eindruck war die Arbeit insgesamt nachlässig gemacht und zu keinem richtigen Ende geführt worden, mochte sie im übrigen auch noch so brillant sein. Luis und Walter Alvarez gegenüber habe ich mein Gutachten nie auch nur mit einer Silbe erwähnt, und ich nehme an, daß mein Inkognito von seiten der «Science»-Redaktion gewahrt blieb (und erst *hier* gelüftet wird). Zudem hatte ich meinen boshaften Kommentar ganz bewußt an den Schluß gestellt, damit der zuständige Redakteur ihn – wie es allfälligen tadelnden Bemerkungen in derlei Gutachten häufig widerfährt – einfach mit einem einzigen Scherenschnippen in den Papierkorb befördern konnte, wenn er ihm nicht in den Kram paßte. Schließlich fällt es ja schon ein wenig aus dem Rahmen des Alltäglichen, die Arbeit eines Nobelpreisträgers mit der eines schlampigen Examenskandidaten zu vergleichen.

Auf die Art und Weise, wie ich seinerzeit auf den Alvarez-Aufsatz reagierte, bin ich deswegen eingegangen, weil sich darin nach meinem Dafürhalten etwas über die Funktionsweise des Wissenschaftsbetriebs verrät. Insgeheim zutiefst irritiert durch die Iridiumanomalie und ihre extraterrestrische Deutung, drosch ich in meiner Besprechung einfach nur blindlings drauflos. Sicher hatte das Manuskript in dem Stadium, in dem es mir vorgelegt wurde, noch eine Überarbeitung nötig – aber zu keinem anderen Zweck, als um diesen Sachverhalt mit hilfreicher Präzision zu umreißen, ist das ganze Begutachtungsverfahren ja da. Die zahlreichen Defizite, die ich – und von all den Gutachtern bestimmt nicht ich allein – in der Erstfassung konstatiert hatte, waren in der veröffentlichten Version des Aufsatzes zum allergrößten Teil vollauf zufriedenstellend beseitigt. In dieser Version erwies sich der Aufsatz als die in aller wünschenswerten Klarheit ausformulierte und mit Beweismaterial comme il faut unterstützte Erstfassung einer wissenschaftlichen Hypothese.

Über Wochen und Monate nach seiner Veröffentlichung im Juni 1980 wurde der Aufsatz lebhaft diskutiert – das Echo war bei weitem stärker als alles, was Schindewolf, McLaren und Urey mit ihren Arbeiten zu kategorial ähnlich gelagerten Themen in dieser Hinsicht jemals bewirkt hatten. Was mir an einschlägigen Stellungnahmen zur Kenntnis gelangte, war so gut wie ausnahmslos negativ! In einem Teil der Fälle war das zwar durchaus auch mit inhaltlichen Argumenten begründet, aber zu einem erstaunlich hohen Prozentsatz hatte die Ablehnung fast nichts mit den konkreten Einzelheiten der vorgetragenen Fakten und deren Interpretation zu tun. Dieses Bild war zum Teil sicher nur der Reflex der Welt, in der ich damals lebte: einer von Paläontologen, Biologen und Geologen reichbevölkerten Welt, in der Geochemiker und Astronomen zu den seltenen Spezies zählten. Niemand in meinem Umkreis kannte sich besonders gut mit der Chemie der Spurenelemente oder mit Meteoriten und Asteroiden aus. Aber wir wußten eine ganze Menge über das Aussterbegeschehen in der Kreideperiode, und die Studie des Alvarez-Teams konnte uns nicht kaltlassen.

Die scheinbare Vielfalt der ersten Reaktionen auf den Bericht des Alvarez-Teams erwies sich bei genauerem Hinsehen als lediglich formale Variation einer fixen Zahl von inhaltlich übereinstimmenden Argumentationsschemata. Im einzelnen sahen diese etwa folgendermaßen aus:

1. Unser Wissen von der Geochemie des Iridiums ist viel zu lückenhaft, als daß es zu vertreten wäre, auf derart schmale Basis so weitreichende Schlußfolgerungen wie im Fall des Befunds von Gubbio zu gründen.

2. Die Iridiumanreicherung im Ton an der K-T-Grenze könnte

biologischen Ursprungs sein. Schließlich ist es ein Faktum, daß viele Organismen bestimmte Elemente in außerordentlich hoher Konzentration anlagern, was beispielsweise dazu geführt hat, daß manche Elemente historisch früher in Meeres*tieren* als im Meer*wasser* nachgewiesen werden konnten. Über dieses Faktum und die darauf beruhende alternative Erklärungsmöglichkeit schweigt der Bericht des Alvarez-Teams sich aus.

3. Lediglich Gestein an der K-T-Grenze wurde auf seinen Iridiumgehalt hin analysiert. Solange nicht Proben aus allen geologischen Strata in die Untersuchung miteinbezogen wurden, kann man nicht wissen, ob Iridiumanomalien tatsächlich etwas so Außergewöhnliches sind wie hier behauptet. Die ganze Auslöschungstheorie beruht auf der ohne stichhaltigen Beweis vorausgesetzten Seltenheit des Anomalie-Phänomens.

4. Woher wollen wir wissen, daß die Iridiumanomalie nicht einfach nur dem konzentrierten Rückstand aus der chemischen Auflösung von ursprünglich einmal oberhalb der K-T-Grenze vorhandenem Kalkstein (der geringe Mengen des Elements enthält) zu verdanken ist?

5. Wenn wirklich ein Meteorit mit einem Durchmesser von zehn Kilometern auf die Erde aufgeprallt ist, wie soll man es sich dann erklären, daß bis heute noch niemand den Krater gefunden hat?

6. Das Auslöschungsszenarium mit der Sonnenverfinsterung durch eine Staubwolke ist eine unglaubhafte Ad-hoc-Konstruktion. Wieso blieb die Pflanzenwelt zu jener Zeit von Auslöschungen nennenswerten Ausmaßes verschont?

7. Das Aussterbegeschehen in der oberen Kreide ist eine Sache von Jahrmillionen. In einem zeitlich derart weiträumigen Zusammenhang kann ein einzelnes Ereignis von kurzer Dauer prinzipiell nicht diese gravierende Bedeutung haben.

8. Das Alvarez-Team zählt keinen Vertreter paläontologischen Fachwissens zu seinen Mitgliedern und sollte sich daher lieber nicht an Fragen des Massenaussterbens den Mund verbrennen.

9. Massenaussterben sind generell hochkomplexe Phänomene

und in jedem Einzelfall Resultat von unzähligen diffizil vernetzten Wechselbeziehungen sowohl zwischen Organismen untereinander als auch zwischen Organismen und ihrer Umwelt. Eine in sich einfache Erklärung für einen so komplexen Vorgang wie das Massenaussterben in der Kreide wird den Dingen nicht gerecht und kann eigentlich nur falsch sein.

10. Weder gibt es einen Anlaß noch eine Rechtfertigung, außerirdische Kräfte für die Lösung irdischer Probleme zu bemühen. Der Deus ex machina ist ein veraltetes Requisit, das schon vor vielen Jahren in die Rumpelkammer abgeschoben wurde. (Thank you, Mr. Lyell!)

11. Das Alvarez-Team hat viel zu überstürzt die Presse eingeschaltet. Das ist kein guter Wissenschaftsstil. Wissenschaftliche Forschungsergebnisse, die ein allzu lebhaftes Echo in der Presse finden, sind von vornherein suspekt.

Wo befand sich zur damaligen Zeit auf dem durch diese Punkte abgesteckten Terrain mein eigener Standpunkt? Nicht daß ich der Ansicht wäre, meine eigene Meinung – die Meinung eines (noch dazu außenstehenden) einzelnen – spielte eine irgendwie bedeutende Rolle: aber ich dürfte, was Zuverlässigkeit und Genauigkeit angeht, (hoffentlich) ein besseres Ergebnis zustande bringen, wenn ich meine eigenen Reaktionen von damals wieder auffrische, als wenn ich aus dem Abstand von Jahren die Gedanken anderer zu rekonstruieren versuche. Nach meiner Erinnerung begegnete ich der Einschlaghypothese zur damaligen Zeit mit vorsichtigem Optimismus. Diesbezügliche Fragen von Bekannten und Kollegen pflegte ich dem Sinn nach etwa so zu beantworten: «Ich würde mich freuen, wenn die vier recht behielten, aber ich sehe da ein paar gravierende Probleme.» Wurde dann nachgehakt, woran ich dabei dächte, nannte ich einen oder mehrere von im vorigen aufgelisteten Punkten – allerdings niemals einen der Punkte 8–11.

Für eine der ersten publizistischen Stellungnahmen zur Alvarez-Hypothese zeichneten drei namhafte Wissenschaftspraktiker als Verfasser: William A. Clemens von der Berkeley-Universität,

J. David Archibald von Yale (heute an der University of California in San Diego) und Leo J. Hickey von der Smithsonian Institution (heute Direktor des Peabody Museum der Yale University). Die Gemeinschaftsarbeit der drei erschien unter dem Titel «Out with a Whimper Not a Bang» (Ende mit Gewinsel, nicht mit Knall) in Heft 2 (= Summer), 1981 der Zeitschrift «Paleobiology». Trotz aller sorgfältig gewahrten wissenschaftlichen Solidität und Bedachtsamkeit – bei Verzicht auf jegliche Art von stilistischer Effekthascherei – machten die Verfasser in dem Aufsatz aus ihrem Herzen keine Mördergrube, wenn es um die Frage ging, wie man sich das Massenaussterben in der oberen Kreide zu erklären habe. Hier einige Textproben:

«Paläobiologische Fakten eignen sich prinzipiell nicht als Einwand gegen die Möglichkeit des Auftretens von Supernovae, Asteroideneinschlägen oder anderen außergewöhnlichen Ereignissen . . . Allerdings legt die Analyse der paläobiologischen Fakten den Schluß nahe, daß ein solches Ereignis als Erklärungsgrundlage nicht zwingend gefordert wird . . . Hinzu kommt, daß kein einziges erdgeschichtliches Faktum – aus welchem Zeitabschnitt auch immer – existiert, mit dessen Hilfe sich ein Zusammenhang zwischen dem Auftreffen extraterrestrischer Körper und nennenswerten Veränderungen des Evolutions- bzw. Aussterbeschemas schlüssig begründen ließe.»

«. . . der Übergang von der Kreide zum Tertiär spielte, was die Dauer anlangt, in der Größenordnung von Zehntausenden, wenn nicht Hunderttausenden Jahren; charakteristisch für das Geschehen war, daß ein ganzes Bündel interdependenter physikalischer und biologischer Faktoren in ihm zusammenwirkte . . .»

«. . . die Auslöschungen, die nach allgemeiner Übereinkunft das Ende der Kreideperiode bezeichnen, wurden nicht durch eine einzelne Mammutkatastrophe hervorgebracht. Biostratigraphische Untersuchungen . . . haben gezeigt, daß unterschiedliche Gruppen von Lebewesen auf unterschiedlichem Schichtniveau aus den Fossilurkunden verschwinden . . . Dieser Sachverhalt läßt sich schwerlich aus einer plötzlichen Universalkatastrophe erklären.»

Etwa eineinhalb Jahre nach der Erstpublikation der Alvarez-These schrieb ich für «Paleobiology» einen kurzen Bericht über die Snowbird-Konferenz, aus dem sich ersehen läßt, wie ich für meinen Teil damals über diese Fragen dachte. Meine Haltung war eine sehr vorsichtige. Zwar war ich der Hypothese gegenüber grundsätzlich positiv eingestellt, doch bemerkte ich an ihr allenthalben «dunkle Flecken». Dazu einige wahllos herausgegriffene Zitate:

«Es fehlt uns an zuverlässigen Informationen über das Ir-Vorkommen im Phanerozoikum im allgemeinen . . . Es fehlt uns der Durchblick, wie ihn nur eine Kollektion von zuverlässigen geochemischen Befunden aus allen Schichten der Folge verschaffen kann.»

«. . . Diagnosen in bezug auf Gleichzeitigkeit von Iridium-Einsprengseln und Aussterbevorgängen behalten immer etwas Problematisches.»

«Welche Auswirkungen ein Einschlag im Meer gehabt haben müßte, ist alles andere als ausgemachte Sache . . . die Frage der Folgen solcher Einschläge ist derzeit noch völlig offen; lediglich in einem Punkt ist man sich allgemein einig: Wie immer die Folgen aussähen, ihr Ausmaß wäre enorm.»

«Ein wirklich gravierendes Problem . . . ergibt sich aus dem Umstand, daß das reale oberste Glied der Kreide nur an einigen wenigen Stellen (größtenteils in Westeuropa) erforschbar zutage liegt.»

«Das ganze Problem ist überaus verwickelt, und ich für meinen Teil würde keine Prognose darüber wagen, in welcher Richtung man letztendlich die Wahrheit finden dürfte.»

Einen weiteren Beleg für meine erste Redaktion auf die Alvarez-Hypothese finde ich in einer Arbeit mit dem Titel «Aussterben – schlechte Gene oder schlechtes Horoskop?». Es handelt sich um einen Vortrag, der im Januar 1981 auf einer wissenschaftlichen Tagung in Barcelona als Diskussionsgrundlage diente und später in den «Acta Geologica Hispanica» gedruckt wurde. Unter Hinweis auf die «Alvarez u. Mitarb.»-Publikation von 1980 erläuterte ich einige Computersimulationen, die von Fragen des Typs «Was wäre, wenn . . .» ausgingen. Wenn ein Massenaussterben als unvermitteltes, schlagartiges Ereignis stattfände, wie würde das in den fossilen Urkunden der Folgezeit strukturell zu Buche schlagen? Von den

Einzelheiten der Meteoriten-Hypothese redete ich in diesem Zusammenhang immer per «Behauptung» – was im Wissenschafts-
jargon (und übrigens auch im Pressejargon) meistenteils den Ausdruck von Skepsis bedeutet. An einer Stelle sagte ich wörtlich:

«Nach der Behauptung von Alvarez u. Mitarb. (1980) . . . steckt in dem
geochemischen Befund der harte Beweis dafür, daß in der oberen Kreide
ein 10-km-Meteorit auf die Erde aufgeprallt ist. Wenngleich dieser Vorfall
noch ausgiebiger dokumentiert werden müßte, um als unanfechtbar zu
gelten, eignet ihm bereits jetzt ein beträchtliches Maß an Glaubwürdigkeit.»

Das Vorstehende dürfte einen halbwegs plastischen Eindruck von
den ersten Reaktionen auf den Gubbio-Bericht vermittelt haben.
Das Gros der Geologen und Paläontologen quittierte die Meteoriten-Hypothese mit Ablehnung, aber immerhin war das Thema im
Gespräch. Anders als im Fall Schindewolf, McLaren oder Urey war
man diesmal wenigstens bereit zuzuhören. Das Fußvolk war auf-
gebracht! Aber nicht wenige ausgezeichnete Wissenschaftler unterzogen die alten Fakten einer neuerlichen Prüfung oder machten
sich auf, um draußen im Feld nach neuen Fakten zu suchen. Weltweit begann man in den Labors, Gesteinsproben auf Iridium zu
untersuchen, und in allen möglichen Richtungen suchte man jetzt
nach Beweisen für oder gegen den Einschlag eines massereichen
Himmelskörpers an der K-T-Grenze oder auf irgendeiner anderen
Ebene der geologischen Urkunde. Was immer ein von Emotionen
gesteuertes oder an vorgefaßten Meinungen klebendes Denken
davon halten mag: *das* war wissenschaftliche Forschungspraxis, wie
sie sein sollte!

5
DER DREI-METER-HIATUS
UND ANDERE INDIZIEN

Die Hell Creek-Formation in Montana

Während die Einschlaghypothese in den folgenden drei, vier Jahren weiterentwickelt wurde, rückten verschiedene Fundorte im Ostteil von Montana in den Blickpunkt der internationalen Fachwelt. Zum größten Teil handelt es sich um Aufschlüsse der Hell Creek-Formation in der Nähe des Fort Peck-Stausees im US-Bundesstaat Montana: in einigen davon hat man sowohl Dinosaurierfossilien als auch eine Iridiumanomalie entdeckt. Ganz klar, daß jetzt im Bewußtsein der interessierten Öffentlichkeit *eine* Frage alle anderen in den Hintergrund drängte: Ist der jüngste gefundene Dinosaurierknochen gleichaltrig mit dem Iridium?

Genaugenommen eignet dieser Frage jedoch keineswegs die alles entscheidende Bedeutung, die man ihr in diesem Zusammenhang hat zuweisen wollen. Wie wir gesehen haben, ist das Aussterben der Dinosaurier ein relativ geringfügiges Teilereignis innerhalb des sehr viel umfänglicheren Aussterbegeschehens der oberen Kreide. Außerdem ist zu bedenken, daß die fossile Urkunde nichtmariner Gebiete notorisch lückenhaft ist, so daß Montana mit seinen Dinosaurierlagerungen nicht gerade die ideale Basis abgibt, um ein abschließendes Urteil in der Auseinandersetzung um die Ursachen der Massenauslöschung darauf zu gründen. Nichtsdestoweniger bleibt es Tatsache, daß die Dinosaurier ausgestorben sind, und ebenso, daß ihr Verschwinden (nebst Ersatz durch Säuger des Tertiärtyps) einen wichtigen Angelpunkt in der Geschichte des Lebens darstellt.

Die Fundstätten in Montana verdanken die überschwengliche

Aufmerksamkeit, die ihnen zuteil wurde, nicht zuletzt auch dem Umstand, daß es einer der besten Vertebratenexperten des paläontologischen Metiers war, der sich ihrer geologischen und paläontologischen Aufschließung annahm, nämlich Professor William A. Clemens von der Berkeley-Universität. Bill Clemens und Walter Alvarez arbeiten in Berkeley in ein und demselben Institutsgebäude – sozusagen Wand an Wand – und sind in der Frage des K-T-Aussterbens schon in einem frühen Stadium der Debatte zu schonend miteinander umgehenden Gegenspielern geworden.

Die ersten Befunde aus Montana sprachen für die Alvarez-Hypothese. Das oberste und mithin jüngste Dinosaurierfossil wurde unterhalb der Iridiumanomalie gefunden – wie es der Fall sein müßte, wenn ein Meteoriteneinschlag für das Aussterben der Tiere verantwortlich sein soll. Allerdings sind beide durch drei Meter Sediment getrennt. Und als ob das noch nicht genug wäre, fand man zwischen dem obersten Dinosaurierknochen und der Anomalie Säugerfossilien ganz unbestreitbar tertiärer Bildung eingebettet. Für Bill Clemens und eine stattliche Reihe von Fachkollegen war dieser Drei-Meter-Zwischenraum das schlüssige Indiz dafür, daß es mit den Dinosauriern zum Zeitpunkt des postulierten Meteoriteneinschlags längst aus und vorbei war – wobei man sogar die Frage offenlassen konnte, ob es *überhaupt* einen Meteoriteneinschlag gegeben hatte (was von Clemens und seiner Partei ebenfalls bestritten wurde).

Es dürfte wohl niemanden überraschen, wenn ich vollständigkeitshalber hinzufüge, daß die Sachlage in Montana sich alles in allem noch um einiges komplizierter darstellte und daß die Auseinandersetzung zwischen Walter Alvarez und Bill Clemens (unter Beteiligung zahlreicher Fachgenossen auf beiden Seiten) bis auf den heutigen Tag unvermindert anhält (mit lediglich einer Einschränkung: wie ich von Luis Alvarez gehört habe, ist Clemens in bezug auf den Zwischenraum zu dem Zugeständnis bereit, daß er vielleicht nur *zwei* Meter betrage). Im gegebenen Rahmen ist es mir nicht möglich, auf die weiteren Einzelheiten in aller Ausführlichkeit einzugehen, aber wenigstens das Allerwich-

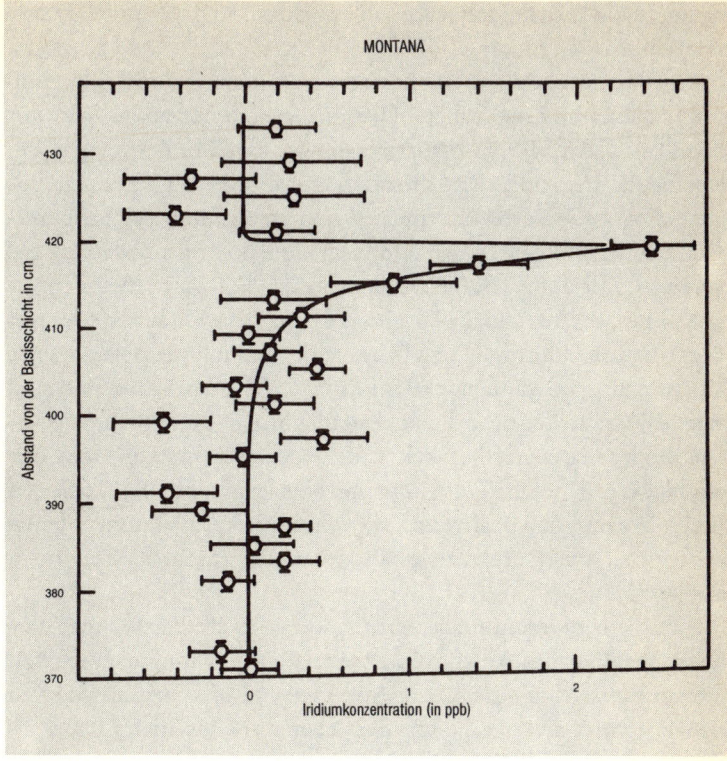

Kurvendarstellung der Iridiumkonzentration an der K-T-Grenze in Ostmontana. Die Skala links gibt den Abstand in Zentimetern von einem arbiträren Punkt weiter unten in der Kreide an. Der maximale Iridiumgehalt ist nicht so hoch wie der in Gubbio festgestellte, liegt jedoch deutlich über Grundniveau. (Nach L. W. Alvarez, in: «Proc. Natl. Acad. Sci. U.S.A.» 80 [1983], S. 627–642; Abb. 10.)

tigste davon möchte ich noch, sei's auch nur in groben Umrissen, skizzieren.

Wie bereits erwähnt, ist das oberste Dinosaurierfossil unterhalb der Iridiumanomalie situiert. Dies gilt freilich nur zusammen mit der Klausel, daß als «Dinosaurierfossil» nur eine Mindestmenge von beieinanderliegenden Knochen ein und desselben Tieres – das sogenannte «gegliederte» Exemplar – zu betrachten ist. Nicht zusammengehörige Skelettstücke und einzelne Knochen müssen im gegebenen Fall außer Betracht bleiben, da die Wahrscheinlichkeit groß ist, daß Einzelstücke lange nach dem tatsächlichen Zeitpunkt des Ablebens des fraglichen Tieres an ihren Fundort gelangt sind, indem sie irgendwann einmal im Zuge der Erosion exhumiert und irgendwann später neuerlich gelagert wurden. Im östlichen Montana findet man einzelne Skelettstücke oder Knochen gelegentlich sogar *oberhalb* der Iridiumanomalie, aber praktisch alle Geologen sind sich einig, daß es abwegig wäre, aus diesen Fällen nun ableiten zu wollen, die Dinosaurier hätten um die fragliche Zeit noch existiert.

Was die Iridiumanomalie betrifft, so dürfte sie aller Wahrscheinlichkeit nach kaum Anlaß zum Zweifel geben, wenngleich auch zu diesem Punkt einige skeptische Stimmen zu hören waren. Ganz zu Anfang geriet diese Frage vorübergehend in ein schiefes Licht, als sich in einem bestimmten Fall herausstellte, daß der vermeintliche Anomalie-Befund in Wahrheit auf eine – vom Platin-Ehering einer technischen Hilfskraft herrührende – Verunreinigung der Laborprobe zurückzuführen war. Da Iridium in geringer Menge natürlicherweise in gewöhnlichem Platin und als Spurenelement auch in Gesteinen vorkommt, gehört eine derartige Verunreinigung zu den prinzipiell unvermeidlichen Risiken einer Analyse, die nur durch die äußerst skrupulöse Überwachung der Analysebedingungen ausgeschaltet werden können. Nachdem die Sache mit dem Ehering restlos aufgeklärt und als Konsequenz der Ablauf des Verfahrens unter radikal verschärfte Kontrolle gestellt war, erbrachte die weitere Analyse die überzeugende Bestätigung der Anomalie.

Die Beschaffenheit des Geländes rund um den Fort Peck-Stausee läßt für den Geologen einiges zu wünschen übrig. Das Gestein besteht aus einer durchaus nicht ganz störungsfreien Folge von Strömungs- und Überschwemmungsablagerungen. Von den Faktoren, auf die es ankommt, sind im einzelnen Aufschluß nicht jeweils alle mit enthalten. Der Weg zu der Feststellung, daß die Iridiumanomalie jünger als der jüngste Dinosaurierknochen ist, führt auf gewissen Streckenabschnitten über Brücken, die aus reiner Kombinatorik bestehen – was allerdings, das soll ebenfalls nicht verschwiegen werden, in der geologischen Feldforschung eine ganz normale Sache ist. Alle Geologen, die an Ort und Stelle geforscht haben, sind sich einig, daß die Anomalie *über* den Dinosauriern situiert ist. Dagegen herrscht keineswegs Einhelligkeit in bezug auf das Alter der Säuger tertiären Typs, die oberhalb der Dinosaurier auftreten. Obzwar die Fundstellen der Säugerknochen, rein topographisch gesehen, *über* den Dinosauriern und *unter* der Iridiumanomalie liegen, hat der Geologe Jan Smit in mehreren Veröffentlichungen mit guten Gründen die Theorie vertreten, daß die Säugerrelikte in einer erst nach der Lagerung des Iridiums ausgewaschenen Stromrinne abgelagert wurden, die ältere Ablagerungen von oben nach unten durchschnitt, so daß die Fossile heute unter dem Iridium liegen. Es gibt Geologen, die Smits Deutung der örtlichen Gegebenheiten für richtig halten, und es gibt andere, die ihre Richtigkeit bestreiten. Nachdem er das gesamte Terrain in penibelster Kleinarbeit untersucht hatte, kam David Fastovsky, ein Doktorand der University of Wisconsin, zu dem Schluß, daß die Fakten in ihrer Gesamtheit weder eindeutig für noch eindeutig gegen Smits Hypothese sprechen – er glaubt allerdings, ein leichtes Übergewicht *zuungunsten* von Smit konstatieren zu können.

Die härteste Nuß in dem Problemkomplex, den das Terrain in Montana darstellt, ist die Frage, wie man sich den Drei-Meter-Hiatus zu erklären hat. Etwa tatsächlich so, daß die Dinosaurier schon lange vor dem hypothetischen Meteoriteneinschlag ausgestorben waren? Bill Clemens und eine Reihe anderer Paläontologen haben das von Anfang an behauptet und sich bis heute nicht von dieser Meinung abbringen lassen. Aber mit durchaus nicht zu verachtenden Argumenten wird auch die Gegenposition vertreten: an erster Stelle ist hier Luis Alvarez zu nennen, der geltend macht, daß Dinosaurierpetrefakte durchgängig auch unter günstigsten Bedingungen alles andere als dicht gesät sind, daß also drei Meter taubes Gestein noch kein Grund für übermäßiges Kopfzerbrechen seien. Möglicherweise habe es in Montana noch während der ganzen in dem Drei-Meter-Hiatus repräsentierten Zeit quicklebendige Dinosaurier gegeben, die aus Gründen, die (noch) keiner kennt, nicht konserviert wurden. Und im übrigen wisse bis jetzt auch niemand, welchen Zeitraum die bewußten drei Meter tatsächlich repräsentierten.

Demgegenüber wird jetzt vielleicht mancher einwenden, daß es nicht unbedingt zu den Aufgaben eines Elementarteilchenphysikers (der Luis Alvarez von Hause aus ist) gehört, in Fragen der Geologie das große Wort zu führen. Das hieße jedoch die Tatsache ignorieren, daß es in der Vergangenheit oftmals Nichtfachleute waren, die zu den hellsichtigsten Lösungen von Fachproblemen gefunden haben, und zwar aus dem einfachen Grund, weil sie die Fakten von vornherein ohne die für Spezialisten typische «Betriebsblindheit» interpretieren. Ich für meinen Teil würde sagen, daß Luis da etwas auf den Kopf getroffen hat, was wie ein recht ordentlicher Nagel aussieht.

Um sich anhand der fossilen Urkunde ein Bild von der Erdgeschichte machen zu können, sind Paläontologen in hohem Maße auf empirische Erkenntnisse über den Vorkommenszeitraum bestimmter Arten oder Artengruppen angewiesen. Informationen über den Zeitpunkt des ersten Auftretens und den Zeitpunkt des letztmaligen Vorkommens sind in diesem Zusammenhang zwei Wissensfaktoren von unersetzlichem Wert. Mit den gebietsweisen wie den weltweiten Fortschritten der Feldforschung wachsen tendenziell die bekannten Vorkommenszeiträume, einfach weil man immer wieder sei's ältere, sei's jüngere Vertreter von Arten, Gattungen oder Familien findet. So zum Beispiel wurde im Zuge der epochemachenden Entdeckungen immer älterer Exemplare, die den Leakeys und anderen in jüngerer Zeit in Ostafrika gelungen sind, der bekannte Vorkommenszeitraum fossiler Hominiden kontinuierlich in die Vergangenheit ausgedehnt. Demzufolge handelt es sich bei den zu diesem oder jenem konkreten Zeitpunkt gerade bekannten Vorkommenszeiträumen jeweils nur um den nach Maßgabe der Umstände bestmöglichen Schätzwert.

Der Grad, in dem solche Funde als Erweiterung des bekannten Vorkommenszeitraums zu Buche schlagen, hängt davon ab, um welcherlei Fossile es sich handelt und wie häufig sie gemeinhin vorkommen. Für leicht konservierbare und entsprechend reichhaltig vorhandene Organismen ist der Ausweitungseffekt nach Abschluß der ersten, grundlegenden Explorationsphase nur mehr selten und gegebenenfalls nicht sonderlich groß. Dagegen ist für die «leichtverderbliche Ware» unter den Organismen, die sich in entsprechend spärlicherem Umfang erhalten hat, im Entdeckungsfall eine – noch dazu meist drastische – Erweiterung des bekannten Vorkommenszeitraums die Regel. Die Dinosaurier halten in dieser Beziehung ungefähr die Mitte zwischen den Extremen, und das heißt, daß Luis Alvarez mit absolut stichhaltigen Gründen argumentiert, wenn er sagt, daß es nicht unbedingt der letzte und jüngste Dinosaurier, der jemals in Montana gelebt hat, sein muß, den wir heute vor uns haben. Als der Physiker, der er ist, empfand er es sofort als Manko, daß Paläontologen nicht routinemäßig eine Art Unschärfekalkül in ihre sämtlichen Zeitraumberechnungen mit einbeziehen, und zeigte die mathematischen Methoden auf, mit deren Hilfe das Problem im Fall Montana zu beheben wäre. Konkret lautete das Problem aus seiner Sicht: Wie hoch ist die Wahrscheinlichkeit, daß das Fehlen von Dinosaurierknochen im Drei-Meter-Hiatus lediglich an der Stichprobenauswahl liegt? Das ist, wenn man's recht bedenkt, eine sehr gute Frage, und man kann sich eigentlich nur wundern, daß nur sehr wenige Geologen von selbst auf sie gekommen sind.

Die Debatte über den Drei-Meter-Hiatus, so anregend und fruchtbar sie auch war, hat, soweit ich sehe, in puncto Meinungsbildung nicht sonderlich viel bewirkt. Die von Luis Alvarez vorgeschlagenen mathematischen Kontrollroutinen sind bis heute nicht restlos realisiert – was im Fall Montanas vielleicht auch durch die örtlichen Gegebenheiten verhindert wird. Was nach dem publizistischen Pro und Contra an der Problemlage jetzt noch offen ist, ähnelt in gewisser Weise der Frage, ob man das Wasserglas als «halbvoll» oder richtiger als «halbleer» ansehen soll. Für manche sind die drei Meter das Schlüsselindiz für die Unhaltbarkeit der These vom Zusammenhang zwischen Einschlag hier, Aussterben da. Für andere sind sie, innerhalb der gewaltigen Dimensionen des erdgeschichtlichen Mesozoikums im ganzen betrachtet, eine Bagatelle. Mit anderen Worten, was der Physiker Luis Alvarez behauptet, läuft darauf hinaus, daß Meteoriteneinschlag und Aussterbevorgang «in erster Näherung» als gleichzeitige Ereignisse zu betrachten sind, während der Paläontologe Bill Clemens dabei bleibt, daß die Ereignisse zu ganz verschiedenen Zeitpunkten stattgefunden haben müssen. Rein gefühlsmäßig neige ich dazu, für Alvarez Partei zu ergreifen, aber da ich die Aufschlüsse in Montana noch nicht einmal von weitem je mit eigenen Augen gesehen habe, bin ich mit Sicherheit der letzte, der ein Recht hätte, sich in dieser Frage als Schiedsrichter aufzuspielen.

Noch während ich mit der Niederschrift dieses Kapitels beschäftigt bin, erfahre ich, daß Bill Clemens jetzt (d. h. im September 1985) einen neuen Trumpf auf der Hand zu haben glaubt. Einem Bericht des Nachrichtenmagazins «Time» zufolge hat er in der Zwischenzeit in Alaska einen regelrechten Schatz von Dinosaurierrelikten gehoben, die, so behauptet er, die Einschlaghypothese entkräften, weil sie den Beweis dafür darstellen, daß die Dinosaurier in der Lage waren, auch so lange Dunkelzeiten wie die Polarnacht unbeschadet zu überstehen. Ein paar Monate Dunkelheit im Anschluß an einen Meteoriteneinschlag hätten den Dinosauriern nichts anhaben können. Um entscheiden zu können, was an der Sache dran ist, werden wir abwarten müssen, bis das gesamte Faktenmaterial wissenschaftlich aufbereitet und publiziert ist. Also halt dich ran, Bill!

Die Hell Creek-Formation in Montana ist nach der «Science»-Publikation von 1980 nicht das einzige Forschungsobjekt in Sachen

Einschlaghypothese geblieben. Buchstäblich Hunderte von Geologen, Paläontologen, Geochemikern und Geophysikern in aller Welt haben ihr Scherflein an Forschungsarbeit beigesteuert – in vielen Fällen mit durchaus beeindruckendem Ergebnis.

Osmiumisotope

Ein Höhepunkt der Konferenz in Snowbird 1981 war der Vortrag Karl Turekians von der Yale University. Turekian erfreut sich nicht nur eines sehr hohen Ansehens als Fachvertreter der Geochemie, sondern ist darüber hinaus auch berühmt für seinen scharfen Verstand, der sich noch nie in den Pferch konventioneller Denkweisen hat einsperren lassen. Karl ist jemand, dem man mit gespitzten Ohren zuhört, wenn er redet. Sein Snowbird-Vortrag handelte nicht von Dingen, die er getan hatte, sondern davon, was er zu tun plante. Ein weiteres chemisches Element aus der Gruppe der Platinmetalle, das regelmäßig in Meteoriten, aber nur sehr spärlich in gewöhnlichen Gesteinen der Erdrinde vorkommt, ist das Osmium. Außerdem sind die Isotopenanteile in der Erdrinde deutlich unterschieden von denen des meteoritischen Osmiums. Turekians Plan bestand nun darin, Osmium aus Gubbio und anderen Aufschlüssen der K-T-Grenze auf das Isotopenverhältnis hin zu untersuchen, um auf diesem Wege festzustellen, ob es sich um die terrestrische oder die extraterrestrische Form des Elements handelt.

Turekian, alles andere als ein verschlossener oder wortkarger Mensch, legte sich in Snowbird mächtig ins Zeug für sein Osmium-Vorhaben. Und nachdem er ausgeredet hatte, konnte es nicht mehr den leisesten Zweifel daran geben, mit welchem Ergebnis er rechnete: Er würde das ganz gewöhnliche Osmium der Erdrinde finden und damit den Beweis erbracht haben, daß die Einschlaghypothese ebenso überflüssig wie unglaubwürdig ist. Um so größer und echter war dann die allgemeine Überraschung, als Turekian eineinhalb Jahre später – in einem von J. M. Luck mitverfaßten und mitgetragenen Rechenschaftsbericht – die Ergebnisse seiner Untersuchung vorlegte.

Nach diesem Bericht kamen die festgestellten Isotopenanteile dem Meteoriten-Osmium sehr viel näher als dem Rinden-Osmium, so daß Luck und Turekian sich am Ende ihrer Ausführungen zu einem energischen Plädoyer für die Annahme eines Meteoriteneinschlags an der K-T-Grenze genötigt sahen. Zwischen einzelnen Proben aufgetretene kleine Unterschiede der Isotopenanteile brachten sie sogar auf den Gedanken, daß man es möglicherweise nicht bloß mit einem, sondern mit mehreren Einschlägen zu tun habe. Obzwar die Verfasser mit diesem letzteren Punkt Widerspruch ausgelöst haben, stimmen, soweit ich sehe, die meisten ihrer Fachgenossen im Grundsatz ihrer Meinung zu, daß die Befunde aus der Osmiumanalyse für einen Großkörpereinschlag sprechen.

Geschockter Quarz

Schon vor einer Reihe von Jahren fanden Mineralogen heraus, daß der gewöhnliche Quarz in eigenartiger Weise auf extrem hohe Druckbelastung reagiert: irgendwelche sonderbaren Dinge, von denen ich nicht viel verstehe, gehen dabei mit dem Kristallgitter vor sich. Das konnte im Labor nachgewiesen und sodann an als solchen bekannten Himmelskörper-Einschlagkratern von H-Bomben-Kaliber verifiziert werden. Allem Anschein nach kommt dieser Art Stoßwirkung an der Erdoberfläche außerhalb des Labors nur unter Druckeinwirkung der Größenordnung zustande, wie sie sich beim Hochgeschwindigkeitseinschlag eines großen Asteroiden oder Kometen entfaltet. Aus dieser Metamorphose infolge Stoßerschütterung gehen häufig zwei neue Mineralien, sogenanntes «Stishovit» und «Coesit», hervor.

Nachdem dieser Zusammenhang vor Jahren ausreichend bewiesen worden war, wurde das Vorhandensein von Stishovit und Coesit sowie von Quarz mit der deformierten Gitterstruktur zu einem wichtigen Erkennungsmerkmal von Meteoritenkratern aus älterer Zeit. Als Folge davon nahm die Zahl der ausgewiesenen Krater drastisch zu. Soweit ich das begriffen habe, hat der Faktor «deformiertes Kristallgitter» in dieser Beziehung entscheidendere Aussagekraft als das bloße Vorhandensein von Stischowit und Koesit, weil nämlich diese letzteren Mineralien nach wissenschaftlicher Erkenntnis unter den dort herrschenden Hochdruckbedingungen auch in tieferen Regionen des Erdinneren entstanden sind und von da im Zuge tektonischer Verschiebungen zuweilen an die Erdoberfläche gelangen.

Wie der Leser inzwischen wahrscheinlich schon erraten hat, wurde in dem Gestein, das die Iridiumanomalie aufwies, auch der Quarz mit der veränderten Gitterstruktur gefunden. Bruce Bohor und Kollegen vom US-Bundesamt für Geologische Aufnahmen in Denver fanden geschockte Kristalle sowohl in europäischen als auch nordamerikanischen Aufschlüssen der K-T-Grenze. Dies ist aus zweifachem Grund höchst bemerkenswert: zum einen, weil die Quarzdeformation ein vielfach erprobtes, absolut zuverlässiges Indiz für einen Himmelskörpereinschlag ist; zum anderen, weil Bohor und seine Arbeitsgruppe in der vorausgegangenen Kontroverse um die Einschlaghypothese selber keinen Standpunkt bezogen hatten und mithin an die Sache völlig unvoreingenommen herangegangen waren.

Allerdings wurde der Bericht des Bohor-Teams nicht auf Anhieb so beifällig aufgenommen, wie man es eigentlich hätte erwarten können. Vielmehr schlugen ihm auf der Stelle Kritik und Vorbehalte entgegen. Ich erinnere mich noch, daß auch mir ein Einwand ins Ohr gemunkelt wurde, der seinerzeit gleichsam gerüchtweise die Runde machte. Demzufolge hätte der Quarz mit der deformierten Gitterstruktur genausogut auch da entstanden sein können, wo sich die Diamanten gebildet hatten: im Kimberlit von Vulkanschloten. Als der in Sachen Mineralogie nicht sonderlich beschlagene Paläontologe, der ich bin, fand ich dieses Argument einigermaßen einleuchtend, auch wenn ich mir nicht recht vorstellen konnte, was den Kimberlit dazu gebracht haben sollte, sich explosionsartig über den Globus zu verbreiten und allenthalben geschockten Quarz abzulagern. Immerhin war die Sache es wohl wert, daß man einmal genauer in sie hineinleuchtete! Mit einiger Beschämung mußte ich mir dann sagen lassen, was von Anfang an kein Geheimnis gewesen war und was demzufolge jedermann – also auch ich – im Prinzip hätte wissen können: daß nämlich das Quarzvorkommen in Kimberliten praktisch gleich Null ist.

Die Geschichte von den Diamanten und den Kimberliten ist ein typisches Beispiel für den Stoff, aus dem sich ein Großteil des jüngsten Meinungsstreits zusammensetzt. Weil jeder von uns sich in dieser Angelegenheit zuweilen oder auch beständig auf Fachgebieten tummelt, wo er als Wissenschaftler nicht zu Hause ist, sind wir allesamt noch den windigsten Argumenten – sei's pro oder kontra – wehrlos ausgeliefert. Und von Gerüchten des Typs «Kimberlit» ist die Luft in der Gelehrtenrepublik wie eh und je so auch heute übervoll: ihr hemmender Einfluß auf den Fortschritt der Wissenschaft ist schlechterdings nicht zu übersehen. Noch während ich dieses Kapitel niederschreibe, macht wieder einmal eine neue Erklärung der Quarzgitterdeformation die Runde, die auf der Tatsache beruht, daß geschockter Quarz gelegentlich auch in Lava anzutreffen ist, die aus den tieferen Regionen des Erdinneren heraufbefördert wurde. Auf eine entsprechende Anfrage hin erhielt ich jedoch von Bruce Bohor die Auskunft, daß der Quarz in dieser Lava nicht entfernt das Ausmaß der Kristallgitterdeformation wie derjenige an der K-T-Grenze aufweist.

Allen Einwänden zum Trotz behält die Kristallgitterverformung als Indiz ihre Schlüssigkeit. Nach meiner Überzeugung wäre der Streit um die Frage: Meteoriteneinschlag an der K-T-Grenze oder nicht? durch den Bohor-Bericht über geschockten Quarz zweifelsfrei geschlichtet, wenn nicht das emotionsbefrachtete Thema «Massenaussterben» hier mit hereinspielte. Stellen wir uns nur einen Moment lang vor, die Sache hätte mit Aussterben usw. überhaupt nichts zu tun. Nehmen wir an, das ganze Forschungsproblem bestünde einzig in der Frage, ob die Erde vor 65 Millionen Jahren von einem riesigen Meteoriten getroffen wurde oder nicht. Ich behaupte, daß die Einschlagtheorie unter diesen Voraussetzungen längst allseits akzeptiert worden wäre – möglicherweise schon allein aufgrund der ersten festgestellten Iridiumanomalien, spätestens jedoch nach der Veröffentlichung von Turekians Osmium- und Bohors Quarzanalysen. Es ist eine bekannte Tatsache, daß die Erde immer wieder von größeren und kleineren Meteoriten getroffen wird, und ein Zehn-Kilometer-Kaliber liegt durchaus im Rahmen des mit vernünftigen Gründen Vertretbaren. Die Liste der einwandfrei nachgewiesenen Einschläge umfaßt rund einhundert Fälle, von denen ein großer Teil länger als 65 Millionen Jahre zurückliegt. Man kann also getrost davon ausgehen, daß man unter den geschilderten Voraussetzungen einen weiteren Einschlag, der vor 65 Millionen Jahren stattgefunden haben soll, ohne lange zu fragen und ohne allzustark ausgeprägtes Bedürfnis nach intensiver Nachprüfung mit auf die Liste gesetzt hätte.

Nach alldem bin ich fest davon überzeugt, daß es die ablehnenden Reaktionen auf den möglichen Zusammenhang mit dem Aussterben waren, was die Befürworter des K-T-Einschlags veranlaßte, diesen Punkt in der Argumentation so stark herauszustreichen, daß die Sache sich beinahe wie ein Fall von «Overkill» ausnimmt. Vielleicht ist das auch ganz gut so, weil ja die Einschlagtheorie des Aussterbens auf eine einschneidende Umstellung unserer Denkgewohnheiten beim Thema Geschichte und Evolution des Lebens hinausläuft. Von daher gesehen wäre es durchaus zu vertreten, daß den Befürwortern dieses Gedankens eine besonders schwere Beweislast aufgebürdet wird.

Wie immer dem auch sei, der geschockte Quarz hat das Meinungsspektrum in der Gelehrtenwelt deutlich zugunsten eines Meteoriteneinschlags an der K-T-Grenze verschoben. Das bedeutet jedoch nicht, daß damit gleichermaßen vermehrt auch die Verbindung zwischen Einschlag und Aussterben akzeptiert worden wäre.

Mikrotektiten

In Kapitel 2 war im Zusammenhang mit Harold Ureys Forschungen über Kometen und die Auslöschungsfrage von Tektiten die Rede. Seit der fraglichen Zeit wurden in einigen Sedimentgesteinen noch kleinere Glasteilchen dieser Art gefunden, denen man den Namen «Mikrotektite» gegeben hat; gleich ihren größeren Verwandten gelten sie als eine der Hinterlassenschaften von Meteoriteneinschlägen. Es war daher nur natürlich, daß man sich in Gubbio und anderen Aufschlüssen der K-T-Grenze auch nach Mikrotektiten umsah. Eine Reihe von Geologen hat denn auch tatsächlich kleine Kügelchen gefunden, die man als veränderte Mikrotektiten interpretiert. Die Zusammensetzung der Kügelchen paßt nicht ins Bild, sehr wohl dagegen bestimmte Aspekte des strukturellen Aufbaus. Heiß umstritten ist noch die Frage, ob es sich bei diesen Kügelchen um ursprünglich typenkonforme Mikrotektiten handelt, die im nachhinein irgendeine Veränderung erfuhren, die zu ihrer jetzigen Zusammensetzung geführt hat.

Unbezweifelbare Mikrotektiten wurden auf anderen Ebenen der geologischen Schichtung gefunden, da und dort sogar zusammen mit einer Iridiumanomalie; für die Kreide jedoch bleibt der Befund uneindeutig. Was das Massenaussterben an der K-T-Grenze betrifft, kommen die Mikrotektiten-Kügelchen als Indiz bestenfalls in der Rubrik «Ferner liefen» in Frage.

Weitere Fundstellen von Iridiumanomalien

Nach den ersten Funden von Anomalien in Italien, Dänemark und Neuseeland brach in den Chemielabors eine hektische Betriebsamkeit aus. Bis Ende 1983 hatte man an mehr als fünfzig Aufschlüssen der K-T-Grenze Iridiumanomalien entdeckt. Die einschlägigen Berichte stammen aus sieben unabhängig voneinander arbeitenden

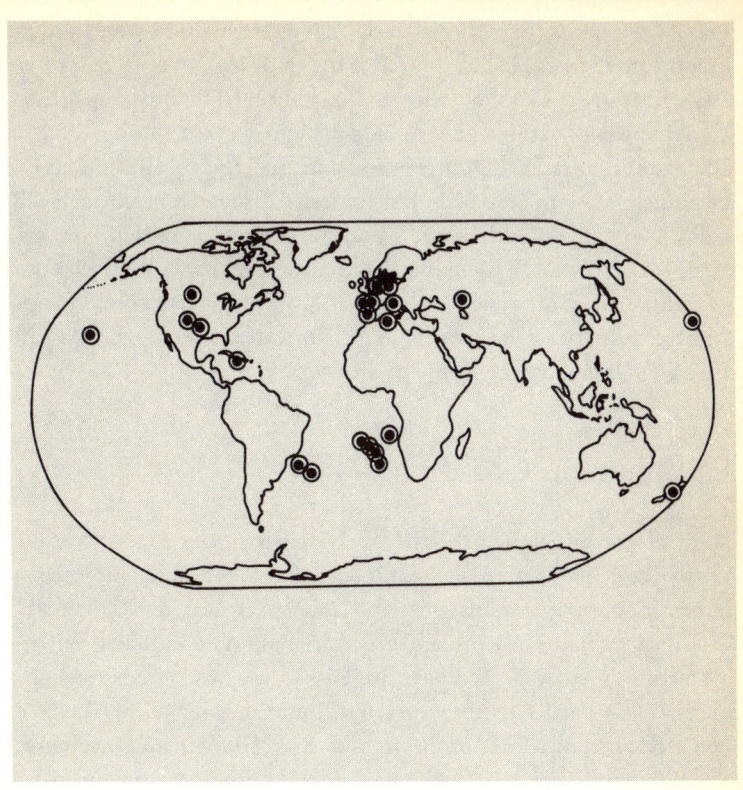

Fundorte von Iridiumanomalien (Stichtermin Mitte 1983). Die Verteilung ist weltweit; vertreten ist die gesamte Palette von Fundstätten der oberen Kreide, von Meeresbodensedimenten bis zu Überflutungsablagerungen auf dem Festland. Das Bemerkenswerte ist, daß die Indizien eines Geschehens von relativ kurzer Dauer der Erosion an so vielen verschiedenen Plätzen widerstanden haben. Die Fundorte auf ozeanischem Gebiet wurden angegeben aufgrund von Altsedimentproben aus Tiefsee-Bohrkernen. Die chemischen Analysen wurden in der Schweiz, den Niederlanden und der Sowjetunion sowie in vier Labors der USA (Berkeley, UCLA, Los Alamos, Baker Chemical Company) vorgenommen. (Nach W. Alvarez u. Mitarb., in: «Science» 223 [1984], S. 1183–1186; Abb. 1.)

Labors der USA, der Niederlande, der Schweiz und der Sowjetunion. In einigen Fällen waren Proben von ein und derselben Aufschlußstelle in zwei oder mehr Labors untersucht worden. Zudem war die Iridiumanomalie auf dem ganzen Globus und in allen Sedimentlagen – vom Tiefseeboden bis zu Überflutungsablagerungen auf dem Festland – konstatiert worden. Danach steht fest, daß die ersten Befunde keine Zufallstreffer gewesen sein können, auch wenn viele Wissenschaftler keinen Hehl aus ihrer Skepsis gegenüber der Tatsache machen, daß nur vergleichsweise wenige Analysen für Bereiche außerhalb der unmittelbaren Nachbarschaft zur K-T-Grenze vorgenommen wurden.

Ruß und ein Großbrand

Der zuletzt aufgetauchte Typ von Indizien zu der Frage, wie die Umweltgegebenheiten am Ende der Kreideperiode ausgesehen haben mögen, wurde aus meinem Kollegenkreis an der University of Chicago, nämlich von Edward Anders und zweien seiner Mitarbeiter – Wendy S. Wolbach und Roy S. Lewis – beigesteuert, die hier das Fach Chemie vertreten. Ihnen gelang es, in Tonproben von Iridium-Fundorten an der K-T-Grenze in Dänemark, Spanien und Neuseeland Zusammenballungen von hochporöser Graphitkohle, einfacher gesagt: von *Ruß* ausfindig zu machen. Der Bericht über die einschlägigen Untersuchungen wurde unter der Federführung von Wendy Wolbach im Oktober 1985 in «Science» veröffentlicht.

Es handelt sich um eine Entdeckung von außerordentlicher Tragweite. Der Ruß ist offenbar ein Rückstand von Bränden gewaltigen Ausmaßes – Bränden, die alles in den Schatten stellen, was wir in dieser Kategorie aus historischen Zeiten kennen. In dem gedruckten Bericht wird die Vermutung ausgesprochen, daß die Brände, die den Ruß hinterließen, höchstwahrscheinlich unmittelbar durch den Meteoriteneinschlag an der K-T-Grenze entzündet wurden. Selbst wenn der Meteorit über dem Meer niedergegangen sein sollte, dürfte die dadurch bewirkte Hitzewelle stark genug gewesen sein, um noch in tausend Kilometer Entfernung einen Brand auszulösen. Die durch das Feuer hervorgerufenen Luftströmungen hätten dann Rauch, Ruß und andere Schmutzpartikel über den ganzen Erdball verbreitet. Die – aus den an den genannten drei Fundorten festgestellten Quantitäten hochgerechnete – Gesamtmenge an Ruß ist das Äquivalent von mehr als zehn Prozent der heute weltweit vorhandenen Biomasse! Die Auswirkungen der Kreideperiode-Brände sollen vorsichtiger Schätzung zufolge sogar alles, was Paul Crutzen, Brian Toon, Carl Sagan und andere Theoretiker des «nuklearen Winters» glauben als Folgen eines Thermonuklearkriegs prognostizieren zu können, noch weit, weit hinter sich gelassen haben.

Die Sache mit dem Ruß unterscheidet sich in sehr wichtiger Hinsicht von allen anderen Arten der Beweiskonstruktion, die bisher in der Aussterbefrage herangezogen wurden. Iridium, Osmiumisotope, Quarz mit veränderter Kristallgitterstruktur, Mikrotektite – das alles diente als *Beweis für einen Einschlag aus dem All*; der Bericht über den Ruß dagegen folgt einer anderen Logik: hier wird *der Einschlag als geschehen vorausgesetzt*, und aus dieser angenommenen Prämisse werden dann Schlußfolgerungen betreffend die Umweltfolgen abgeleitet. Um das noch zu präzisieren: Der Ton an der K-T-Grenze weist einen zwar hohen, jedoch nicht unbedingt spektakulär hohen Kohlegehalt auf. Spektakulär wird das, was sich da an Kohleanteil angesammelt hat, *erst dann*, wenn man (wie das Anders-Team) annimmt, daß die fragliche Tonschicht im Lauf weniger Monate als Niederschlag aus einer den ganzen Erdball umspannenden Wolke abgelagert wurde. Die Argumentation mit dem Ruß repräsentiert demnach eine – so könnte man sagen – «zweite Generation der Theoriebildung» und hängt in puncto Validität vollständig von der Validität der Einschlaghypothese ab, auf der sie aufbaut.

Zum gegenwärtigen Zeitpunkt läßt sich noch nicht absehen, wie weit und in welchem Sinne der Bericht über den Rußfund sich auf die wissenschaftlichen Vorstellungen vom Massenaussterben an der

K-T-Grenze auswirken wird; sollten sich die betreffenden Forschungsergebnisse aber behaupten können, werden sie uns dem Verständnis dessen, was vor 65 Millionen Jahren wirklich passierte, womöglich ein gutes Stück nähergebracht haben.

6
DAS BILD GEWINNT KONTUR

Das Szenarium des Großen Sterbens

In ihrer ersten Stellungnahme, dem «Science»-Aufsatz von 1980, vertraten die Mitglieder des Alvarez-Teams die Ansicht, nach dem Einschlag eines 10-km-Meteoriten müsse die Atmosphäre so dicht von Staub und Dreck erfüllt sein, daß die gesamte Erdoberfläche vom Sonnenlicht abgeschirmt wäre. Nach ihrer Einschätzung würde ein Großteil dieser Staubhülle in der Stratosphäre jahrelang erhalten bleiben. Dadurch würde die Photosynthese der Grünpflanzen teilweise oder ganz unterbunden – mit verheerenden Auswirkungen auf sämtliche Lebensräume des Globus. Das Absterben des Phytoplanktons in der Nähe der Meeresoberfläche würde auf vielfältige Weise die Lebewesen in den nachfolgenden Abschnitten der Nahrungskette affizieren. Der Aufsatz von 1980 erhob jedoch nicht den Anspruch auf erschöpfende Darstellung sei's der – atmosphärischen oder anderweitigen – Umweltveränderungen, sei's deren biologischer Folgewirkungen. In dem Team von Berkeley gab es weder einen Meteorologen noch einen Ballistiker, noch einen Biologen, und das wollten die Teammitglieder auch keineswegs vertuschen. So präsentierten sie, was die Hypothesenbildung in puncto Umweltfolgen und biologische Konsequenzen angeht, naturgemäß lediglich einen vorläufigen Rohentwurf auf der Grundlage des ihnen seinerzeit verfügbaren Faktenmaterials.

Seither haben eine Menge anderer Wissenschaftler eine Menge Arbeit in die Erforschung der Frage investiert, wie das Szenarium des Großen Sterbens ausgesehen haben könnte. Geophysiker haben sich bemüht, die möglichen physikalischen Auswirkungen eines hypothetischen Meteoriteneinschlags an der K–T–Grenze nach allen Regeln ihrer Kunst zu ermitteln – in Anbetracht der involvierten Größenordnungen alles andere als ein Bagatellproblem: Der einschlagende Himmelskörper wies ja ein Kaliber auf, wie es in aller menschlichen Erfahrung bisher (glücklicherweise) noch nicht vorgekommen ist. Die entsprechenden Forschungen wurden zum Teil im Labor getätigt, indem man mit Hilfe kleinerer Projektile Effekte wie Kraterbildung usw. untersuchte und die festgestellten Befunde sodann per mathematische Extrapolation auf andere Größenverhältnisse übertrug. Dieses Verfahren ist theoretisch völlig legitim, birgt jedoch in der Praxis enorme Risiken: selbst minimale Meß- und Berechnungsfehler können, da sie beim Extrapolationsverfahren notwendigerweise erweiterte Dimensionen projiziert werden, das Endergebnis bis zur vollständigen Wertlosigkeit verzerren. Andere Partien der Forschungsarbeit waren rein theoretischer Natur; hier ging es darum, Formeln und Gleichungen, die größtenteils aus technischen Problemlösungen in anderen Bereichen hervorgegangen waren, für die gegebene Sachlage zu adaptieren.

Dieser Arbeit verdanken wir unter anderem, daß wir heute über eine halbwegs klare Vorstellung von den unmittelbaren physikalischen Auswirkungen des Einschlags eines massereichen Himmelskörpers verfügen. Der aufgerissene Krater würde, je nach Einschlagstelle, einen Durchmesser von 100–150 Kilometern haben. Staub und Dreck würden mit «Raketengeschwindigkeit» in die Luft geschleudert werden – und praktisch im Nu die gesamte Erde einhüllen. Wichtig ist, daß die Staubhülle nicht – wie bei Vulkanasche und ähnlichen Wolken vielfach der Fall – auf eine Hälfte des Globus begrenzt bliebe. Allgemeine Übereinstimmung besteht auch darüber, daß die Wolke dicht genug wäre, um das Sonnenlicht so stark abzuschirmen, daß eine Unterbrechung der Photosynthese die Folge wäre.

Hier ist der Punkt erreicht, an dem die Meteorologen zum Zuge kommen. Wie lange würde die Staubhülle in der Atmosphäre verweilen? Würde die Temperatur an der Erdoberfläche steigen oder fallen? Diese und ähnliche Fragen sind noch nicht vollständig ausdiskutiert. In den diesbezüglichen Berechnungen gelangte man durchaus nicht allerseits zu übereinstimmenden Ergebnissen, doch versichern die glaubwürdigsten unter den einschlägigen Untersuchungen, die mir zur Kenntnis gelangt sind, daß die globale Verfinsterung kaum länger als ungefähr drei Monate dauern würde. Die Spanne ist zwar kürzer, als ursprünglich von dem Berkeley-Team angenommen, aber immer noch lang genug, um sowohl eine gravierende Beeinträchtigung der Photosynthese als auch dauerhafte Klimastörungen hervorrufen zu können.

Merkwürdigerweise war bislang auch keine Einigkeit darüber zu erzielen, wie man sich die Auswirkungen auf die Temperatur vorzustellen hat: Manche Szenarien gehen von einer weltweiten, möglicherweise zur beginnenden Vergletscherung führenden Abkühlung aus; andere sehen als Folge eines – in einer komplexen Verkettung von Ursachen und Wirkungen bedingten – «Treibhauseffekts» eher eine allgemeine Erwärmung eintreten. Überdies tragen hier noch andere Faktoren zur Komplikation der Sachlage bei. Schon bei seinem Durchgang durch die obere Atmosphäre könnte nämlich der Meteorit ungewöhnliche chemische Reaktionen in Gang gesetzt haben, so etwa die Produktion großer Mengen von Stickoxiden, die Umweltfolgen verheerenderen Ausmaßes nach sich ziehen könnten als alle sonst noch wirksamen Faktoren.

Ich fühle mich verpflichtet, mit allem mir zu Gebote stehenden Nachdruck darauf hinzuweisen, daß es sich bei den physikalischen und chemischen Auswirkungen des Einschlags massereicher Himmelskörper um Fragen handelt, die weit außerhalb meiner eigenen fachlichen wie praktischen Kompetenz liegen. Worauf ich in dieser Hinsicht einzig Anspruch erheben darf, ist, ein aufmerksamer Leser und Zuhörer zu sein, der sinngetreu weitergibt, was er sich auf diesem Wege von den Dingen angeeignet hat. Das Fazit lautet, daß ein Zusammenstoß mit einem Himmelskörper von zehn Kilometern Durchmesser – ja sogar von nur *einem* Kilometer Durchmesser – für Erdbewohner eine höchst unerfreuliche Angelegenheit wäre. Es könnte letzten Endes vielleicht einmal die Aufgabe des Paläobiologen werden, anhand seiner Kenntnisse von den Aussterbeschemata Handgreiflicheres über die Mechanismen des Großen Sterbens am Ende der Kreideperiode herauszubringen – immer vorausgesetzt natürlich, daß tatsächlich ein Meteorit der Übeltäter war, dem das alles zur Last zu legen ist.

«Vulkanismus» als Alternative

Während aller Debatten, die seit 1980 um die Alvarez-Hypothese geführt wurden, lauerte beständig eine ganz andere Interpretation der Fakten im Hintergrund: der *«Vulkanismus»*. Einige erstrangige Geologen und Geochemiker fühlten sich durch die Art, wie das Berkeley-Team sein Material ausdeutete, zur Kritik herausgefordert. Insbesondere mißfiel ihnen an der Veröffentlichung aus dem Jahr 1980, daß dort wie selbstverständlich davon ausgegangen wird, daß Trümmerbestände aus dem Einschlag eines massereichen Himmelskörpers sich bis heute erhalten haben müßten; im weiteren bedeutet dies, daß sie sich weigern, die chemische Beschaffenheit des Tons an der K–T-Grenze als Indiz für eine Meteoriteneinwirkung zu betrachten.

Die Sturmspitzen dieses Konterangriffs sind Michael Rampino, ein Mitarbeiter des Goddard Institute for Space Studies der US-Raumfahrtbehörde NASA, sowie Charles Officer und Charles Drake, beide im Lehrkörper des Dartmouth-College tätig. Rampino hat in dem bisherigen Hickhack um die Auslöschungsproblematik eine etwas ungewöhnliche Rolle gespielt. Auf der Snowbird-Konferenz von 1981 vertrat er in einem bilderstürmerischen, aber brillanten Diskussionsbeitrag die These, daß die festgestellten hohen Iridiumkonzentrationen biologischen Ursprungs seien. Dazu konnte er chemische Analysen von Mangannestern vorweisen, die sich durch biologisch bedingte Ausfällung am Meeresboden gebildet hatten: alle diese Nester wiesen einen hohen Iridiumgehalt auf. Schon zwei Jahre später indes war Rampino Mitglied des Forschungsteams, das in den Gasausblasungen des Kilauea (auf Hawaii) einen hohen Iridiumanteil feststellte. Und anschließend entwickelte er sich zu einem der engagiertesten Verfechter der Meteoriteneinschlag-Theorie. Es gibt Leute, auf die solch ein wiederholter Standortwechsel keinen guten Eindruck macht; ich für meinen Teil jedoch applaudiere jedem Wissenschaftler/jeder Wissenschaftlerin, der/die sich bei der Interpretation von Fakten nicht an abstrakte Prinzipien, sondern ausschließlich an seinen momentanen konkreten Eindruck von der Sache hält.

Daß man in den Ausblasungen des Kilauea einen hohen Iridiumanteil festgestellt hat, bedeutet nach Ansicht mancher eine schwere Schlappe für die Verfechter der Einschlaghypothese. Man weiß, daß es – vor allem auf Hawaii – Vulkane gibt, die ihr Magma aus dem Erdmantel, also von unterhalb der Rinde beziehen. Damit stellt sich die Frage, ob das Iridium an der K-T-Grenze nicht vielleicht aus dem Erdmantel stammt. Officer und Drake haben sich in diversen Veröffentlichungen energisch für die These eingesetzt, daß die allgemeine chemische Beschaffenheit des Mergels an der K-T-Grenze eher auf vulkanische als meteoritische Einwirkung hindeutet. Wer hat recht? Officer und Drake sind beide Wissenschaftler der Spitzengarnitur, deren Wort Gewicht hat – aber das gilt genausogut auch für viele Mitglieder der Gegenpartei. Auf mich machen die Interpretationen chemischer Analysetabellen, die ich kennengelernt habe, großenteils einen erstaunlich subjektiven Eindruck. Vielleicht hat es seine guten Gründe, von denen ich nichts verstehe, daß in der Geochemie keine knallharten statistischen Testroutinen existieren, anhand deren sich entscheiden ließe, ob ein bestimmter Komplex von Analysebefunden nun objektiv dasselbe aussagt wie ein anderer oder nicht. So bleibt dem Außenstehenden nichts weiter übrig, als sich irgendwie mit der Tatsache zu arrangieren, daß es da auf der einen Seite Sachverständige gibt, die behaupten, das iridiumhaltige Gestein im letzten Glied der Kreide sei *eindeutig* meteoritischen Ursprungs, und auf der anderen Seite wiederum solche, die es ebenso entschieden für vulkanisch erklären.

Wer nun das gesamte K-T-Aussterbegeschehen auf vulkanistischer Basis zu erklären gedenkt, muß zu diesem Behufe für die

Dauer einer gewissen Periode eine Vulkantätigkeit von beispiellosem, jeden menschlichen Erfahrungsrahmen sprengendem Ausmaß annehmen – ein kleineres Kaliber kann man in diesem Genre wohl kaum für die Auslöschung von mehr als 50 Prozent aller Tierarten auf der Erde verantwortlich machen. Auf den ersten Blick mutet uns eine derartige Annahme unglaubhaft an, aber andererseits ist die Spezies Mensch noch nicht besonders lange Zuschauer auf dem Schauplatz der Erdgeschichte, so daß wir nicht ohne weiteres davon ausgehen können, daß die uns bekannten Intensitätsgrade von Vulkantätigkeit eine allzeit gültige Norm bezeichnen.

Gibt es andere Indizien für eine außergewöhnlich heftige Vulkantätigkeit vor 65 Millionen Jahren? Die gibt es in der Tat. Ein riesiges Gebiet Indiens ist ganz von Basaltergußdecken («Trappen») überzogen (sie bilden das Hochland von Dekkan). Die Vulkantätigkeit in Dekkan erstreckte sich über einen Zeitraum von mehreren Millionen Jahren, dessen Beginn jedoch meistenteils auf einen Zeitpunkt etwa um 65 Millionen Jahre vor der Gegenwart datiert wird. In anderen Erdteilen gibt es solche Trappen aus anderen Epochen, aber da wir Eruptionen dieser Art nie selbst miterlebt haben, wissen wir wenig darüber, welche unmittelbaren Konsequenzen sie für die Umwelt haben. So läßt sich zum Beispiel nicht mit Sicherheit sagen, ob es sich um Umweltfolgen von lediglich lokaler oder um solche von globaler Ausdehnung handeln würde und ob sie auch Grundgegebenheiten wie das Klima und den Chemismus der Atmosphäre betreffen würden.

Vielleicht hat sich mancher meiner Leser schon gesagt, mir als Paläontologen könnte es doch eigentlich egal sein, ob Vulkanismus oder Meteoriteneinschlag. Denn an der ganzen Frage, wie es damals um die Lebensbedingungen auf der Erde bestellt war, bräuchten mich doch im Grunde nicht die Einzelheiten, sondern lediglich das allgemeine Resultat zu interessieren, und ob so oder so, in jedem Fall waren die Lebensbedingungen schlecht. Aber so einfach liegen die Dinge in Wirklichkeit nicht, auch für Paläontologen hat das Problem eine interessante und ernst zu nehmende Seite, und deshalb verfolgen meine Fachgenossen und ich den argumentativen Schlagabtausch mit nicht geringem Interesse. Nach meinem Gefühl führt die Meteoriteneinschlag-Hypothese zum gegenwärtigen Zeitpunkt klar nach Punkten, aber noch sind nicht alle Runden dieses Matchs über die Bretter, und so ist das Endergebnis im Prinzip noch offen.

Die Kontroverse zwischen Parteigängern des Vulkanismus hier, des Meteoriteneinschlags da steht im Zeichen einer möglichen Ironie von ausgesuchter Köstlichkeit, weil ja durchaus nicht auszuschließen ist, daß beide Seiten recht haben. Eine der ältesten, hartnäckigsten Zweifelsfragen im Zusammenhang mit der Meteoritenhypothese betrifft das Wo des Einschlagkraters. Die Gegner wurden von Anfang an nicht müde, dieses Problem immer wieder auf den Tisch zu bringen, haben aber bis heute nur statistisch unterbaute Konjekturen als Antwort serviert bekommen. Der fragliche Krater müßte riesengroß sein – bis zu 150 Kilometer im Durchmesser. Wenn der Meteorit über dem Ozean niedergegangen ist, stehen die Chancen hoch, daß der Krater seither spurlos verschwunden ist – ein Opfer der sogenannten Subduktion, die den Meeresboden an den Kontinenträndern beständig «schluckt». Hat der Meteorit auf dem Festland eingeschlagen, war der Krater seither 65 Millionen Jahre lang der Erosion ausgesetzt, so daß eine Deformation bis zur Unkenntlichkeit durchaus im Bereich des Möglichen läge. Es ist eine allgemein anerkannte Tatsache, daß die Zahl von rund einhundert derzeit bekannten Einschlagkratern nur eine Bagatellgröße darstellt, gemessen an der Zahl von Kratern, die der Subduktion oder der Erosion zum Opfer fielen.

Aber es gibt da noch eine andere – möglicherweise vollkommen abwegige und jedenfalls vorerst noch hochspekulative – Erklärung für das Fehlen eines K-T-Kraters: danach ist der Meteorit in Indien niedergegangen, hat dort die Vulkantätigkeit von Dekkan ausgelöst und ist in der Folge von den austretenden Lavamassen total zugedeckt worden. Dieser Gedanke wird seit zwei, drei Jahren hinter vorgehaltener Hand kolportiert, aber ich kann nicht sagen, ob er unter Geophysikern (die hier ja von der Sache her zuständig

111

sind) von irgend jemandem ernst genommen wird. Und wer das tut, wird uns überzeugend darzulegen haben, daß ein Himmelskörper von zehn Kilometern Durchmesser, wenn er (möglicherweise mit der enormen Geschwindigkeit eines Kometen auf seiner Rücklaufbahn) die Erde rammt, die Kraft hat, die ziemlich dicke Kontinentalrinde zu durchbrechen und so in der Erdgeschichte eine schwerwiegende vulkanische Episode einzuläuten.

Zu einem amüsanten kleinen Lapsus in der Geschichte der Vulkanismustheorie kam es kurz nach der Veröffentlichung des Alvarez-Aufsatzes im Jahr 1980. Schauplatz war ein TV-Feature mit dem Titel «The Death of the Dinosaurs»: Dort wurde die These vorgetragen, die Einschlagstelle des Meteoriten sei möglicherweise das Gebiet des heutigen Island gewesen und mit dem Einschlag sei die für diese Insel seit eh und je charakteristische Vulkantätigkeit in Gang gekommen, der sich letzten Endes auch die Existenz der Insel selbst verdanke. Das Ganze hatte – was viele Geologen, die diese Fernsehsendung gesehen hatten, in ihren Kommentaren denn auch prompt herausstellten – nur leider den einen Haken, daß Island erst viele Millionen Jahre nach dem Ende der Kreideperiode entstanden ist. Mit glänzenden Einfällen ist das nun mal so eine Sache . . .

Meteoriteneinschlag auch bei anderen Massenaussterben?

Es kann wohl kaum überraschen, daß sich eine erkleckliche Zahl von Leuten auf die systematische Suche nach Iridiumvorkommen auf anderen Ebenen der geologischen Schichtung begab. Denn jedermann war klar, daß der Anomalie an der K-T-Grenze eine wirkliche Bedeutung erst in dem Augenblick zugeschrieben werden konnte, wo erwiesen war, daß Iridiumanomalien in anderen Teilen der Schichtenfolge eine Seltenheit waren. Zudem lag in Anbetracht der Umstände nichts näher als die Frage, ob auch andere Fälle von Massenaussterben im Zeichen extraterrestrischen Einflusses gestanden hatten.

Der Nachweis von Iridium ist ein ebenso zeitraubendes wie kostspieliges chemotechnisches Verfahren, was die Zahl der für eine Analyse in Frage kommenden Proben von vornherein stark beschränkt. Die Folge davon ist, daß die Analysen größtenteils für solche Stellen in der Schichtung vorgenommen wurden, wo bekanntermaßen Massenaussterben stattgefunden haben. Unter wissenschaftstheoretischen Gesichtspunkten ist dies nicht gerade die optimale Vorgehensweise, aber Wissenschaftler sind eben auch nur Menschen und als solche gelegentlich zu Kompromissen gezwungen.

Meines Wissens hat von allen in dieser Richtung aktiven Forschern nur ein einziger – Frank Kyte, ein Doktorand der UCLA – systematisch einen längeren Zeitabschnitt untersucht, ohne sich von Rücksichten auf das Vorkommen oder Nichtvorkommen von Massenaussterben beeinflussen zu lassen. Mit viel Mühe und Geduld analysierte er Tiefsee-Bohrkerne, die den gesamten langen Zeitraum von der obersten Kreide bis zur Gegenwart repräsentieren. Dabei mußte er sich notgedrungen eines eher grobgeknüpften Aussiebeschemas bedienen, bei dem nicht auszuschließen war, daß geringfügigere Anomaliefälle durch die Maschen schlüpften; mit Sicherheit jedoch wären ihm Fälle der Größenordnung von Gubbio nicht entgangen. Wie ich höre, soll er seine Versuchsreihe jetzt abgeschlossen haben – mit dem Ergebnis, daß sich außer der (im vorhinein erwarteten) Anomalie an der K-T-Grenze lediglich ein sehr geringfügiger Fall (von mutmaßlich nur lokaler Ausbreitung) in der Nähe des Südpolarkontinents gezeigt hat.

Am Horizont der Chemoanalyse-Techniker ist jetzt allerdings ein Silberstreifen aufgetaucht. Im Lawrence Berkeley-Labor hat ein Team unter der Leitung von Luis Alvarez ein völlig neuartiges technisches Verfahren zum Nachweis von Iridium in Gesteinsproben konzipiert und mit der Konstruktion einer entsprechenden Apparatur im Prototyp begonnen. Ist sie erst einmal für die angestrebte Belastbarkeit im vollautomatisierten 24-Stunden-Dauerbetrieb ausgelegt, wird diese Apparatur in der Lage sein, jährlich 20 000 Proben zu verarbeiten.

113

Numerierte kleine Behälter, etwa von der Größe einer Fotoka-
mera-Batterie, werden vor Ort gefüllt und versiegelt, nach Berkeley geschickt und dort in einen Einfüllschacht gesteckt. Das Gerät
holt sich einen Behälter nach dem anderen, registriert die Nummer,
analysiert den Inhalt und gibt das Ergebnis auf einem Drucker aus.
Als ich vor einigen Monaten in Berkeley den im Bau befindlichen
Prototyp besichtigte, erfuhr ich, daß zur fraglichen Zeit eines der
heikelsten Kontruktionsprobleme darin bestand, eine Technik zu
entwickeln, dank deren die Maschine in der Lage wäre, die Num-
mern der Behälter absolut fehlerfrei zu entziffern. Ich gehe davon
aus, daß dieses Problem in der Zwischenzeit gelöst wurde, so daß
uns die dringend benötigten Informationen über Iridiumvorkommen in den erdgeschichtlichen Urkunden bald in jeder gewünsch-
ten Menge und Ausführlichkeit zur Verfügung stehen werden.

Bis dahin jedoch bleibt man darauf angewiesen, die Faktenbasis,
so gut es eben geht, mit Hilfe der in Berkeley und anderen Labors
derzeit vorhandenen Möglichkeiten zu verbreitern. Bis dato wurden Iridiumanomalien von fünf weiteren Positionen auf der erdgeschichtlichen Zeitachse gemeldet, die für Aussterbeereignisse
größeren Umfangs bekannt sind. Keiner dieser Fälle ist ganz un-
problematisch, so daß es noch eine Menge Arbeit kosten wird,
zweifelsfrei festzustellen, was denn nun an Aussagewert tatsächlich
in ihnen steckt.

1. *Die Eozän-Oligozän-Grenze.*   Eozän und Oligozän sind die
mittlere und obere der insgesamt drei Stufen des Alttertiärs; die
Trennungslinie zwischen den beiden entspricht der Zeit von ungefähr 38 Millionen Jahren vor der Gegenwart. Hier wurde in über
die ganze Welt verteilten Aufschlüssen eine zwar unbestreitbare,
aber geringfügige Anomalie ausgemacht (die der grobgerasterten
Verfahrenstechnik Frank Kytes entgangen ist). Besonders interessant wird dieser Fall durch den Umstand, daß zusammen mit dem
Iridium auch eine große Menge von unverfälschten Mikrotektiten
gefunden wurde. Betrachtet man – wie dies allgemein geschieht –
Mikrotektiten als zuverlässiges Anzeichen für den Einschlag eines

massereichen Himmelskörpers, so hat man hier eine präzise Übereinstimmung zweier voneinander unabhängiger Beweisketten vor sich.

Wie man die Stärke des Aussterbens an der Eozän-Oligozän-Grenze beurteilt, hängt in gewissem Grad von der Perspektive des Betrachters ab. Für manche Paläontologen handelt es sich um ein bedeutenderes Vorkommnis, für andere hingegen nur um einen Bagatellfall. Die besterhaltenen Urkunden des Aussterbens findet man in Bohrkernen aus Tiefseesedimenten: Geradezu frappant ist hier die Simultaneität von Iridium, Miktrotektiten und Artenschwund unter den Mikrofossilien. Aber das Verschwinden einiger Mikrofossilien macht noch kein Massenaussterben, denn wie wir gesehen haben, sind auf dem erdgeschichtlichen Schauplatz immer irgendwelche Arten am Kommen und andere am Gehen.

Eine bedeutendere Dimension ist da schon dem Aussterben von 28 Meerestierfamilien (das sind rund drei Prozent vom Gesamtbestand) zuzusprechen, das sich *irgendwann* im oberen Eozän ereignete (das obere Eozän ist der Zeitabschnitt von ungefähr vier Millionen Jahren unmittelbar vor der Eozän-Oligozän-Trennungslinie). Zwar reicht das noch lange nicht an die Aussterbequote im obersten Glied der Kreide (15 Prozent aller Familien) heran, doch liegt es immerhin schon beträchtlich über dem statistischen Sockelniveau. Die entscheidende Frage in diesem Zusammenhang ist, wo *genau* innerhalb des Vier-Millionen-Jahre-Zeitraums man denn nun die Auslöschung der 28 Familien anzusiedeln hat. Eine zufriedenstellende Antwort darauf dürfte wohl ohne ein umfangreiches Zusatzpensum an Feinarbeit nicht zu haben sein.

Ein etwas sonderbarer Aspekt dieses Falls ist der Umstand, daß Mikrotektiten hier allem Anschein nach in zwei oder mehr Schichten lagern – von denen allerdings nur eine die Iridiumanomalie aufweist. Das brachte manchen Beobachter zu der Überzeugung, daß Mikrotektiten vielleicht doch nicht so zuverlässige Indikatoren von Meteoriteneinschlägen seien, wie bislang angenommen; für andere hingegen deutet das Vorkommen von Mikrotektiten in mehreren Schichten auf einen über eine gewisse Zeitspanne sich erstreckenden Meteoritenregen hin. Später, wenn wir zu den Kernfragen in Sachen Nemesis vorstoßen, werden wir lernen, diese Möglichkeit eines Meteoritenregens als ernst zu nehmende Hypothese zu begreifen.

2. *Der Jura.* Ein überaus sonderbarer Fall. Die Juraformation – die Erdperiode unmittelbar vor der Kreide, die von ungefähr 240 bis zu 145 Millionen Jahren vor der Gegenwart reicht – schließt eine Reihe kleinerer Auslöschungsvorfälle ein, von denen einige als Grenzmarkierungen zwischen Unterabschnitten der Formation dienen. Eine davon bezeichnet zugleich die Grenze zwischen der mittleren und der oberen Abteilung des Jura: Dogger und Malm bzw. braunem und weißem Jura.

An dieser Trennungslinie scheinen sich einige höchst merkwürdige Dinge zugetragen zu haben. An den meisten Orten in Ost- und Westeuropa, wo die beiden Stufen zutage liegen, ist eine nicht unwesentliche Lücke in der geologischen Urkunde zu verzeichnen; die Indizien deuten auf Erosion und chemische Auflösung von Teilen des älteren Calloviangesteins hin. Was wir an zuverlässigen Kenntnissen dieser Aufschlüsse besitzen, verdanken wir zu einem großen Teil dem polnischen Geologen Wojciech Brochwicz-Lewinski, der an der Universität Warschau lehrt. In Zusammenarbeit mit Fachgenossen aus Polen, Spanien und anderen Ländern hat Brochwicz-Lewinski das Ausgehende förmlich gefilzt nach Spuren, die verraten könnten, was sich am Ende der Callovianstufe zugetragen hat. Und was er dabei gefunden hat, ist in der Tat hochinteressant. So hat er beispielsweise kleine Magnetkügelchen ausgegraben, die eindeutig außerirdischer Herkunft sind. Ähnliche Kügelchen fand man auch im sibirischen Tunguskagebiet, wo 1908 der besagte Komet einschlug.

Natürlich hätte Brochwicz-Lewinski auch gern etwaige Iridiumvorkommen aufgespürt, aber in Warschau standen ihm dafür nicht die erforderlichen Laborkapazitäten zur Verfügung. In diesem Zusammenhang entsinne ich mich eines amüsanten Vorfalls. Im August 1984 schickte mir Brochwicz-Lewinski drei Proben aus dem polnischen Jura. Wir hatten einige Jahre zuvor auf einer Abendeinladung in Warschau Bekanntschaft miteinander geschlossen, und jetzt bat er mich um die Gefälligkeit, die fraglichen Proben zwecks Analyse mit einem Wort der Empfehlung an das Berkeley-Labor in die Hände von Frank Asaro weiterzuleiten. Das tat ich auch; allerdings konnten Brochwicz-Lewinskis Proben nicht sofort analysiert werden. Bei Frank hatte sich ein Berg von Gesteinsproben aus allen möglichen Zeiten und Herkunftsregionen angesammelt; das Material aus Polen mußte deshalb erst einmal auf die Warteliste.

Im Mai 1985 hielt sich Brochwicz-Lewinski dann einige Tage zu Besuch bei Jack Sepkoski und mir in Chicago auf, und wir stellten fest, daß wir alle drei gleichermaßen gespannt darauf waren, was Frank herausbekommen würde. Also rief ich kurz entschlossen in Berkeley an. Frank meinte, wenn's unbedingt sein müsse, könne er ja eine von den Proben über Nacht durch die Mühle drehen, dann wären vielleicht am nächsten Abend schon ein paar vorläufige Ergebnisse da. Tja, aber bei welcher von den Proben war die Wahrscheinlichkeit für einen Iridium-positiv-Befund am größten? Brochwicz-Lewinksi traf eine Entscheidung, und anschließend ging's in Berkeley los. Den ganzen folgenden Tag lang juxten wir herum, wie die Sache wohl ausgehen würde: alles in allem ein so richtig aus dem gewöhnlichen Leben gegriffenes Stück vom hemdsärmeligen universitären Wissenschaftsbetrieb, von dem die wenigsten Menschen jemals etwas mitkriegen.

Beinah in der letzten Minute vor Wojciechs Abreise aus Chicago erreichte uns der «schicksalsschwangere» Anruf aus Berkeley. Unmittelbar davor hatte Wojciech seine Vermutung in bezug auf die Höhe der Iridiumkonzentration auf ein Blatt Papier gekritzelt. Mir imponierte zwar dieser Mut zum Risiko, aber in sachlicher Hinsicht maß ich der Zahl, die mein polnischer Kollege da aufgeschrieben hatte, keine ernsthafte Bedeutung bei. Doch das Analyse-Ergebnis brachte nicht nur die Bestätigung, daß in der Tat eine Iridiumanomalie vorlag, sondern die festgestellte Konzentration entsprach auch, im Rahmen der experimentellen Abweichungstoleranz, genau der zuvor notierten Zahl. Nachdem er sich genugsam an meiner Verwunderung geweidet hatte, rückte Wojciech mit des Rätsels Lösung heraus: Bruchstücke derselben Gesteinsprobe waren bereits in den Labors von Interkosmos, der sowjetischen Raumfahrtagentur, analysiert worden, und Wojciech hatte natürlich die ganze Zeit schon gewußt, was dabei herausgekommen war. Indes hatte er mit seinem «frommen Betrug» vollkommen vernünftig gehandelt: Er wollte eine absolut unabhängige Bestätigung des Erstbefundes, und deshalb war es richtig, daß er keinen von uns mit seinem Vorwissen beeinflußte. Und sein Trick hatte ausgezeichnet geklappt. Was mir bei der Sache aufging: Die polnischen Naturwissenschaftler sind gegenüber einem großen Teil ihrer Kollegen insofern im Vorteil, als sie im Prinzip genauso mühelos mit den Sowjets wie mit westlichen Institutionen zusammenarbeiten können.

Was die Jura-Anomalie mitsamt den dazugehörigen kosmischen Kügelchen nun genau zu bedeuten hat, ist derzeit noch eine offene Frage. Da die Erde ständig einer leichten, aber ununterbrochenen Beregnung mit kosmischen Substanzen − einschließlich Meteoritenstaubs mit Spuren von Iridium − ausgesetzt ist, könnte man die Jura-Anomalie im Prinzip auch als eine über einen größeren Zeitraum hinweg entstandene Ansammlung von extraterrestrischer Substanz betrachten, die durch das Fehlen anderweitiger Sedimentation ermöglicht wurde. Wir erinnern uns, daß sich die fraglichen Lokalitäten in Europa durch eine beträchtliche Lücke in der Chronologie auszeichnen. Man braucht demnach nicht auf einen Meteoriteneinschlag zurückzugreifen, um das Vorhandensein extraterrestrischer Substanz zu erklären.

Brochwicz-Lewinski glaubt zuversichtlich, daß die Lücke in der Chronologie nicht ursächlich mit der Anomalie zusammenhängt, und ich glaube zuversichtlich, daß man ihn als einen erfahrenen Geologen betrachten und ihm infolgedessen trauen kann. Er meint zudem, daß die Erosion und die Auflösung des Gesteins, denen sich die Lücke in der Urkunde verdankt, möglicherweise auf Extrembedingungen zurückzuführen sind, die in den Meeren durch einen Großkörpereinschlag entstanden waren. Da gibt es für uns noch viel zu erforschen. Und auf dem Weg zu diesem Ziel werden wir auf jedes interessante Detail zu achten haben, so beispielsweise auch auf die Tatsache, daß das Jura-Iridium gehäuft in fossilen Bakterien auftritt.

3. *Die Perm-Trias-Grenze.* Die Massenauslöschung am Ende des Perms (vor ungefähr 250 Millionen Jahren) war das größte Ereignis dieser Art, das überhaupt je aktenkundig wurde, und entsprechend groß war auch die Aufmerksamkeit, die sie in der Wissenschaft auf sich gezogen hat. Die permische Formation bietet jedoch ein spezielles Problem: Es existieren nur äußerst wenige zufriedenstellende Aufschlüsse vom obersten Glied des Perms und vom Übergang zur darüberliegenden Trias. Und die besten Abschnitte liegen in einigen nicht besonders einladenden, sehr schwer zugänglichen Weltregionen: im Iran, im nordöstlichen Grönland, im Norden von Pakistan an der afghanischen Grenze und in China. Aus Kapitel 2 ist uns vielleicht noch erinnerlich, daß Otto Schindewolfs Arbeitsgebiet in erster Linie das pakistanische Perm war. In diesem Abschnitt ergibt sich ein zusätzliches Problem aus dem Umstand, daß in den erhaltenen Sedimenten eine so große Lücke klafft, daß hier gleich mehrere Millionen Jahre unbeurkundet sind.

Die bei weitem vollständigsten Aufschlüsse der Perm-Trias-Grenze liegen in China. Während der turbulenten Zeit der Kulturrevolution war selbst den chinesischen Geologen der Zutritt zu ihnen verwehrt gewesen, aber inzwischen hat man dort die Forschungsarbeit wiederaufgenommen, und die Chinesen sind ihrerseits ganz Feuer und Flamme, was die Jagd nach Iridium angeht.

In der Tat ermittelte ein aus chinesischen Physikern, Geologen und Paläontologen zusammengesetztes Forschungsteam eine Iridiumanomalie genau an der vorausberechneten Stelle in der Schichtenfolge! Der Leiter der Gruppe, Dr. Sun Yi-yin von der chinesischen Akademie der Wissenschaften, berichtete darüber im Sommer 1984 mündlich auf dem Internationalen Geologenkongreß in Moskau sowie schriftlich in einer gleichzeitig gedruckten Veröffentlichung (in englischer Sprache). Bisher sind allerdings mehrere Versuche, das Ergebnis in anderen Labors zu rekonstruieren, fehlgeschlagen. In der geologischen Fachwelt sieht man jetzt meistenteils ebenso gespannt wie kritisch den weiteren Probeentnahmen und Iridiumanalysen entgegen.

Warum hat man lediglich so wenige zufriedenstellende Abschnitte der Perm-Trias-Grenze gefunden? Das könnte einfach nur ein unglücklicher Zufall sein, der die Wahrscheinlichkeit auf seiner Seite hat, da in der fraglichen historischen Urkunde ohnehin viele zufallsbedingte Lücken klaffen. Nicht auszuschließen ist allerdings auch, daß hier andere, gewichtigere Gründe mitspielen als der schiere Zufall. Zum Ende des Perms senkte sich der Meeresspiegel, zwar in unregelmäßigen Intervallen, doch fortlaufend über mehrere Millionen Jahre hin. Riesige Ozeanflächen wurden voneinander abgetrennt, und die zurückweichenden Fluten hinterließen Salzlager auf dem dergestalt neuentstandenen Festland.

Die Absenkung des Meeresspiegels hatte zur Folge, daß es auf den heute aus den Ozeanen herausragenden Kontinenten nur ganz wenig marines Gestein aus dem oberen Perm und der unteren Trias gibt. Nicht selten findet man sogar die Meinung vertreten, ebendiese Absenkung sei auch die Ursache der permischen Artenauslöschungen; in diesem Zusammenhang wird dann auf das Beispiel von Aussterbeereignissen anderer Zeiten verwiesen, bei denen eine Senkung des Meeresspiegels eine gewisse Rolle gespielt zu haben scheint. In der Tat haben wir es hier in bezug auf die Massenausstterbeproblematik mit der theoretischen Alternative Nummer eins zur These von der extraterrestrischen Einwirkung zu tun; um so dringlicher brauchen wir jetzt weitere Iridiumtests an der P-T-Grenze in China.

4. *Das obere Devon.*   Hier haben wir es, wie wir uns erinnern, mit dem von Digby McLaren ins Visier genommenen Massenaussterben zu tun, für das er 1970 – ohne konkreten Beweis – einen Himmelskörpereinschlag als Ursache postulierte. Im Oktober 1984 berichtete eine Autorengruppe, der neben anderen Carl Orth (vom Los Alamos National Laboratory) und McLaren angehörten, in

«Science» über eine Iridiumanomalie an oder nahe bei der – etwa 365 Millionen Jahre zurückliegenden – Trennungslinie zwischen der Frasne- und der Famenne-Stufe des Oberdevon. Und dies ist natürlich die Auslöschung, von der McLaren 1970 gesprochen hatte. Die untersuchten Proben stammten aus dem Canningbecken in Nordostaustralien.

Die Analyseinstrumente in Los Alamos arbeiten so präzis, daß Orth mit der Maßeinheit Milliardstel (statt der fast überall sonst üblichen Millionstel) Prozent operieren kann. Das Orth-Team arbeitete zwei, drei Jahre mit devonischen Proben europäischer und nordamerikanischer Herkunft, ohne irgendwelchen ungewöhnlichen Iridiumkonzentrationen zu begegnen. Für das australische Material ergab sich dann jedoch der Befund von 30 Milliardstel Prozent, das ist ungefähr das Zwanzigfache des regulären Sockelwerts für ober- wie unterirdisches Gestein in Australien.

Aber auch hier gibt es offene Fragen und Probleme. Warum hat man die Anomalie nicht auch in Europa und Nordamerika gefunden? Und was noch wichtiger ist: Die australische Anomalie tritt ausschließlich in einer bestimmten Spezies fossiler Bakterien – *Frutexites* – auf. Das stellt die unsympathische Möglichkeit in den Raum, daß es vielleicht die Bakterien waren, die den geringfügigen Quanten von Iridium in ihrer Umwelt zu der gegenwärtig konstatierbaren hohen Konzentration verholfen haben. Wir haben ja schon davon gesprochen, daß biologische Konzentrationsmechanismen für die Erklärung der Iridiumanomalie eine echte Alternative zu der Einschlaghypothese darstellen.

Andererseits könnte man sich den Umstand, daß man die australische Anomalie nur in fossilen Bakterien findet, aber auch damit erklären, daß die Bakterien nur deswegen so ungewöhnlich viel Iridium in sich tragen, weil eben in ihrer Umwelt soviel davon vorhanden war – ähnlich wie heutzutage Vögel und andere Tiere, die einer besonders hohen DDT-Belastung ausgesetzt sind, einen hohen DDT-Spiegel aufweisen. Wie also nun? Haben die Bakterien das Iridium «systematisch» in sich aufgespeichert oder einfach bloß, weil es in so «rauhen Mengen» da war?

Die devonische Anomalie, von Fragen der Biologie umrankt, wie sie ist, bleibt fürs erste noch umstritten. Für manche ist sie das letzte, entscheidende Glied einer Indizienkette, die den Zusammenhang zwischen Einschlag und Auslöschung beweist. Für andere dagegen läßt sich eine Erklärung für sie mühelos auch ohne Zuhilfenahme eines außergewöhnlichen Vorkommnisses geben. Ich bin nicht imstande zu sagen, welche Seite recht hat. Mit Sicherheit weiß ich nur, daß der abschließende Befund im Fall «Devon» auch für den Fall «Jura» von Bedeutung ist, denn Brochwicz-Lewinskis jurassisches Material weist eine vergleichbare bakteriell bedingte Iridiumkonservierung auf.

5. *Die Präkambrium-Kambrium-Grenze.* Von allen Iridiumanomalien ist dies zwar die schwächste, aber womöglich auch die wichtigste. Lassen wir den Blick immer weiter zurück in die erdgeschichtliche Vergangenheit schweifen, so fällt auf, daß die reichhaltige fossile Urkunde komplexer Organismen an einem Zeitpunkt, der vor etwa 570 Millionen Jahren, an der Basis des Kambriums, liegt, jählings abreißt. Wie sich der Übergang von den ziemlich einfachen Fossilien des oberen Präkambriums zu den höherentwickelten Lebensformen des Kambriums vollzogen haben mag, daran wird schon lange gerätselt. Ein jäher Wechsel der Umweltbedingungen ist denkbar, aber nicht verbürgt; ein Aussterbeereignis ist ebenso denkbar und ebensowenig verbürgt. Sicher ist nur, daß es sich um eine kritische Phase in der Geschichte des Lebens auf der Erde gehandelt haben muß.

Ein hervorragender Geochemiker namens Ken Hsü, der in Zürich arbeitet, hat imposante Beweise für Veränderungen in der Zusammensetzung des Meerwassers zu Zeiten von Aussterbeereignissen zusammengetragen. Nach seiner Feststellung fallen während solcher Krisenzeiten wichtige Mengenrelationen – hauptsächlich zwischen Sauerstoff- und Kohlenstoffverbindungen – total aus dem Rahmen der Normalität. Diese Störungen hat er auf den Namen «Strangelove-Wirrwarr» getauft, und der Strangelove-Wirrwarr schafft für Tausende von Jahren einen Strangelove-Ozean. Nach seiner Auffassung wäre ein Meteoriteneinschlag eine höchst plausible Erklärung für derlei Störungen der maritimen Chemie.

Des weiteren glaubt Hsü Indizien für ein Vorliegen des Strangelove-Zustands bei der Präkambrium-Kambrium-Grenze in Südchina ausgemacht zu haben. Ein chinesisches Autorenteam – die Herren Fang, Yang und Huang – berichtete 1984 von einer Iridiumanomalie an dieser Trennungslinie. Aber so weit zurück in der Erdgeschichte präzise chronologische Relationen festlegen zu wollen, hat immer etwas von einem Glücksspiel an sich; erst die Zukunft wird uns lehren, ob diese Anomalie und Hsüs Strangelove-Ozean vor der Kritik bestehen können.

Wie ich bereits erwähnte, hat jeder dieser fünf Fälle von möglicher Einschlag/Aussterben-Paarung seine spezifische Problematik. Aber andererseits handelt es sich in jedem der Fälle auch wieder um eine interessante, ja faszinierende Problematik, deren Durchdringung durchaus dazu angetan sein könnte, uns der abschließenden Antwort auf die Frage nach den Ursachen von Massenaussterben ein beträchtliches Stück näherzubringen. Und das gilt unabhängig davon, ob in einem oder in mehreren oder in keinem dieser Fälle der Einschlag eines massereichen Himmelskörpers nachzuweisen ist.

Zwei Meinungsumfragen

Wissenschaftliche Probleme eignen sich natürlich nicht dafür, per Volksentscheid gelöst zu werden, dennoch wäre es töricht, leugnen zu wollen, daß Gruppenmeinungen einen gewaltigen Einfluß auf den Gang der wissenschaftlichen Forschung ausüben. Im Sommer 1984 erhoben zwei Paläontologen – Matthew Nitecki vom Field Museum (Chicago) und Antoni Hoffman vom Lamont Geological Observatory der Columbia-Universität (New York) – an einem Panel von rund 500 europäischen und nordamerikanischen Geologen, Paläontologen und Geophysikern ein quasiwissenschaftliches

Meinungsprofil in bezug auf die möglichen Ursachen von Massenauslöschungen.

Das Ergebnis bot sowohl Anlaß zum Staunen wie mitunter auch zum Schmunzeln.

☐ 21 Prozent der Befragten waren der Auffassung, das Kreide-Tertiär-Aussterben sei durch einen Meteoriteneinschlag verursacht (im Subsample der amerikanischen Geophysiker war der entsprechende Anteil 50 Prozent);

☐ 40 Prozent glaubten zwar, daß es an der K-T-Grenze einen Meteoriteneinschlag gegeben habe, bestritten jedoch, daß er als Ursache des Aussterbens in Frage komme;

☐ 27 Prozent meinten, es habe an der K-T-Grenze keinen Meteoriteneinschlag gegeben, und

☐ 12 Prozent bekannten sich zu der Überzeugung, am Ende der Kreideperiode habe *weder* eine Massenauslöschung von Arten *noch* ein Einschlag stattgefunden.

Die ersten beiden Werte summieren sich zu beeindruckenden 61 Prozent von Befragten, die das grundlegende Faktum eines Himmelskörpereinschlags größeren Kalibers an der K-T-Grenze für erwiesen halten. Ein erstaunlich hoher Wert, wenn man die eingefleischte Abneigung gegen jeden nichtlyellianischen Erklärungsansatz sowie die Neuheit der Idee in Betracht zieht. Auf der anderen Seite wiederum sind 61 Prozent ein erstaunlich niedriger Wert, wenn man bedenkt, was für ein gewaltiges Aufgebot voneinander unabhängiger Indizien für einen Einschlag bis zum Sommer 1984 zusammengekommen war.

Im Oktober 1985 hielt die Society of Vertebrate Paleontology in Rapid City (South Dakota) ihre Jahreshauptversammlung ab; bei dieser Gelegenheit wurde eine Meinungsumfrage zum Thema «Ursachen des Dinosauriersterbens» durchgeführt, an der sich 118 der insgesamt 300 anwesenden Mitglieder beteiligten. Dieser Umfrage kommt insofern besondere Bedeutung zu, als sie a) zu einem Zeitpunkt stattfand, da alle im vorigen beschriebenen zusätzlichen Indizien für einen Meteoriteneinschlag vollständig vorlagen, und b) Spezialisten für die Paläontologie der Wirbeltiere miterfaßte, die in der Extinktionsdebatte eine führende Rolle gespielt hatten.

Einen ausführlichen Bericht über diese zweite Meinungsumfrage, verfaßt von Malcolm W. Browne, brachte die «New York Times» in ihrer Ausgabe vom 29. Oktober 1985. Die Fragen waren zwar etwas anders formuliert als bei der 1984er Umfrage, aber die Resultate lassen sich problemlos auch so wiedergeben, daß beide Fälle miteinander vergleichbar sind. In puncto «Meteoriteneinschlag am Ende der Kreideperiode» sieht das Umfrageergebnis von 1985 so aus:

☐ 90 Prozent der Befragten sahen für erwiesen an, während
☐ 10 Prozent sich nach wie vor für nicht überzeugt erklärten.

In puncto «Aussterben/Aussterbeursache» ergab sich folgendes Resultat:

☐ 4 Prozent sahen in einem Meteoriteneinschlag eine gravierende Ursache für das Aussterben der Dinosaurier;

☐ 43 Prozent hielten einen Meteoriteneinschlag für erwiesen, nicht jedoch, daß er Ursache des Dinosauriertods gewesen sei, und

☐ 27 Prozent vertraten die Ansicht, daß da ein erklärungsbedürftiges Massenaussterben von Landtieren überhaupt nicht stattgefunden habe.

Ein bemerkenswertes Fazit des Vergleichs beider Umfrageergebnisse scheint mir der Umstand, daß 90 Prozent der Vertebratenpaläontologen – der mutmaßlich konservativsten Fraktion aller an dem Einschlag/Aussterbe-Palaver Beteiligten – von der Tatsache eines Meteoriteneinschlags überzeugt sind. Das ist ein beeindruckender Zuwachs gegenüber den 61 Prozent von 1984, den man nicht anders als durch die zusätzliche Überzeugungskraft der neu hinzugekommenen geophysikalischen und geochemischen Erkenntnisse erklären kann. Andererseits kann man jedoch nicht übersehen, daß der Anteil der Vertebratenpaläontologen, die einen Zusammenhang zwischen dem Meteoriteneinschlag und dem Aussterben für erwiesen ansehen, nur verschwindend geringe vier Prozent beträgt. Der Haupteinwand, der auf der Versammlung in Rapid City vorgebracht wurde, ist für uns ein alter Bekannter: Mit den Dinosauriern ging es doch erwiesenermaßen schon lange vor dem Meteoriteneinschlag bergab!

Unverkennbar war spätestens in jenem Herbst 1985 eine wachsende Verärgerung auf seiten der Gegner des Meteoritenszenariums zu spüren. So zum Beispiel enthielt der «Times»-Artikel über die Veranstaltung in Rapid City ein Zitat von Robert T. Bakker, einem Dinosaurier-Experten am Naturkundlichen Museum der University of Colorado, der mit zu den wichtigsten Initiatoren der Warmblütertheorie der Dinosaurier gehört:

«Die Anmaßung dieser Leute ist schlechthin unfaßlich. Sie verstehen so gut wie nichts davon, wie sich das Leben, die Evolution und das Aussterben von Tieren in der Wirklichkeit abspielen. Aber was schert das so einen Geochemiker, daß er von nichts eine Ahnung hat – seiner Meinung nach braucht man doch bloß irgendeine komplizierte Maschine in Gang zu setzen, und schon hat man eine ganze Wissenschaft revolutioniert. Die realen Ursachen des Dinosauriersterbens haben mit veränderten Temperaturen und Veränderungen der Meereshöhe, mit der Ausbreitung von Krankheiten durch Wanderungen und anderen komplexen Vorgängen zu tun. Aber für die Katastrophiker scheinen derartige Dinge nicht zu zählen. Was sie uns zu sagen haben, läuft im Grunde auf das folgende hinaus: ‹Wir High-Tech-Leute wissen auf alle Fragen die passende Antwort, während ihr poveren Paläontologen euch doch bloß mit eurem Gesteinsfetischismus aufspielt.›»

Eine Meinungsäußerung wie diese finde ich mehr als nur ein klein wenig bestürzend, und ich freue mich, aus eigener Erfahrung sagen zu können, daß der Vorwurf der Anmaßung ganz und gar nicht der Wahrheit entspricht. In den vergangenen Jahren hat mich mein Interesse für die Extinktionsforschung mit vielen Exemplaren von Bakkers «High-Tech-Leuten» in Kontakt gebracht. Und nach meiner Beobachtung sind sie sich allesamt ihres Wissensdefizits in paläontologischen Fragen sehr wohl bewußt und in aller geziemenden Bescheidenheit bereit, sich von jedem «Gesteinsfetischisten», dem die Zeit dafür nicht zu schade ist, belehren zu lassen.

7
NEU AUF DER BILDFLÄCHE: PERIODISCHES AUSSTERBEN

Eine Nemesis-Theorie von einem hypothetischen Begleitstern unserer Sonne würde es mit Sicherheit nicht geben ohne die Annahme, daß Aussterbeereignisse in der Erdgeschichte mit der mechanischen Regelmäßigkeit eines Uhrwerks alle 26 Millionen Jahre auftreten. Wir sollten also nicht darauf verzichten, auch in die Entstehung der Idee vom periodischen oder turnusmäßigen Aussterben und in das Faktenmaterial, auf das sie sich stützt, etwas genauer hineinzuleuchten.

Fischers Zyklen

Im Jahr 1977 veröffentlichten Alfred G. Fischer und Michael A. Arthur einen Aufsatz mit dem Titel «Secular Variations in the Pelagic Realm» (Epochale Variationen im Meerestierreich). Die Sache sollte sich später als ein Fall von prophetischem Weitblick herausstellen, auch wenn wir, die Zunftgenossen der beiden Autoren, seinerzeit nichts davon ahnten. Ganz im Gegenteil: Ein großer (tatsächlich sogar der größte) Teil von uns gab sich alle erdenkliche Mühe, über diese Veröffentlichung hinwegzusehen und so zu tun, als hätte es sie nie gegeben. Denn Fischer und Arthur hatten die Behauptung aufgestellt, daß die bedeutenderen Aussterbeereignisse seit 250 Millionen Jahren durchweg in gleichmäßigen Intervallen, nämlich alle 32 Millionen Jahre, aufgetreten seien. Das war eine so unerhörte Tabuverletzung, daß man in der Öffentlichkeit noch nicht einmal darüber reden konnte.

Denn wußten wir nicht alle, daß die Erdgeschichte ein viel zu komplexes Phänomen war, als daß sich in derart versimpelter Schematisierung irgend etwas von ihr begreifen ließe?! Was sollte das sein, das da für die Pünktlichkeit der Wiederholungen sorgte? Wenn noch nicht einmal biologische Verbundsysteme, deren Daseinsaktivitäten sich in der Dimension von Monaten oder Jahren bewegen, es zur Pünktlichkeit zu bringen vermögen, wie sollte dann das sehr viel komplexere Globalsystem einen Hunderte Millionen von Jahren umfassenden Zeitplan exakt einhalten können? Zwar geistern seit Jahren einfache schematische Modelle der Dynamik lokaler symbiotischer Verbände und sogar ganzer Biosysteme auf der Wissenschaftsszene herum – und manchmal haben sie im Hinblick auf bestimmte Problemsituationen sogar einiges für sich –, aber in aller Regel versagen sie den Dienst, sobald sie sich an harten historischen Fakten bewähren sollen. Mit anderen Worten, Fischer und Arthur hatten sich mit ihrer Hypothese ins nackte Spekulieren vergaloppiert.

Wie waren sie aber zu ihrer Behauptung gekommen, und mit welchen Gründen wurde sie vorgetragen? Was Fischer und Arthur boten, war ein Konstrukt aus erdgeschichtlichen Beobachtungen, die sie an einer kunterbunten Sammlung von Merkmalen – Merkmalen, die teils in der fossilen Urkunde, teils am Gestein isoliert worden waren – gemacht hatten. Diese Variablen umfaßten unter anderem: die Zahl der Arten (oder höherer Ordnungen) von verschiedenerlei Meeresorganismen; gewisse Strukturmerkmale des symbiotischen Verbands (wie zum Beispiel den Umstand, ob zu dieser oder jener Zeit große Raubfische dazugehörten oder nicht); die Werte von Meßgrößen wie Meerwassertemperatur, C^{14}-Anteil und verschiedenen Indikatoren, aus denen sich Aufschluß über die Meereshöhe gewinnen ließ. Das war nicht das unparteiisch «objektive» Faktensammeln mit anschließender statistischer Analyse, wie es gängiger Wissenschaftspraxis entspricht: Fischer und Arthur fahndeten von Anfang an zielstrebig nach den Fakten, in denen sich die Umweltveränderungen, denen das Interesse der Wissenschaftler galt, nach ihrer Erwartung am ausgeprägtesten widerspiegeln müßten, und sie gaben sich nicht die geringste Mühe, diese selektive Vorgehensweise irgendwie zu rechtfertigen.

Ihr Datenmaterial setzten sie dann um in graphische Darstellungen des Faktorenwandels im Lauf der 250 Millionen Jahre umfassenden Zeitspanne vom Ende des Perms bis heute, um sich anschließend an die Ausdeutung von Knicken und Schlenkern in ihren Kurvenzeichnungen zu machen. Dabei glaubten sie, alle 32 Millionen Jahre eine zyklische Wiederholung derselben Wandlungssequenz erkennen zu können. Was mich betrifft, so kann ich sagen, daß ich in der Statistik des Dow-Jones-Index schon einleuchtendere Zyklen erblickt habe.

In meinen Augen war die Fischer-Arthur-Publikation alles andere als ein Fortschritt. Wir Paläontologen hatten uns die größte Mühe gegeben, unsere Wissenschaft den Anforderungen des zwanzigsten Jahrhunderts anzupassen, indem wir ihr einen zeitgemäßen Theorie- und Arbeitsstil mit wissenschaftstheoretisch einwandfreien Hypothesenbildungs- und Testverfahren verordneten. Eine Hypothese, die etwas taugte, mußte nachprüfbar sein; das schloß nicht unbedingt ihre mathematische Formulierung mit ein, wenngleich natürlich die mathematische Formulierung immer die beste Lösung war. Vor allen Dingen wollten wir weg von der Praxis, daß auf der Grundlage versprengter Fakten und reiner Intuition irgendwelche Ad-hoc-Erklärungen nach Art von Kiplings «Just-So-Stories» abgegeben werden. Und wo Schlußfolgerungen aus Zahlenmaterial gezogen wurden, sollten sie mit einer nüchternen Überprüfung ihrer statistischen Signifikanz verbunden sein. Alles, was ich in den Graphiken von Fischer und Arthur an Hinweisen auf Zyklizität oder Periodizität zu erkennen vermochte, ließ sich voll und ganz aus der subjektiv-willkürlichen Manier der Datenerhebung erklären.

Al Fischer genießt seit Jahren meine Sympathie und Bewunderung, und ich hätte mir nie erlaubt, ihm derart an den Wagen zu fahren, wenn ich nicht inzwischen zu der Überzeugung gekommen wäre, daß die Veröffentlichung von 1977 ein großartiges

Stück Wissenschaft ist – wenngleich nicht die Art Wissenschaft, die mir in der Praxis am besten liegt.

1977 war Al Fischer Professor für Paläontologie in Princeton, und Mike Arthur war einer seiner Doktoranden. Inzwischen ist Al einem Ruf an die University of Southern California gefolgt, während Mike nach Abschluß seiner Studien ein Lehramt an der University of Rhode Island angenommen hat. Al Fischer hat eine vielseitige berufliche Laufbahn hinter sich, und mit allem, was er gemacht hat, konnte er sich sehen lassen. Als Explorationsgeologe ist er auf Ölsuche in halb Südamerika herumgekommen. Als Assistenzprofessor an der University of Kansas war er in jungen Jahren Mitverfasser eines Werks, das zum Standardlehrbuch der Invertebratenpaläontologie wurde und es jahrzehntelang bleiben sollte. Er hat auch die Knochenarbeit der Feldforschung in den Alpenbergen seines Geburtslandes Österreich nicht gescheut und sich damit ebenso hervorgetan wie als internationaler Experte für die Taxonomie einer obskuren Familie von fossilen Stachelhäutern. Sein Hauptmerkmal ist jedoch, daß man bei ihm nie genau weiß, was er als nächstes tun oder womit er als nächstes herausrücken wird. Und ein typisches Beispiel dafür ist seine Studie über die Zyklen.

Fischer und Arthur beriefen sich nicht auf extraterrestrische Kräfte als Motoren ihres 32-Millionen-Jahre-Zyklus (wenngleich sie die Möglichkeit bislang noch unvermerkter Schwankungen in der Helligkeit der Sonne nicht ausschließen mochten). Statt dessen war ihrer Vermutung nach die eigentliche Antriebskraft im Erdinneren zu suchen und ging von irgendwelchen noch unerkannten Konvektionszyklen aus.

Daß Fischer und Arthur sich bedeckt hielten, was die verantwortlichen Wirkungsmechanismen anging, ist zu verstehen. Es gibt keinen wissenschaftstheoretischen Grundsatz, der verlangt, daß die Beschreibung eines Phänomens (in diesem Fall der Zyklizität) von einer Darlegung der dahinterstehenden Wirkungsmechanismen begleitet sein müsse, wenngleich natürlich eine solche Darlegung, sofern plausibel, allemal beträchtliche Vorteile mit sich bringt. Denn seien wir ehrlich: viele von uns benutzen ihr

Fehlen als Argument, um Forschungsergebnisse abzuschmettern, die ihnen nicht in den Kram passen. So zum Beispiel wurde die Idee der Kontinentalverschiebung jahrelang nicht zuletzt mit der Begründung abgewiesen, noch niemand habe einen Wirkungsmechanismus namhaft machen können, nach dem das funktionieren würde. Späterhin, gegen Ende der sechziger Jahre, fand man dann an der Vorstellung von driftenden Kontinenten nichts Anstößiges mehr, weil neue Erkenntnisse über das Magnetfeld der Erde sie unabweislich gemacht hatten – auch wenn immer noch niemand einen plausiblen Wirkungsmechanismus anzugeben vermochte.

Die NASA-Seminare

Wie ich bereits gegen Ende von Kapitel 1 erwähnte, organisierte die US-Raumfahrtbehörde NASA vom Juli 1981 an eine Reihe von Arbeitsseminaren, sogenannten *Workshops*. Sie sollten die Frage beantworten helfen, inwieweit es für die NASA sinnvoll wäre, die Trägerschaft für Forschungsvorhaben auf dem Gebiet der Evolution komplexer und höherentwickelter Organismen (nach den Anfangsbuchstaben der englischen Bezeichnung – *E*volution of *C*omplex and *H*igher *O*rganisms – kurz ECHO genannt) zu übernehmen. Das NASA-Ressort «Biowissenschaften» sponsert schon seit langem Forschungen sowohl auf dem Sektor «Ursprung und Frühformen des Lebens» als auch auf dem Sektor «Evolution der Intelligenz». Derartige Programme sind nicht nur Teil des generellen Bemühens, ein besseres Verständnis des Lebens im Kosmos zu entwickeln, sondern halten auch ständig Verbindung mit dem SETI-(*S*earch for *E*xtra*T*errestrial *I*ntelligence-)Programm.

Die NASA ist eine undogmatische Organisation, allem Neuen gegenüber aufgeschlossen und zum Ausprobieren bereit, und auch ihre ECHO-Seminare machten keine Ausnahme von dieser Regel. Aus Disziplinen, für die der interdisziplinäre Gedankenaustausch bis dato noch ein Fremdwort geblieben war, brachten diese Workshops jeweils ein erregendes Sammelsurium von Leuten zusammen, die sich nun gemeinsam in einem Brainstorming über die Geschichte der höheren Lebensformen ergingen. Die Gruppen bestanden jeweils aus einem oder mehreren Genetikern, Botanikern, Zoologen, Geochemikern, Geophysikern, Astrophysikern, Meteorologen, Meereskundlern sowie (natürlich auch) Paläontologen und Geologen. Ein oder zwei Philosophen hätten vielleicht den Geschmack dieses Potpourris noch etwas abgerundet. Unter den Teilnehmern befand sich eine Reihe der Leute, die späterhin in der Nemesis-Diskussion eine prominente Rolle spielen sollten, etwa Al Fischer, Bill Clemens und Jack Sepkoski.

Der erste Workshop fand statt, als die Fachwelt noch damit beschäftigt war, die Alvarez-Hypothese über das Massenaussterben erst einmal richtig zu verdauen. Wohl allen von uns wirbelten damals unentwegt Meteoriten im Kopf herum. Aber wir wollten gründliche Arbeit leisten, und das hieß, daß wir zwar Meteoriteneinschläge und ihre möglichen Folgen für die Lebensbedingungen auf dem Erdball aus unseren Gesprächen nicht ausklammerten, darüber hinaus aber auch noch alle möglichen anderen Aspekte des Sonnensystems und der Galaxie, die für unser Thema von Bedeutung sein mochten, auf die Tagesordnung setzten. Denn: Supernovae, in großen Zeiträumen sich abspielende Helligkeitsänderungen der Sonne, Wandlungen im Erde-Mond-System, die möglichen Auswirkungen eines Durchgangs der Erde durch galaktische Dichtewellen – all diese Dinge waren möglicherweise wichtig für die Geschichte des Lebens auf der Erde.

Auch periodische Erscheinungen, die auf extraterristrische Kräfte zurückgingen, hatten wir in unsere Arbeit einbezogen, allerdings handelte es sich um Periodizitäten im Maßstab von Tausenden, nicht Millionen Jahren. Erst kurz zuvor war der Nachweis geführt worden, daß Milankowitsch-Zyklen, das sind regelmäßige Bahnänderungen im Erde-Mond-Sonne-System, das Erdklima in einander überlagernden Zyklen von 22 000, 41 000 und 100 000 Jahren beeinflussen. Eine faszinierende Sache!

Unter den Desiderata der wissenschaftlichen Forschung, die im Rahmen dieser Seminare benannt wurden, fehlte nicht die Empfehlung, künftig verstärkt auch längere Zyklen zu erkunden – sie blieb jedoch ohne nennenswerten Widerhall. Al Fischer sprach über die 32-Millionen-Jahre-Periodizität sowie über seine neueren Untersuchungen in Sachen kürzerer, mehr in der Milankowitsch-Dimension liegender Zyklen, die in älterem Gestein ausgemacht worden waren. Wir alle wußten von dieser Sache mit den 32 Millionen Jahren, aber ich glaube, sie setzte uns in Verlegenheit. Al Fischer war ein erstrangiger Gelehrter, gar keine Frage, aber mit diesen riesigen Zyklen hatte er sich ein bißchen vergaloppiert.

Als die Veranstaltungsreihe im Frühjahr 1982 zu Ende ging, wurde der obligatorische Abschlußbericht fällig, der dem NASA-Hauptquartier (und jedermann, der sich sonst noch dafür interessierte) die Vorstellungen der Teilnehmer von der empfehlenswerten Forschungspolitik in den fraglichen Sachgebieten vermitteln sollte. Dieses Papier (das später auch publiziert wurde) enthielt viele gute Ideen zu vielen interessanten Fragen, das Interessanteste daran ist jedoch für uns im gegenwärtigen Zusammenhang das vollständige Fehlen jeglichen Hinweises auf Al Fischers 32-Millionen-Jahre-Zyklus. Jeder einzelne Teilnehmer hat viele Monate bei seiner Redaktion und Korrektur des Berichtsmanuskripts verbracht. In einer schier endlosen Folge von Rohfassungen wurden immer wieder Passagen gestrichen und immer wieder neue Passagen hinzugefügt. Obwohl ich heute über keine Frühfassung des Manuskripts mehr verfüge, erinnere ich mich deutlich, daß Als Zyklen anfangs da mit drinstanden, zusammen mit einer Reproduktion der Originalgraphik mit den Schlangenlinienkurven. Im Zuge des Redaktionsprozesses sind jedoch die 32-Millionen-Jahre-Zyklen als Opfer kollegialer Zensur restlos auf der Strecke geblieben. Was Fischers andere Forschungen angeht, so werden sie im wesentlichen anstandslos referiert – nur eben die Sache mit den langen Zyklen nicht: ein höchst interessantes Beispiel dafür, wie die «Inkognito-Begutachtung durch gleichrangige Kollegen» in der Praxis aussieht. In meiner Eigenschaft als verantwortlicher Leiter der Seminare habe ich bei diesen Vorgängen, wie ich nicht leugnen will, keine ganz unbedeutende Rolle gespielt.

Sepkoskis «Handbuch»

J. John («Jack») Sepkoski («junior»), Paläontologe an der University of Chicago, hat bei Stephen Jay Gould in Harvard studiert. Als Wissenschaftler ist Jack nicht nur eine Leuchte, sondern auch ein geborener Schwerstarbeiter, und nur dieser seiner letzteren Eigenschaft ist es zu danken, daß es heute eine Diskussion über Nemesis gibt. Jahrelang war es für Sepkoski so eine Art Steckenpferd, sich eine Datenbank über die fossilen Urkunden des Lebens auf der Erde anzulegen. Die Orte, wo er «Feldforschung» treibt, sind die Bibliotheken mit ihren Tausenden Berichten und Monographien, in denen die Fossilienfunde seit Mitte des achtzehnten Jahrhunderts aufgezeichnet sind. Jacks Feldforschungsgebiet ist immer wieder von neuem Gegenstand herber Enttäuschung für Fernsehteams und Zeitungsreporter, die auf der Jagd nach einer guten «Nemesis-Story» Jack gern dabei fotografiert hätten, wie er auf irgendeiner Geröllhalde im Gebirge mit seinem Hämmerchen Steine knackt. Aber so etwas ist bei ihm einfach nicht drin – jedenfalls nicht, insoweit es um sein Datenbankprojekt geht. In anderem Zusammenhang arbeitet er tatsächlich auch im Gelände, und zwar speziell an Kambriumgestein, aber diese Art «hautnaher» Forschungsarbeit wäre zu langsam (und zu unproduktiv), wo es um Datenübersicht im Globalmaßstab zu tun ist.

Aus der paläontologischen Quellenliteratur extrahierte Jack Informationen zweifacher Art: a) solche, aus denen sich eine möglichst genaue oder möglichst plausible Taxonomie der Fossilien gewinnen läßt, und b) solche über den Vorkommenszeitraum von Organismengruppen. Die Information über den Vorkommenszeitraum besteht jeweils aus zwei und nur zwei chronologischen Daten: dem Zeitpunkt des ersten Auftretens und dem Zeitpunkt des letztmaligen Vorkommens. Solche Kompilationen sind auch früher schon erstellt worden, und zwar häufig von ganzen Expertenteams, so daß Jack hier eine solide Ausgangsbasis für seine Arbeit

SEPKOSKI: FOSSIL MARINE FAMILIES

Or. Palaeoisopoda
Palaeoisopididae   D (Sieg)   (23,132,208)

Or. Pantopoda
*Palaeotheca   D (Sieg)   (23)

Trilobitomorpha

Cl. Trilobita

[Classification primarily from the *Treatise*, Pt. O, except for the Agnostida which is from Öpik (1963). Stratigraphic ranges are from numerous sources, as indicated.]

?Or. Agnostida (=Miomera)

Agnostidae	€ (Boto)	— Θ (Ashg)	(132,208)
Clavagnostidae	€ (uMid)	— € (Dres)	(132,148,193)
Condylopygidae	€ (Boto)	— € (uMid)	(110,132,208)
Diplagnostidae	€ (mMid)	— Θ (Trem)	(132,148,193)
Discagnostidae	€ (Dres)		(226)
Eodiscidae	€ (Atda)	— € (uMid)	(110,132,193)
Pagetiidae	€ (Atda)	— € (mMid)	(132,148,287)
Phalacromidae	€ (uMid)	— € (Dres)	(171,172)
Sphaeragnostidae	Θ (Ashg)		(226)
Trinodidae	€ (Dres)	— Θ (Ashg)	(226)

Or. Redlichiida

Abadiellidae	€ (Atda)	— € (lMid)	(132,141,395)
Bathynotidae	€ (Boto)	— € (lMid)	(148,193,208)
Chengkouiidae	€ (Boto)		(393)
Daguinaspididae	€ (Atda)		(132,141)
Despujolsiidae	€ (Atda)		(141)
Dolerolenidae	€ (Atda)	— € (Boto)	(141,195,261)
?Ellipsocephalidae	€ (Atda)	— € (mMid)	(110,141,261)
Emuellidae	€ (lMid)		(173,245)
Gigantopygidae	€ (Boto)		(141,173)
Hicksiidae	€ (Boto)		(141)'
Kueichowiidae	€ (Boto)		(173,393)
Longduiidae	€ (Boto)		(393)
Mayiellidae	€ (Boto)		(42,173)
Neoredlichiidae	€ (Atda)	— € (Boto)	(141,173,262)
Olenellidae	€ (Atda)	— € (mMid)	(110,132,262)
Paradoxididae	€ (Atda)	— € (uMid)	(110,173,262)
Protolenidae	€ (lTom)	— € (mMid)	(92,141,173,262)
Redlichiidae	€ (Atda)	— € (mMid)	(132,141,173,262)
Saukiandidae	€ (Boto)		(141,262)
Yinitidae	€ (Atda)	— € (Boto)	(195,393)
Yunnanocephalidae	€ (Atda)		(170,195)

*May be related to unlisted extant families.

Eine Seite aus Jack Sepkoskis «Handbuch». Das gesamte Werk mit seinen rund 3500 Datierungen von Vorkommenszeiträumen fossiler Organismen ist das Ausgangsmaterial der Computeranalyse, die das Aufkommen der Nemesis-Theorie einläutete. Die auf «ae» endenden Wörter in der ersten Spalte sind die lateinischen Namen einzelner Meerestierfamilien. Die nächste und die übernächste Spalte enthalten Siglen, die über das früheste bzw. späteste festgestellte Vorkommen von Spezies der betreffenden Familie Auskunft geben. Ein fehlender Eintrag in der dritten Spalte bedeutet, daß Entstehung und Aussterben im selben Zeitabschnitt liegen. Die eingeklammerten Zahlen in der vierten Spalte sind verschlüsselte Quellenangaben. Seit Erscheinen des «Handbuchs» (1982) wurden mehrmals Addenda mit Aktualisierungen und Korrekturen nachgeliefert, so daß die Einträge der Erstausgabe stellenweise durch eine erweiterte oder präzisierte Fassung überholt sind (so auch in einigen Fällen auf der hier wiedergegebenen Seite). (Reproduktion mit freundlicher Genehmigung des Milwaukee Public Museum.)

zur Verfügung hatte. Ihm ist es jedoch gelungen, die Lösung der gestellten Aufgabe sehr viel weiter voranzutreiben als alle seine Vorgänger; das Ergebnis ist eine einzigartig umfassende und «rauscharme» (redundanzfreie) Tabellensammlung.

Unter dem Titel «A Compendium of Fossil Marine Families» (Handbuch der fossilen Meerestierfamilien) wurde 1982 die erste Etappe des Unternehmens veröffentlicht: ein nicht besonders umfangreiches, stinklangweiliges Buch, das Seite für Seite nur die Namen von Tierfamilien, ihren Vorkommenszeitraum und die einschlägige monographische Literatur verzeichnet. Aufgeführt sind rund 3500 unterschiedliche taxonomische Gruppierungen, einige ausgestorben, einige noch vorhanden, einige in älteren, einige in jüngeren Epochen der Erdgeschichte zu Hause. Jack erhebt für sein «Handbuch» nicht den Anspruch absoluter Vollständigkeit oder Fehlerfreiheit. Es verkörpert nichts weiter als einen von vielen Schritten auf dem Weg zu einer umfassenden Datenbank. Tatsächlich ist seit 1982 eine ganze Menge Quellenmaterial aufgetaucht, das in der Veröffentlichung übersehen wurde; hinzu kommen Fehlermeldungen von Leserseite; Ergebnis: Der Umfang des Ganzen ist inzwischen bereits um zehn Prozent gewachsen. Jahr für Jahr verschickt Jack eine Liste mit Emendationen und Nachträgen, so daß sein «Handbuch» für viele Leute zu einer stetig wachsenden Forschungsdatenbank geworden ist.

Das «Handbuch» – mit lateinischem Namen und allem anderen Drum und Dran – wurde im Frühjahr 1983 für die EDV aufbereitet, auf Disketten kopiert und kursiert seither in den USA bundesweit in dieser Form. Seit 1984 hat Jack ein Pendant in Arbeit, das den Stoff auf der Gattungsebene erfaßt. Rund 30 000 Eintragungen sind im Mansukript bereits fertiggestellt, aber trotz gleichbleibendem Tempo ist noch immer kein Ende abzusehen.

Zahlenfressen

Was kann ein Paläontologe mit einer Datensammlung wie dem «Handbuch» von Sepkoski anfangen? Nicht viel, höre ich viele Forschungspraktiker sagen. Das sind die Leute, die sich ein stofflich, chronologisch oder geographisch eng umgrenztes Spezialgebiet gewählt haben: sei's eine einzelne Gruppe von fossilen Organismen, sei's ein vergleichsweise schmaler Zeitausschnitt, oder sei's auch ein einziges Landschaftsgebiet. Für die Forschungsarbeit dieses Stils ist das «Handbuch» in der Tat zu grobmaschig gestrickt und zu allgemein: jedem solchen Spezialisten stehen da ganz andere, sehr viel präzisere Hilfsmittel zur Verfügung. Aber für den «Generalisten» ist das «Handbuch» eine einzigartige Informationsquelle. Wie verhalten sich in puncto Entwicklung der Artenvielfalt die Fische zu den Wasserreptilien? Welchen Wandlungen unterliegt im Lauf der Zeiten die Wachstumsquote der Familienzahl sämtlicher Meerestiere? Und so weiter und so fort: für die Beantwortung *solcher* Fragen ist wiederum das «Handbuch» einfach unersetzlich.

Eine Wissenschaft macht Fortschritte, wenn sie in personeller Hinsicht ein ausgewogenes Mischungsverhältnis von Spezialisten und Generalisten aufweist. Um erfolgreich arbeiten zu können, kann keiner der beiden Typen auf den anderen verzichten – mag man das auch speziell für die Paläontologie bezweifeln, wenn man erst einmal eine Kontroverse zwischen ihren Spezialisten und Generalisten aus der Nähe betrachtet hat. Zum Glück für die zeitgenössische Paläontologie ist das Mischungsverhältnis unter ihren Vertretern ganz ausgezeichnet. Es gibt die Leakeys, und es gibt die Goulds, und von beiden haben wir den Anteil, den wir brauchen.

Ich als Generalist entdeckte in dem «Handbuch» ein ganz neues Spielzeug – ein moderneres, flotteres Spielzeug, als die primitiven Datenbanken es gewesen waren, mit denen ich mich beim Arbeiten bisher hatte begnügen müssen. Mit dem PC auf dem Schreibtisch und einem einigermaßen anständigen Texteditor im Speicher kann ich binnen Sekunden für jeden beliebigen Zeitraum – dies nur als Beispiel – Namen und Systemumgebung sämtlicher Meerestierfamilien abrufen, die innerhalb dieses Zeitraums ausgestorben sind.

Im Frühjahr 1983 fingen Jack und ich ernsthaft mit der numerischen Analyse des «Handbuchs» an. Jeder von uns verfolgte dabei sein eigenes Ziel: Jacks Interesse gilt mehr den Umweltfragen, während mich eher die evolutionsbiologischen Probleme beschäftigen. Unsere Arbeit bestand darin, Computerprogramme zu schreiben, die unterschiedliche Aspekte des Materials ausloteten. Einige davon brauchten bloß elementare buchhalterische Rechenaufgaben zu bewältigen: Addieren, Matrixdarstellung, Mittelwertbildung. Von anderen wurde die Beherrschung anspruchsvollerer statistischer Analysemethoden verlangt. In manchen Fällen wickelten wir in traditioneller (stereotyper) Manier ein Hypothesentestverfahren ab, in anderen Fällen hielten wir nur Ausschau nach irgendwelchen interessanten Konstellationen und Struktureigentümlichkeiten. Von Al Fischers Zyklentheorie hatten wir zwar gehört, aber soweit ich mich erinnere, kam uns nicht ein einziges Mal der Gedanke, daß es ja eigentlich möglich sein müßte, sie in unserer neuen Datenbank auszutesten.

Die 26-Millionen-Jahre-Periodizität

Das Frühjahr 1983 ging zu Ende, während Jack und ich gerade mit einigen reinen Graphikprogrammen beschäftigt waren, von denen wir uns anschauliche Hinweise auf mögliche Regularitäten im Zeittakt des Aussterbens erhofften. War Aussterben etwas Kontinuierliches oder eher etwas Episodisches? War da eine klare Trennungslinie zwischen Massenaussterben und dem stetigen normalen Hintergrundaussterben zwischen den Großereignissen? Waren die großen Aussterbeereignisse dem Wesen nach tatsächlich etwas anderes als das permanente Aussterbegeschehen im Hintergrund? In dieser Phase benutzten wir den Computer hauptsächlich dazu, den Stoff in eine Bilderfolge zu übersetzen, in der wir nach einer

«Gestalt» ausspähten – nach einer anschaulichen Figuration, die uns auf interessante neue Bahnen lenken könnte.

Auf einem Teil des Outputs waren – nicht zuletzt dank der eingebauten Zoom-Funktion unseres Graphikprogramms – die größeren wie die kleineren Aussterbeereignisse in überwiegender Zahl ziemlich deutlich zu identifizieren. Die Auslöschungen erschienen in regelmäßigen Abständen über die Zeitachse verteilt, das heißt, die Destribution wies zumindest einen höheren Regularitätsgrad auf, als es unter Voraussetzung der Zufallsgenese der Fall gewesen wäre. Ob das womöglich Al Fischers Gigantozyklen von 32 Millionen Jahren waren? Na, das denn wohl doch nicht, sagten wir uns. Aber der Gedanke ließ uns nicht los. Damit das Muster sich besser vom Hintergrund abhob, trabten wir sogar bis ganz ans andere Ende des Raums, um die Graphiken von dort aus zu betrachten – was nicht gerade als die allerstrengste Wissenschaftsmethodik gelten kann.

Aber dem sei, wie ihm wolle – das Distributionsschema sah jedenfalls dem Fischer-Schema ähnlich genug, um eine Feinanalyse nach formvollendeter Statistikmethode gerechtfertigt erscheinen zu lassen. Deren Aufbau und praktischen Ablauf möchte ich nun zwar nicht in allen ermüdenden Einzelstufen und -schritten wiedergeben, doch soll dem Leser immerhin soviel an Kostprobe vom fertigen Gericht verabreicht werden, daß ihm eine Ahnung von der Rezeptur und der Zubereitungsweise aufgeht.

Die Rechenprogramme, durch die wir die «Handbuch»-Daten filterten, legten die Verdichtungsstellen des Aussterbegeschehens im Zeitfluß bloß. So konnte jedem bedeutenderen Ausschlag der Aussterbeintensität seit dem Perm ein Punkt auf eine Zeit-Koordinate zugeordnet werden. Das abschließende Kreide-Massenaussterben bildete einen solchen Punkt, das Massenaussterben im oberen Perm einen zweiten usw. Bei der ersten Erhebung kamen wir auf zwölf Aussterbeereignisse. Danach war die Frage, ob die trennenden Intervalle Zufallsprodukte waren, oder ob sich in ihrer Abfolge irgendeine Regelmäßigkeit verriet.

Nach dem Zufallsprinzip auf einer Geraden verteilte Punkte geben interessante Probleme auf, für die man in vieler Hinsicht

Parallelen im menschlichen Erfahrungsbereich angeben kann. Die Lösungen, die sich am Ende zeigen, widersprechen nicht selten dem «gesunden Menschenverstand», oder um es im Wissenschaftschinesisch auszudrücken: sie sind «kontraintuitiv». Nehmen wir einmal an, wir hätten im Rahmen eines hypothetischen Experiments die Aufgabe, an 250 aufeinanderfolgenden Tagen allmorgendlich eine verdeckte Karte aus einem ganz gewöhnlichen Spielkartenblatt zu ziehen. Sollte sich die Karte als ein schwarzes As herausstellen, kreuzen wir den Tag im Kalender an. Die gezogene Karte wird zurückgesteckt und das Blatt für den nächsten Tag neu gemischt. Wenn die 250 Tage um sind, wird der Kalender zweifellos einige Kreuzchen aufweisen: Aber wie sieht es nun mit den Abständen zwischen ihnen aus?

Im Durchschnitt sollte alle 26 Tage ein Kreuzchen stehen, denn die Wahrscheinlichkeit, daß ein schwarzes As gezogen wird, ist Tag für Tag 2:52. Allerdings kann der rechnerische Durchschnittswert in der Praxis beträchtlichen Zufallsschwankungen unterliegen.

Sehen wir uns daraufhin einmal an, wie die empirische Distribution in Tat und Wahrheit aussieht. Hier fängt nämlich die Sache an, interessant zu werden. Zur Veranschaulichung habe ich das Experiment fünfmal durchgespielt – mit einem Zufallszahlengenerator-Programm auf dem Computer, denn natürlich hatte ich keine Lust, 250 Tage lang mit gespannter Erwartung auf die Ergebnisse zu warten. Die Ergebnisse sind in der Abbildung auf der gegenüberliegenden Seite wiedergegeben.

Die «Tage» beginnen oben bei der Ziffer 1 und enden unten bei der 250, während den fünf «Durchläufen» meines Computerprogramms die mit den Buchstaben A bis E überschriebenen Spalten entsprechen. Es dürfte auffallen, wie unregelmäßig die Zwischenräume zwischen den Punkten ausgefallen sind. Unter den elf schwarzen Assen zum Beispiel, die in Spalte E gezogen wurden, hat sich eine starke Häufung ergeben: drei kamen im Zeitraum vom 111. bis zum 118. und drei im Zeitraum vom 176. bis zum 180. Tag zum Vorschein. Das Negativbild dieser Häufungsstellen sind die langen Leerstrecken, auf denen das schwarze As ausblieb. Die

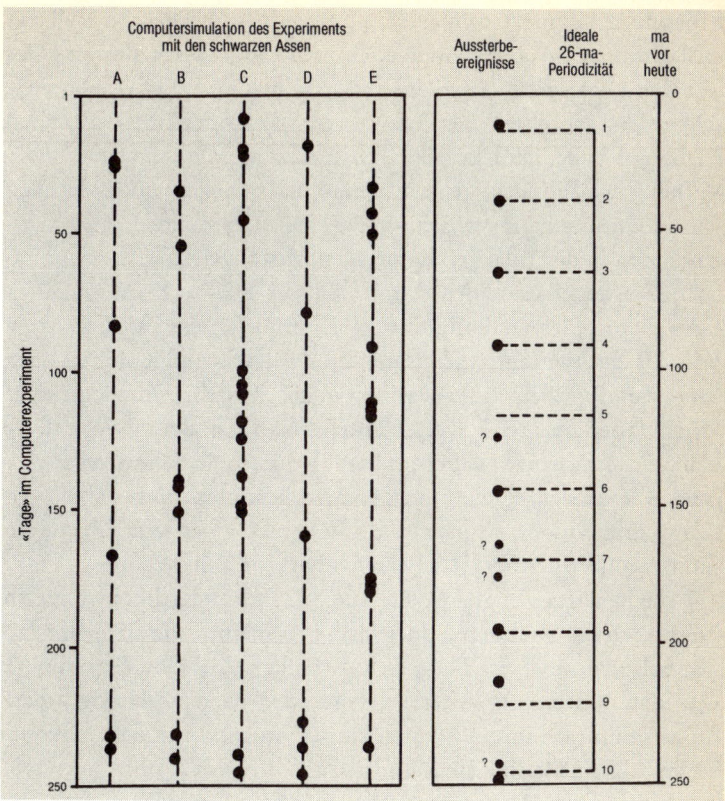

Ergebnisse des im Text geschilderten Experiments mit den Spielkarten. Die Skala am linken Rand des Schaubilds repräsentiert den Zeitraum von 250 Tagen. Die Punkte in den Spalten unter den Buchstaben A–E zeigen an, an welchen Tagen in fünf separaten Durchläufen des Computerexperiments jeweils ein schwarzes As «gezogen» wurde. Der Abstand zwischen den Punkten sollte im Idealfall 26 Tage betragen, denn die Wahrscheinlichkeit, daß ein schwarzes As gezogen wird, ist 1:26. Aber wie deutlich zu sehen, treten die Ereignisse in Wirklichkeit typischerweise mit ausgeprägter zeitlicher Häufung auf. Zum Vergleich mit diesem Ereignisschema zeigt der rechte Teil des Schaubilds die gleichmäßigere Verteilung der Aussterbeereignisse in den letzten 250 Millionen Jahren der Erdgeschichte. Ebendiese Gleichmäßigkeit gab den Anstoß für die Hypothese von der Periodizität des Aussterbens.

Ergebnisse meines Computerexperiments sind jedes für sich ein vollkommen typisches Beispiel für eine Zufallsverteilung in der linearen Dimension. Statt einer «Wartefrist» von ± 26 Tagen zwischen dem Auftreten der Asse haben wir in der überwiegenden Mehrzahl bedeutend kürzere Zwischenabstände zu verzeichnen. Verhältnismäßig wenige sehr lange Zwischenabstände ergeben dann zusammen mit verhältnismäßig vielen sehr kurzen Zwischenabständen in der Bilanzrechnung den Mittelwert 26.

In vergleichbarer Form kommt dieser Fall auch im täglichen Leben vor. Seltene Ereignisse wie beispielsweise Wirbelstürme oder Überschwemmungen treten im Zeitlauf im allgemeinen nach dem Zufallsprinzip auf. Das soll nicht heißen, Hurrikane und Hochwasserkatastrophen seien zufallsbedingt in dem Sinn, daß sie keine Determinanten hätten; es heißt lediglich, daß die determinierenden Faktoren so zahlreich und so komplex sind, daß ihrem Zusammenwirken im ganzen der Charakter des «Zufälligen» im Sinn von (statistischer) «Unberechenbarkeit» anhaftet.

Immer wieder mal ist von einem Jahrhunderthochwasser in New Orleans zu hören, oder daß im Schnitt alle 25 Jahre ein Wirbelsturm über St. Thomas hinwegfegt. Aus dem Experiment mit den schwarzen Assen wissen wir, daß Jahrhundertüberschwemmungen ihrem Namen zum Trotz *nicht* mit der mechanischen Regelmäßigkeit eines Uhrwerks alle hundert Jahre auftreten. Auch wenn der Abstand zwischen ihnen auf sehr lange Sicht im Durchschnitt hundert Jahre betragen mag, stellt sich die Sache an Ort und Stelle konkret so dar, daß zuweilen innerhalb eines einzigen Jahrhunderts mehrere «Jahrhundert»fluten gehäuft auftreten und daß zwischen derartigen Häufungsphasen wiederum Pausen von weit über hundert Jahren liegen. Ähnliches gilt für die Wirbelstürme. Der geläufigen Meinung zum Trotz dürfen die Einwohner von St. Thomas sich jetzt keineswegs etwa schon deswegen sicher fühlen, weil sie erst vor ein paar Jahren den letzten Hurrikan erlebt haben.

Doch kommen wir auf unsere Geschichte zurück! Jack und ich glaubten, in der linearen Distribution der Auslöschungsvorfälle ein nichtstochastisches Schema ausmachen zu können, anders gesagt, die Auslöschungen traten in gleichförmigeren Zeitabständen auf, als es bei Zufallsgenese – wie in meinem Experiment mit den schwarzen Assen demonstriert – hätte erwartet werden dürfen. In das gleiche Diagramm, das mir zur Veranschaulichung der Resultate des Spielkartenexperiments diente, habe ich nun maßstabsgetreu die mit Hilfe der «Handbuch»-Daten identifizierten zwölf Massenaussterben eingetragen; die Maßstabsuntergliederung in 250 Einheiten ist der Sache auch in diesem Fall angemessen, da wir es hier ja mit rund 250 Millionen Jahren Erdgeschichte zu tun haben. In dem Diagramm habe ich zudem die Meßskala für einen exakten 26-Millionen-Jahre-Turnus untergebracht und sie «optimal paßgenau» an das Schemabild der festgestellten Massenaussterben angelegt. Unter Voraussetzung einer Periodizität von exakt 26 Millionen Jahren erhält man damit zehn Vorhersagewerte für die zeitliche Lokalisation von Massenaussterben.

Die vier kleinen, mit Fragezeichen versehenen Punkte bezeichnen Vorkommnisse von Artensterben, die sich von Anfang an als intensitätsschwächere Fälle präsentierten; mit fortschreitender Analyse enthüllte sich uns dann auch ihre statistische Bedeutung als fragwürdig. Faßt man jedoch ausschließlich die acht Punkte ohne Fragezeichen ins Auge, wird man wohl bereitwillig einräumen, daß die Treffgenauigkeit der 26-Millionen-Jahre-Vorhersage mehr als beachtlich ist. Zwei der vorhergesagten Fälle (Nummer 5 und Nummer 7) fehlen – es sei denn, man würde einen oder zwei von den Fällen mit Fragezeichen als Einlösung der Vorhersage gelten lassen; ein anderer vorhergesagter Fall (Nummer 10) ist möglicherweise zweifach belegt.

Das Vorstehende enthält – in rein qualitativer und subjektiver Variante – die Quintessenz der Argumentation zugunsten der Periodizität des Massensterbens: Das intermittierende Aussterbegeschehen zeigt größere Regelmäßigkeit, als auf stochastischer Grundlage zu erwarten wäre. Aber damit ist die Sache als solche natürlich noch lange nicht erledigt. Für die Größe «26 Millionen Jahre» gibt es nirgendwo sonst eine Präzedenz: es ist lediglich der

Wert, der in diesem einen konkreten Fall am besten zu den beobachteten Fakten paßt. Hinzu kommt, daß die Skala der «Vorhersage»werte in das Gesamtbild bewußt so hineingepaßt wurde, daß die Abweichungen zwischen der Vorhersage und der Beobachtung per saldo möglichst klein ausfielen. Mit Hilfe derartiger Prozeduren läßt sich das Bild der Dinge jederzeit so manipulieren, daß es vorteilhafter aussieht, als es in Wirklichkeit ist. Der Weg zur soliden Wissenschaftlichkeit ist mit phantasierten Strukturmodellen gepflastert. Da war noch eine Menge ausgefeilter Tests abzuleisten.

Wenigstens en passant sollte ich wohl noch auf den scheinbaren Widerspruch zwischen Fischers 32-Millionen-Jahre-Turnus und unserer Zahl von 26 Millionen Jahren eingehen. Faktisch besteht hier kaum ein Unterschied, weil nämlich für die erdgeschichtliche Datierung der Gesteine des Mesozoikums und Känozoikums neuerdings eine andere Zeitskala als die von Fischer bei seinen Berechnungen zugrunde gelegte gilt. Vergleicht man unsere Daten vor diesem Hintergrund mit denjenigen Fischers, so zeigt sich eine weitgehende Kongruenz zwischen den von ihm und den von uns identifizierten Aussterbeereignissen. Hätte Fischer bereits mit der modernisierten Zeitskala gearbeitet, wäre er, davon darf man ausgehen, ebenfalls bei $\pm$ 26 Millionen Jahren angekommen.

Das Frühjahr und den Sommer 1983 verbrachten Jack und ich größtenteils damit, unser Datenmaterial wieder und wieder von neuem zu analysieren. Es war eine nervenaufreibende Zeit für uns beide. Wir waren enthusiasmiert, aber trotzdem skeptisch. Auf keinen Fall wollten wir uns in einer Selbsttäuschung verfangen. Ein Gutteil der Zeit verwendeten wir auf den Versuch, der Periodizität den Garaus zu machen, das heißt nachzuweisen, daß es sich um eine akzidentelle Konstellation oder um ein methodenimmanentes Ergebnis handelte. Der typische Einstieg in den Arbeitstag sah für uns damals so aus, daß mindestens einer von uns nach der Ankunft im Labor mit einem neuen Einfall herausrückte, den er über Nacht gehabt hatte. Konnte es nicht sein, daß die Eigenschaft der Periodizität den Einheiten der geologischen Zeitskala und nicht dem diesen Einheiten zugewiesenen Aussterbegeschehen anhaftete?

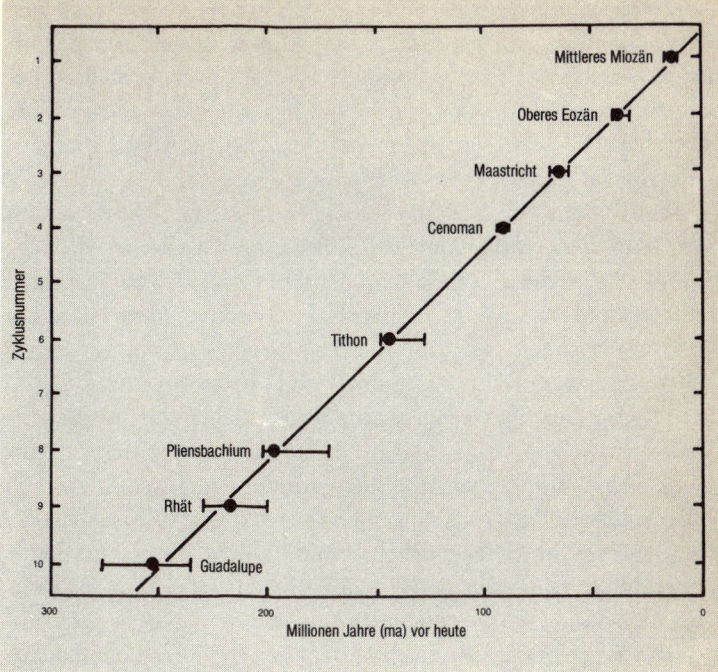

Periodisches Aussterben in den letzten 250 Millionen Jahren. Die Punkte bezeichnen die wahrscheinlichste Position der acht statistisch relevanten Massenaussterben im Zeitkontinuum. Die horizontalen Balken markieren die «schlimmstenfalls» anzunehmenden Fehlergrenzen der Datierung. Ausgehend von der Hypothese, daß der zeitliche Abstand zwischen den einzelnen Ereignissen exakt 26 Millionen Jahre beträgt, erhielt jedes Aussterben eine «Zyklusnummer». Die Diagonale verdeutlicht, wo die Ereignisse bei zutreffender 26-Millionen-Jahre-Periodizität liegen müßten. Um der Geschlossenheit der Hypothese willen sind zwei in der geologischen Urkunde fehlende Massenaussterben (Nummer 5 und 7) zu postulieren, dazu wäre zu erklären, ob sie nicht stattgefunden haben, oder ob sie lediglich noch nicht entdeckt sind. Die jüngsten vier Ereignisse (oben rechts) sind am zuverlässigsten datiert und entsprechen der Hypothese nahezu *idealiter*. Das (dank den Dinosauriern berühmte) K-T-Aussterben ist das dritte von oben (den Namen «Maastricht» hat es hier von der letzten *Stufe* der Kreideperiode).

145

Oder vielleicht ergab es sich zwangsläufig so, wenn man alle Möglichkeiten von Periodizitätsspannen zwischen 12 und 60 Millionen Jahren austestete, daß eine davon den Anschein statistischer Signifikanz annahm? Und immer mußten wir dabei als handfeste Möglichkeit gewärtigen, daß unsere gemeinsame Arbeit von Monaten für die Katz gewesen war.

Unsere wichtigste Aufgabe bestand darin, solide Gründe für den Ausschluß der Mutmaßung zu finden, die *phänomenale* Gleichmäßigkeit der Zeitabstände repräsentiere lediglich den zufälligen Zustand eines im Grunde stochastischen Systems. Wie groß ist die Wahrscheinlichkeit, daß acht oder zwölf nach dem Zufallsprinzip gesetzte Punkte zufällig auch einmal ein Distributionsmuster ergeben, das im entsprechenden Rahmen dem Schema eines periodischen Turnus von 26 Millionen Jahren (oder welchen fixen Abstands auch immer) gleicht? Um veröffentlichungsfähig zu sein, mußten unsere Resultate eine mit 95prozentiger Wahrscheinlichkeit – das ist der herkömmliche Minimalstandard – zutreffende Widerlegung einer derartigen Beliebigkeitshypothese mit einschließen.

Ein außenstehender Beobachter mag sich fragen, ob denn derart hohe Anforderungen an die statistische Haltbarkeit wissenschaftlicher Thesen so unbedingt nötig sind. Wozu auf die 95prozentige Zuverlässigkeit von Forschungsergebnissen als Mindestwert insistieren? Ist denn nicht bereits alles, was im Wahrscheinlichkeitsgrad überhaupt oberhalb der 50-Prozent-Marke liegt, im Prinzip «wahrscheinlich richtig» und damit wert, der wissenschaftlichen Öffentlichkeit mitgeteilt zu werden? Tatsächlich jedoch gibt es für die scheinbar überzogenen Statistiknormen gute Gründe. Stellen wir uns vor, es würden alle Ergebnisse publiziert, die eine Zuverlässigkeit von mehr als 50 Prozent aufweisen. Das könnte im Hinblick auf den oder jenen Einzelfall durchaus vertretbar erscheinen, würde jedoch aufs Ganze gesehen dazu führen, daß ein Großteil der veröffentlichten Forschungsergebnisse – im Grenzfall annähernd die Hälfte – schlicht und einfach falsch ist. Selbst unter Zugrundelegung der 95-Prozent-Norm ist noch ungefähr jeder zwanzigste

Wissenschaftsbeitrag aller Wahrscheinlichkeit nach falsch. Wo ein bestimmtes Ergebnis auf einer schlußfolgernden Verkettung mehrerer Teilergebnisse von jeweils 95prozentiger Wahrscheinlichkeit beruht, kann das Endergebnis nahezu 100prozentig falsch sein, wenn die Schlußkette nur lang genug ist. Das ist auch der Grund, weswegen in manchen Wissenschaftsdisziplinen Forschungsergebnisse erst ab 99prozentiger Zuverlässigkeit als diskutabel akzeptiert werden.

Im allgemeinen lag der Grad der statistischen Zuverlässigkeit, den wir in unseren Untersuchungen zur Aussterbeproblematik erzielt hatten, bedeutend höher, nämlich noch über 99,9 Prozent, aber trotzdem blieben wir unnachgiebig, was Testprozeduren und Testnormen betraf. Jedes gängige und weniger gängige mathematische Verfahren, das wir überhaupt nur aufzuspüren oder uns auszudenken vermochten, haben wir an unserem Datenmaterial durchexerziert.

Die Konferenz in Dahlem

Das Periodenschema wankte und wich nicht, so daß wir schließlich den Schritt wagten, mit Fachgenossen über unsere Ergebnisse zu diskutieren. Hinzu kamen Lehrveranstaltungen über unsere Forschungen, außerdem nahmen wir die Arbeit am Manuskript einer projektierten Veröffentlichung auf. Im Mai 1983 reiste ich zu einer Konferenz nach Berlin-Dahlem. Die Dahlemer Konferenzen sind jedesmal wieder ein großartiges Erlebnis. Eine Woche lang diskutieren rund fünfzig geladene Teilnehmer aus aller Welt über ein einzelnes Thema oder einen kleinen Komplex verwandter Themen zumeist aus gemeinsamen Grenzgebieten der Wissenschaften. Kostenträger sind der Westberliner Senat, die Deutsche Forschungsgemeinschaft und der Stifterverband für die Deutsche Wissenschaft. Eine aus dem Rahmen des sonst Üblichen fallende Eigenheit der Dahlemer Konferenzen besteht darin, daß es hier keine Einleitungsreferate gibt, sondern daß die Teilnehmer gezwungen sind, ohne vorhergehende Trockenübungen mitten ins feuchte Element der Diskussion hineinzuspringen.

Die Veranstaltung vom Mai 1983 war dem Arbeitsthema «Erdgeschichte – wie stetig, wie sprunghaft?» gewidmet, und der Teilnehmerkreis wies für meine Zwecke die ideale Zusammensetzung auf. Ich war auf Rückmeldungen und Hilfestellung aus. Wenn Jack und ich uns zuviel herausgenommen hatten, würden uns diese Leute schnell wieder auf den Teppich holen. Andererseits empfand ich eine gewisse Scheu, allzuviel von unserer Forschungsarbeit preiszugeben – das war alles noch so neu und so wenig perfektioniert und lief am Ende vielleicht auf nichts weiter als einen beschämenden Reinfall hinaus. Es war durchaus nicht der Gedanke, daß ich «Betriebsgeheimnisse» würde ausplaudern müssen und uns daraufhin womöglich irgend jemand anderer den Rang ablaufen könnte, was mir Kopfzerbrechen machte, denn daß sonst jemand außer uns beiden in derselben Richtung forschte, war äußerst unwahrscheinlich, und außerdem war die EDV-Version von Jacks Datenbank damals noch nicht allgemein verfügbar. Hinzu kommt, daß – wie die meisten von uns inzwischen aus Erfahrung wissen – die Vorteile des Informationsaustauschs mit Kollegen und das damit verbundene Feedback das Risiko der Prioritätseinbuße weit überwiegen.

Al Fischer war in Dahlem nicht mit dabei. Er hatte zwar eine Einladung erhalten, der er zunächst auch Folge zu leisten gedachte, mußte dann aber krankheitshalber in letzter Minute absagen – Pech für uns, denn Jack und ich hatten uns auf seine Stellungnahme besonders gespitzt. Dafür befand sich unter den Teilnehmern eine ganze Reihe anderer Wunschkandidaten, etwa Ken Hsü aus Zürich, Walter Alvarez aus Berkeley, Eugene Shoemaker vom US-Bundesamt für Geologische Aufnahmen, Jan Smit aus Amsterdam, Digby McLaren von der Universität Ottawa und Brian Toon von der NASA.

Wie die Sache in Dahlem dann effektiv lief, avancierte das Thema «periodisches Aussterben» hier nicht zum Gegenstand irgendwelcher sonderlich ausladenden Diskussionen. Zum gerin-

Einige Teilnehmer der Dahlemer Konferenz vom Mai 1983. Mit von der Partie sind ein paar Leute, die in der Folge noch eine prominente Rolle in Sachen Nemesis spielen sollten. – *Stehend (von links nach rechts):* WALTER ALVAREZ (Universität Berkeley); DIETER FÜTTERER (Alfred Wegener-Institut, Bremerhaven); ANDREAS WETZEL (Universität Tübingen); BRIAN TOON (NASA), der als einer der ersten die atmosphärischen Folgen eines Meteoriteneinschlags per Computer simulierte (was später seinen Niederschlag im Nuklearwinter-Szenarium fand); KEVIN PADIAN (Universität Berkeley); EUGENE SHOEMAKER (U.S. Geological Survey, Flagstaff/Arizona), dem an Sachverstand über Asteroiden- und Meteoritenkrater kaum einer das Wasser reichen kann; DIGBY MCLAREN (Universität Ottawa), der bereits 1970 Meteoriteneinschläge als mögliche Ursache von Massenaussterben benannte. – *Sitzend (von links nach rechts):* der Verfasser; JAN SMIT (Universität Amsterdam), dem die skrupulösesten (und umstrittensten) geologischen Analysen der K-T-Grenze zu verdanken sind; TOVE BIRKELUND (Universität Kopenhagen); KEN HSÜ (Universität Zürich), der seither eine Reihe bahnbrechender Untersuchungen zur Frage des Massenaussterbens veröffentlichte (u. a. mit der Idee eines «Dr. Strangelove-Ozeans»); JERE LIPPS (University of California at Davis). (Foto: Elke Petra Thonke, Berlin)

geren Teil war das ein Ergebnis meines Bestrebens, dieses Thema vorerst nur sotto voce zu spielen; hauptsächlich jedoch lag es daran, daß unser aller Aufmerksamkeit von der Einschlaghypothese des Alvarez-Teams und der um sie herum aufbrandenden Kontroverse in Bann geschlagen war. Ich hatte allerdings Gelegenheit, mich recht ausgedehnt mit Gene Shoemaker zu unterhalten. Shoemaker ist von ehrfurchteinflößender Beschlagenheit in allem, was mit Asteroiden und Meteoriten zu tun hat. In den USA gibt es wohl kaum einen Fernsehzuschauer, der ihn nicht schon irgendwann einmal in dieser oder jener Dokumentarsendung am Rand des «Meteor Crater» in Arizona sitzend über einschlagende Himmelskörper hätte plaudern sehen. Gene hat überdies mehr als jeder andere dafür getan, daß derzeit vorhandene Asteroiden in potentiell erdberührenden Umlaufbahnen ermittelt und registriert werden. Er hat sich einen Namen gemacht als Spezialist für die hundert-ungerade auf der Erde einwandfrei ermittelten Einschlagkrater.

In der Hauptsache drehte sich das Gespräch zwischen Gene und mir um den faszinierenden Gedanken, daß bereits die Meteoriteneinschläge periodische Vorkommnisse sein könnten. Wenn ein solcher Einschlag in einem Fall für eine Massenauslöschung − den Vorfall an der K–T-Grenze − verantwortlich gewesen war, warum dann nicht andere in anderen Fällen? Vielleicht sogar in *allen* Fällen! Gene brachte der Idee von sich aus keine sonderliche Sympathie entgegen, denn in all seinen Arbeiten über die Krater war er von der Voraussetzung ausgegangen, daß Meteoriten in zufälligen Abständen einschlagen; aber was ihn, zu allem anderen, auszeichnet, ist eine außerordentliche intellektuelle Flexibilität, und die Frage hatte sein Interesse geweckt. Wir gingen das (im Protokoll der Snowbird-Konferenz veröffentlichte) Kraterverzeichnis durch, um festzustellen, ob Kongruenzen zwischen den hier verzeichneten Datierungen einerseits und Jacks und meiner Chronologie des Aussterbens andererseits existierten. Da aber die Datierung des Krateralters in vielen Fällen auf schwachen Beinen steht, blieb uns nichts anderes übrig, als die Liste vorab zu einer bereinigten Kurzfassung auszudünnen, die nur die zuverlässig datierten Krater enthielt. Jack gebietet über eine so ausgedehnte Fakten- und Quellenkenntnis, daß er das ohne Hilfsmittel in einem einzigen Durchgang erledigen konnte.

Das Ergebnis unserer Suche war dürftig. Im Klartext: keine Hinweise auf Periodizität im Alter der Krater, keine überzeugenden Gemeinsamkeiten zwischen Krateraltern und Aussterbeereignissen. Allerdings stand uns in Dahlem kein Computer zur Verfügung, und zwischen bloßem Über-den-Daumen-Peilen und formvollendeter Analyse klafft ein großer Unterschied. Als Gene und ich vier, fünf Monate später wieder in Chicago miteinander zu tun hatten, nutzten wir diese Gelegenheit, unser ausgedünntes Kraterverzeichnis ein paar einfachen Fourier-Analysen zur Periodizitätsfeststellung zu unterziehen. Die Fourier-Analyse ist ein statistisches Standard-Schnellschuß-Verfahren zur Feststellung von Regelmäßigkeiten in chronologischen Sequenzen. Das Resultat war gleich Null.

Man stelle sich nun unsere Überraschung vor, als wenig später im selben Herbst 1983 Walter Alvarez und Richard Muller in Berkeley mit der Meldung herausrückten, daß sie anhand eines Kraterverzeichnisses, das mit dem unsrigen fast haargenau übereinstimmte, eine 28-Millionen-Jahre-Periodizität entdeckt hatten. Ich hatte den starken Verdacht, daß Gene und ich mit Fehlanzeige endeten, weil wir im Grunde selber nicht daran geglaubt hatten, daß wir fündig werden könnten. Konnte es nicht sein, daß wir da der Umkehrung des alten Spruchs «I would not have seen it if I had not known it was there» (Hätte ich nicht gewußt, daß es da ist, hätte ich es bestimmt nicht bemerkt) zum Opfer gefallen waren? Oder war es vielleicht so, daß Alvarez und Muller ihren eigenen Erwartungen aufgesessen waren?

Die wenigen Zeitungen, die sich überhaupt dazu veranlaßt gesehen hatten, Reporter zur Beobachtung nach Dahlem zu entsenden, waren gebeten worden, möglichst wenig Tamtam um die Veranstaltung zu machen. Nichtsdestoweniger wurde da und dort ausführlich über die Tagung berichtet. Ich ließ es mich einigen

Schweiß kosten, meine Periodizitätsfunde aus diesen Berichten herauszuhalten, und hatte praktisch hundertprozentigen Erfolg damit. In einem Artikel, den Richard Fifield für das englische Wissenschaftsjournal «The New Scientist» geschrieben hatte, wurde auf das Thema zwar eingegangen – sogar mit einer gezeichneten Illustration, auf der ich zu sehen war, wie ich mein Material präsentierte –, aber im Text selber wurde die Sache dann nur in einem einzigen Absatz behandelt, und das in eher beiläufigen Worten.

Sepkoski referiert in Flagstaff

Einige Monate nach der Berliner Konferenz hielt Jack Sepkoski ein Referat auf einem der «Dynamik des Aussterbens» gewidmeten Wissenschaftssymposium in Flagstaff in Arizona. Diese Tagung war hauptsächlich auf Betreiben von Universitätslehrern des Bundesstaats Arizona zustande gekommen; den sachlichen Anstoß hatte ein im Anschluß an die Alvarez-Veröffentlichung von 1980 um sich greifendes Interesse für die Fragen des Massenaussterbens gegeben.

Unsere Zuversichtlichkeit in Sachen «periodisches Aussterben» hatte im Lauf des Sommers zugenommen, denn die Befunde hatten noch eine Reihe von anderen statistischen Tests erfolgreich überstanden. Demnach hielten wir jetzt den Zeitpunkt für angemessen, an die Öffentlichkeit zu gehen – an eine freilich nur begrenzte Öffentlichkeit, denn die Flagstaff-Konferenz war von vornherein ausschließlich für Geologen und Paläontologen gedacht und ausgerichtet. Sehr wahrscheinlich, sagten wir uns, würden uns dort nur sehr, sehr wenige Wissenschaftsjournalisten belauschen.

Jack referierte die Befunde aus unseren Zahlenanalysen und unsere Schlußfolgerung, daß die 26-Millionen-Jahre-Periodizität des Aussterbens in bezug auf die letztvergangenen 250 Millionen Jahre Realität sei. Dazu trug er den Gedanken vor, daß die exakt gleichen Zeitabstände zwischen den Aussterbeereignissen am ein-

fachsten zu erklären seien, wenn man, statt die Ursachen im Erd-
umfeld zu suchen, von der Einwirkung irgendeines extraterrestrischen Faktors ausginge. Hinter dieser Mutmaßung standen
nicht irgendwelche besonders tief- oder scharfsinnigen Überlegungen, sondern sie trug lediglich dem Sachverhalt Rechnung, daß
extrem langfristige zyklische Abläufe in unserem Sonnensystem
und unserer Galaxie sehr viel häufiger als im Erdinnern oder auf der
Erdrinde anzutreffen sind. Draußen im All kreisen unzählige Himmelskörper in mehr oder weniger regelmäßigem Tempo um andere Himmelskörper. Die Galaxie dreht sich im Lauf einiger Hundertmillionen Jahre vollständig um ihre eigene Achse, in einem
Takt, der sich nach Zehnmillionen Jahren bemißt, pendelt unser
Sonnensystem senkrecht zur Hauptachse der Galaxie auf und ab,
usw.

Für einen Vorschlag, betreffend die spezielle extraterrestrische
Kraft, die in diesem Zusammenhang in Frage käme, fühlten wir
uns nicht zuständig – keiner von uns beiden verfügt über nennenswerte Kenntnisse in Astronomie und Astrophysik. In gewisser
Weise verfuhren wir genauso, wie vor uns schon Otto Schindewolf
und Digby McLaren verfahren waren: Außerstande, Beobachtungsdaten auf die gewöhnliche Weise zu erklären, schoben wir das
Problem mit einer ungewöhnlichen Erklärung anderen Disziplinen
in die Schuhe – natürlich in der Hoffnung, daß die Astronomen
und die Astrophysiker die Herausforderung annehmen würden.
Das taten sie auch, allerdings nicht ohne eine Retourkutsche zu
fahren.

Die PNAS-Veröffentlichung

Da wir nun schon einmal den Gang an die Öffentlichkeit angetre-
ten hatten, war es nur logisch, auch den nächsten Schritt zu tun und
etwas Gedrucktes zu veröffentlichen. Also setzten Jack und ich uns
hin und verfaßten einen kurzen, gedrängten Bericht über die
Ergebnisse unserer bisherigen Aktivitäten, den eher vagen Hinweis

auf möglichen extraterrestrischen Einfluß mit eingeschlossen, und schickten das Ganze an die National Academy of Sciences mit der Bitte um Veröffentlichung in ihren «Sitzungsberichten», den «Proceedings of the National Academy of Science» alias PNAS. Das Manuskript wurde im Oktober 1983 fertiggestellt und eingeschickt und im darauffolgenden Februar veröffentlicht. Da die Redaktion der PNAS auf einer rigorosen Umfangbeschränkung der abgedruckten Beiträge besteht, umfaßte unser Report nicht mehr als fünf Druckseiten. In äußerst komprimierter Darstellung erläuterten wir vornehmlich methodische Feinheiten unserer statistischen Analyseprozeduren. Diese Publikation ist seither zwar unzählige Male zitiert und kommentiert worden, aber ich vermute, daß nur sehr wenige derjenigen, die eine Meinung über sie haben, sie auch tatsächlich gelesen haben. Und das ist völlig normal für die Bewohner einer Welt, in der man Woche für Woche mit Hunderten solcher Berichte überschüttet wird.

Weshalb ausgerechnet die PNAS? Weil dieses Organ einige beachtliche Vorteile zu bieten hat: Veröffentlichung ohne lange Wartefristen, eine zahlreiche Leserschaft im In- und im Ausland, und last but not least: für die Beiträge von Akademiemitgliedern entfällt die anonyme Vorabbegutachtung durch Fachkollegen. Wir legten Wert auf eine schnelle Veröffentlichung, auch wenn es keinen zwingenden Grund gab, der uns zur Eile getrieben hätte. Nach unserer Kenntnis gab es weit und breit niemanden, der am gleichen Problem arbeitete, so daß von nirgendwoher Gefahr drohte, man könnte uns die Priorität stehlen – auch wenn man unterstellt hätte, daß überhaupt irgend etwas an der Sache dran war, was den Wettlauf um die Priorität hätte interessant machen können. Andererseits jedoch war nicht zu übersehen, daß mittlerweile eine ganze Menge Leute von unserer Arbeit Wind bekommen hatten, und somit war es einfach nicht auszuschließen, daß irgendwer aus seinen verstaubten Akten die Protokolle eines abgelegenen Forschungsprojekts hervorkramte und sich von ihnen ermuntern ließ, mit denselben Fragen wie wir weiterzumachen. Ich will damit nicht ins Blaue hinein üble Absichten unterstellen.

Diebstahl fremder Ideen kommt im Naturwissenschaftsbetrieb so selten vor, daß sich das Reden darüber kaum lohnt. Aber jeder von uns weiß aus eigener Erfahrung, wie schwierig es ist, Einfälle, die auf unserem eigenen Mist gewachsen sind, säuberlich von den Ideen zu trennen, die wir aus Unterhaltungen mit Kollegen aufgeschnappt haben. Das erklärt, warum neue Forschungsziele die Tendenz haben, an mehreren Orten gleichzeitig aufzutauchen. Und außerdem glaube ich mich erinnern zu können, daß Jack und ich der Ansicht waren, wir hätten da eine wirklich interessante Sache in petto – und so etwas möchte man ja gern so schnell wie möglich gedruckt sehen. Denn letzten Endes ist es doch irgendwo so, daß Forschungsergebnisse null und nichtig sind, solange man sie nicht «schwarz auf weiß besitzt».

Auch der Umstand, daß bei den PNAS die anonyme Manuskriptbegutachtung durch Kollegen entfällt, hat unsere Wahl beeinflußt. Die meisten wissenschaftlichen Periodika von einigem Rang lassen eingesandte Manuskripte als erstes von ein oder zwei Fachgenossen des/der Verfasser(s) vorlektorieren, und in erster Linie von diesen Gutachten hängt es ab, ob die Manuskripte angenommen werden oder nicht. Die Beschränkung auf zwei, höchstens drei Gutachter pro Manuskript hat lediglich praktische Gründe, denn würden mehr Personen eingeschaltet, wäre der Zeitpunkt nicht mehr fern, wo die Mehrzahl der Wissenschaftler, statt eigenen Forschungsaufgaben nachzugehen, nur mehr mit dem Lesen von anderer Leute Manuskripten beschäftigt wäre.

Daß aber die einzelnen Manuskripte nur von so wenigen Gutachtern gelesen werden, macht aus dem ganzen Verfahren eine Art Lotteriespiel mit prekärer Chancenverteilung. Es kommt durchaus nicht selten vor, daß ein miserables Manuskript zum Druck gelangt, weil es entweder nur vollkommen ahnungslosen oder, was auch nicht besser ist, halbinformierten Gutachtern vorgelegen hat; nicht minder häufig ist der umgekehrte Fall, daß ein vorzügliches Manuskript abgelehnt wird, weil auf seiten der Gutachter Überpenibilität, Ranküne oder schlichte Unkenntnis der aktuellen Forschungslage auf einem Spezialgebiet die vorherrschende Rolle spielte. Seinen Mankos zum Trotz gilt das System der Kollegenbegutachtung allgemein als eine ersprießliche und wichtige Einrichtung. Den Periodika hilft es das Anspruchsniveau sichern, und darüber hinaus gibt es im Wissenschaftsbetrieb einen halbwegs objektiven Qualitätsmaßstab für Forscherpersönlichkeiten und ihre Forschungsleistungen an die Hand. Wann immer ein Forscher oder eine Forscherin um – finanzielle oder sonstige – Besserstellung nachsucht oder auf irgendeiner Vorschlagsliste als Kandidat oder Kandidatin für einen offenen Posten figuriert, zählt zu den allerersten Fragen, die in solchen Zusammenhängen gestellt zu werden pflegen, ausnahmslos in allen Fällen auch die: Wie viele «Papers» hat er oder sie in Periodika mit Kollegenlektorat veröffentlicht?

Demnach dürfte es kaum überraschen, daß Periodika ohne Kollegenlektorat von vielen Leuten mit Mißtrauen oder über die Schulter angesehen werden. Wer seine Forschungen in einem dieser Organe veröffentlicht, verzichtet damit von vornherein auf ein nicht geringes Quantum Reputierlichkeit, ja, man kann sogar erleben, daß bestimmte Leute mit diesem oder jenem Forschungsergebnis einzig und allein deswegen meinen nichts anfangen zu können, weil es nicht in einem Organ mit Kollegenlektorat zu lesen war.

Die PNAS werden von der Naturwissenschaftlichen Akademie (National Academy of Sciences) der Vereinigten Staaten einzig und ausdrücklich zu dem Zweck unterhalten, den Akademiemitgliedern als Forum und Sprachrohr zu dienen. Die Akademie ist eine «geschlossene Gesellschaft» von rund 1500 Mitgliedern; die Mitgliedschaft wird – durch Zuwahl – ausschließlich an Personen vergeben, die nach allgemeinem Konsens des Mitgliederstamms der wissenschaftlichen Spitzengarnitur der USA zuzurechnen sind. Ins Leben gerufen worden war die Institution vom Kongreß der Vereinigten Staaten, und zwar zu dem Zweck, der Regierung ein Gremium von wissenschaftlichen Experten als Berater zur Verfügung zu stellen; aber neben dieser Aufgabe, die sie nach wie vor mit Bravour erfüllt, verkörpert die Akademie inzwischen so etwas wie ein Walhalla der amerikanischen Wissenschaft. Vergleichbare

Institutionen gibt es in so gut wie allen hochentwickelten Kultur-nationen. In manchen Ländern – wie in der Sowjetunion – ist die Mitgliedschaft in der nationalen Wissenschaftsakademie mit einem beträchtlichen Zugewinn an Macht und Privilegien verbunden. Anderswo – und nicht zuletzt auch in den USA – vermag einem der Status des Akademiemitglieds vielleicht die eine oder andere Tür zu öffnen; wer will, mag ihn wohl auch als Fahrkarte für einen privaten Ego-Trip benutzen: das ist dann aber auch schon alles. Der mutmaßliche Grund: jedermann ist sich im klaren darüber, daß man außerhalb der Akademien genauso gute und womöglich noch bessere Wissenschaftler finden kann wie unter Akademiemitglie-dern. Seit ich in die National Academy gewählt wurde, hatte ich, was meine «Karriere» angeht, bereits in zwei Fällen mit einer «ganz neuen Erfahrungsqualität» zu tun: zum einen wurde ein Manu-skript, das ich an eine Zeitschrift mit Kollegenlektorat geschickt hatte, ungeniert abgelehnt, und zum anderen wurde mit der glei-chen Schonungslosigkeit auch mein Antrag auf ein Stipendium der National Science Foundation abschlägig beschieden.

Als Akademiemitglied bin ich, wenn ich in den PNAS publizie-ren möchte, von der Kollegenbegutachtung ausgenommen. Ich will nicht kategorisch ausschließen, daß bei Jack Sepkoski wie bei mir im Hintergrund unserer gemeinsamen Entscheidung, unser Manuskript an die PNAS zur Veröffentlichung zu geben, eine gewisse Portion Unsicherheit mitgespielt hat; doch ausschlagge-bender Faktor scheint mir der Wunsch gewesen zu sein, unsere Arbeit schnellstmöglich, das heißt unter Umgehung einer zeitrau-benden Lektoratsprozedur, an die Öffentlichkeit zu bringen. Unter der Vielzahl kritischer Kommentare, die wir uns seither haben anhören müssen, haben nur ein oder zwei uns einen Strick daraus gedreht, daß wir das Lektoratsritual umgangen haben. Aber wie dem auch sei – die Katze war jetzt aus dem Sack, und man würde bald sehen, ob das «periodische Aussterben» von der Weltgemeinde der Wissenschaftler einigermaßen wohlwollend aufgenommen oder in Grund und Boden gestampft werden würde.

8
EIN NEUER STERN AM HIMMEL

Astrophysik und Paläontologie

In Flagstaff hatte Jack Sepkoski allen Astronomen und Astrophysikern mit herausfordernder Geste eine Nuß zum Knacken hingeworfen, etwa in dem Stil: Ich habe da eine unbestreitbare 26-Millionen-Jahre-Periodizität, und eure Aufgabe wäre es jetzt eigentlich, die Erklärung des Phänomens zu liefern. Erstaunlicherweise erfolgte daraufhin auf seiten der Angesprochenen eine Reaktion. Normalerweise bleiben derartige Herausforderungen unbeachtet; der Grund dafür ist nach meinem Dafürhalten in mangelnder interdisziplinärer Kommunikation zu suchen. Jede Einzelwissenschaft verkörpert in unserer Zeit so etwas wie eine autonome Hochkultur, innerhalb deren nur die eigenen Götter, das heißt die eigenen, didiosynkratischen Kategorien darüber entscheiden, was und was nicht als interessantes und behandelnswertes Problem zu gelten hat. Und ferner dürfte in diesem Zusammenhang eine Rolle spielen, daß von uns heutigen Wissenschaftlern (seien wir doch ehrlich!) keiner mehr über das Maß an Bildung verfügt, das ihn dazu befähigen würde, die Problemstellungen anderer Disziplinen als der seinen in ihrer Bedeutung halbwegs richtig einzuschätzen – und erst recht gilt das, wenn es sich bei den fraglichen Disziplinen um dem Normalverstand so ferngelegene und fremde Gebiete wie die Paläontologie und die Astrophysik handelt. Die Astrophysik ist von dem Nimbus umgeben, unter allen «schwierigen» Naturwissenschaften die allerschwierigste zu sein: für manche Beobachter rangiert sie in der Hackordnung der Wissenschaften sogar noch höher als die Elementarteilchenphysik. Demgegenüber haftet der

Paläontologie ein «Gschmäckle» von neunzehntem Jahrhundert an: sie evoziert das Bild des von Liebhaberei beflügelten «Naturforschers» vom Schlag eines Louis Leakey, dem sich der Sinn des Lebens im Entdecken von immer neuen fossilen Überresten erschließt.

Glücklicherweise kam den Astrophysikern die Kunde vom periodischen Aussterben in einer für sie mühelos nachvollziehbaren Form zu Ohren. Binnen weniger Wochen nach Jacks Referat in Flagstaff erschienen in drei Organen der wissenschaftlichen Fach- und der allgemeinen Tagespresse ausgezeichnete State-of-the-art-Bestandsaufnahmen zur Extinktionsforschung. Der erste Abriß dieser Art war Teil der aktuellen Reportage über die Flagstaff-Konferenz im ganzen, die Roger Lewin in «Science» veröffentlichte. Die «Science News» schlossen mit einem hervorragenden Beitrag aus der Feder von Cheryl Simon an, der auf Lewins Artikel aufbaute und diesen zugleich mit einigen Interviews ergänzte. Und die «Los Angeles Times» brachte einen ebenso luziden wie kenntnisreichen Forschungsbericht von George Alexander. Jeder der drei Verfasser, die zur Spitzengarnitur des Wissenschaftsjournalismus zählen, verstand es, sein Thema, ohne Kompromisse in der wissenschaftlichen Genauigkeit, ausnehmend interessant aufzumachen. In den Kreisen der Astrophysiker war man so beeindruckt, daß eine ganze Reihe von Vertretern dieser Wissenschaft umgehend mit ernsthaften Forschungen zu dem angesprochenen Problem begann. Und damit war gewissermaßen die Geburt von «Nemesis» eingeleitet.

Nicht zu vergessen ist in diesem Zusammenhang, daß in jenem Spätsommer 1983 die Frage des Massenaussterbens in dieser oder jener Form viele Köpfe beschäftigte. Der Meinungsstreit um die Alvarez-Hypothese vom Massenaussterben durch Meteoriteneinschlag war in vollem Gang, und die Wissenschaftspublizistik blieb den Entwicklungen in dieser Sache immer dicht auf den Fersen. Eine weniger wichtige, aber immer noch bedeutende Rolle spielte die zunehmende Sensibilisierung der allgemeinen wie der wissenschaftlichen Öffentlichkeit für das menschengemachte Artensterben von heute in den tropischen Regenwäldern. Ich bin sicher, daß, von der möglichen Ausnahme Roger Lewin abgesehen, kein Journalist sich die Mühe gemacht hätte, über die Flagstaff-Konferenz zu schreiben, wäre da nicht dieses anhaltende Publikumsinteresse für Fragen des Artensterbens gewesen. Und wäre über Jacks Referat nicht so ausführlich in der Presse berichtet worden, dann hätte wohl höchstwahrscheinlich auch nie eine nennenswerte Zahl von Astrophysikern von der Herausforderung erfahren, die da unsererseits an sie ergangen war.

Im Spektrum der Wissenschaften sind Astrophysik und Paläontologie auf weit auseinanderliegenden Plätzen angesiedelt, und diese Distanz zeitigt gelegentlich auch schon mal einen amüsanten Nebeneffekt. Die Paläontologie ist in vieler Hinsicht ein Zweig der Geologie, und die Geologie wiederum verkörpert für die Astrophysik kurioserweise eine Art moralische Autorität. Das geht zurück auf die zwei oder drei Fälle, in denen sich die Astrophysik von Entdeckungen der Geologie beschämt sah. Das beste Beispiel ist jene Episode – wenn ich mich richtig entsinne: in den fünfziger Jahren –, für deren Dauer die Erde seltsamerweise ein höheres Alter zu beanspruchen gehabt hätte als das All, von dem sie ein Teil ist. Von den beiden Naturwissenschaften hat jede ihre eigene Methode, das Alter von Ereignissen in urältester Vergangenheit zu bestimmen. Eine kurze Zeit lang schätzte man das Alter des Universums in der Astrophysik auf etwa drei Milliarden Jahre, und etwas geringer wurde damals in der Geologie das Alter der Erde eingeschätzt. Und das war soweit für jedermann völlig in Ordnung, denn es war ja klar, daß die Erde jünger als das Universum im ganzen sein muß. Doch dann fanden Geochemiker irgendwelche neuen Methoden zur Bestimmung des Erdalters und kamen damit auf die derzeit gültige Zahl von etwa viereinhalb Milliarden Jahren. Die Astrophysik hat sich nach diesem überraschenden Schlag eilends wieder aufgerappelt: Binnen kurzem wurde das Alter des Universums auf 17–20 Milliarden Jahre beziffert – das ist ein Polster, auf dem sichs fürs erste bequem ausruhen läßt.

Ich würde natürlich ungern meinen Kopf darauf verwetten, daß

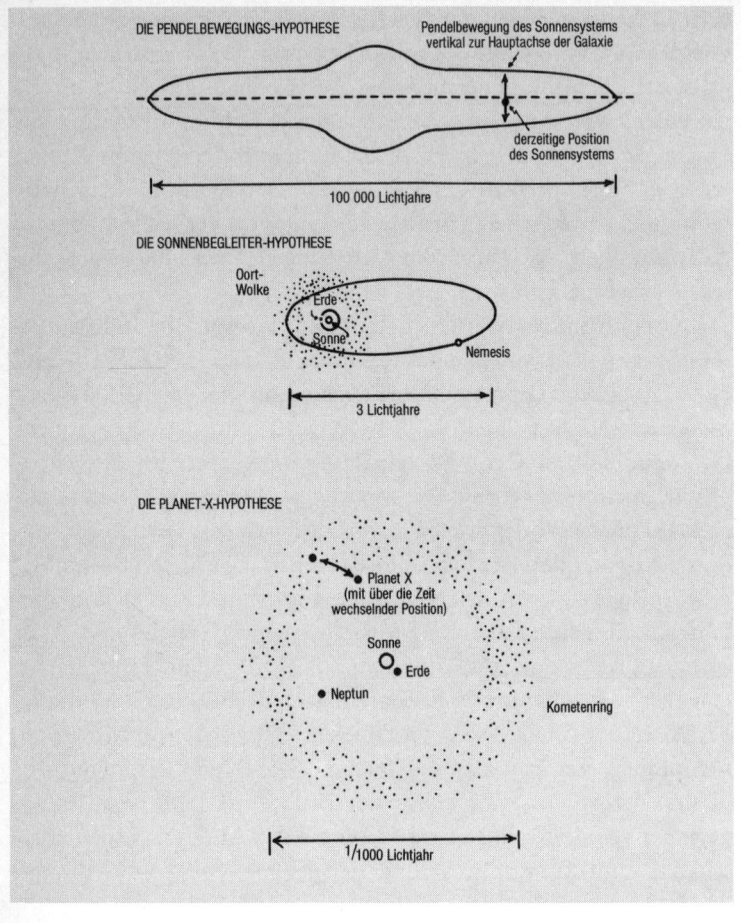

Die drei wichtigsten astronomischen Hypothesen zur Erklärung des periodischen Aussterbens: Pendeln des Sonnensystems durch die Hauptebene der Galaxie, Sonnenbegleiter (Nemesis) und Planet X. – *Oben:* Seitliche Ansicht des Milchstraßensystems mit Darstellung der derzeitigen Position unseres Sonnensystems nahe der Hauptebene. Das Sonnensystem durchquert die Hauptebene alle 31–33 Mio. Jahre. – *Mitte:* Hypothetische Umlaufbahn des Begleiters in Relation zum Sonnensystem. Laut Theorie durchquert Nemesis alle 26 Mio. Jahre die Oort-Kometenwolke. – *Unten:* Unser Sonnensystem mit Kometenring in Relation zur Positionsverlagerung von Planet X in seiner exzentrischen und veränderlichen Umlaufbahn. – Hervorzuheben ist, daß alle drei Schemadarstellungen die Verhältnisse nicht maßstäblich widerspiegeln (bei maßstäblicher Wiedergabe wäre z. B. im oberen Bild das Sonnensystem so infinitesimal klein, daß es gar nicht zu sehen wäre).

sich diese Episode mit der Streitfrage «Wie alt ist das Universum und wie alt die Erde?» tatsächlich in irgendeiner Form auf die Art und Weise ausgewirkt hat, in der man in der Astrophysik auf die Argumente reagierte, die für die These vom periodischen Aussterben ins Feld geführt wurden. Der Vorgang unterstreicht indes den Befund, daß es im Spannungsfeld zwischen den Einzelwissenschaften mitunter zu einem merkwürdigen Verlauf der Kraftlinien kommen kann.

Aber wie dem auch sei, Tatsache ist jedenfalls, daß eine erkleckliche Zahl brillanter Astrophysiker sich von der behaupteten 26-Millionen-Jahre-Periodizität des Aussterbens angestachelt fühlte, Zeit und Arbeit in die Suche nach einer kosmischen Erklärung zu investieren. Das ist um so bemerkenswerter, als dieses Interesse sich bereits zu einem Zeitpunkt meldete, da die Ergebnisse unser Arbeit in paläontologischen Fachkreisen noch gar nicht überprüft und gewertet worden waren. Alles, was die Astrophysiker brauchten, um sich motiviert zu fühlen, waren ein paar Presseberichte über ein Forschungsprojekt zweier Paläontologen in Chicago, deren Namen sie wahrscheinlich noch nie gehört hatten.

«Nature» vom 19. April 1984

Am 19. April 1984 prangten auf dem Umschlag der englischen wissenschaftlichen Wochenschrift «Nature» als Titelbild ein Farbfoto des Meteor Crater in Arizona und daneben unübersehbar der Schriftzug «Mass Extinctions». Die Ausgabe enthielt nicht etwa bloß einen, sondern fünf wissenschaftliche Originalbeiträge und dazu zwei redaktionelle Stellungnahmen zur Frage des periodischen Aussterbens in der Erdgeschichte. Die fünf Beiträge aus der Forschung waren in der Reihenfolge abgedruckt, in der sie bei der «Nature»-Redaktion eingegangen waren, nämlich:

Eingegangen am 15. 11. 1983: M. R. Rampino und R. B. Stothers unterziehen die Aussterbestatistik einer Neuberechnung und kommen dabei auf einen Turnus von 30 (statt 26) Millionen

Jahren; in den Altersabständen von Einschlagkratern stellen sie eine statistisch signifikante Periodizität von 31 Millionen Jahren fest; für die Turnusmäßigkeit machen sie in beiden Fällen die Bewegung der Sonne senkrecht zur Hauptebene des Milchstraßensystems verantwortlich.

Eingegangen am 16. 11. 1983: R. D. Schwartz und P. B. James führen die 26-Millionen-Jahre-Periodizität auf die Bewegung der Sonne senkrecht zur Hauptebene des galaktischen Systems zurück.

Eingegangen am 3. 1. 1984: D. P. Whitmire und A. A. Jackson IV. postulieren als Ursache der 26-Millionen-Jahre-Periodizität des Aussterbens einen bislang noch nicht gesichteten Begleiter der Sonne.

Eingegangen am 3. 1. 1984: M. Davis, P. Hut und R. A. Muller postulieren als Ursache der 26-Millionen-Periodizität des Aussterbens einen bislang noch nicht gesichteten Begleiter der Sonne. Diesen unsichtbaren Begleitstern taufen sie auf den Namen «Nemesis».

Eingegangen am 3. 1. 1984: W. Alvarez und R. A. Muller glauben ermittelt zu haben, daß die Altersabstände der bekannten Einschlagkrater eine 28-Millionen-Jahre-Periodizität aufweisen.

Alle fünf Beiträge gingen von einer Neuberechnung der Aussterbestatistik aus, deren Resultat weitgehend mit dem unseren übereinstimmte; in zwei Fällen erwies eine Analyse des Alters von Meteoritenkratern eine Periodizität, die derjenigen des Aussterbegeschehens nahekam; im übrigen wurden zwei unterschiedliche astrophysikalische Erklärungsmodelle (Sonnenbewegung in der Galaxie/Sonnenbegleiter) aufgestellt. Die zwei Beiträge, die für die galaktische Bewegung der Sonne eintraten, trafen an zwei aufeinanderfolgenden Tagen im November 1983 in der «Nature»-Redaktion ein, die zwei Beiträge, die für den Begleitstern plädierten, fanden sich sogar an ein und demselben Januartag 1984 im Posteingang.

Dem Leser ist vielleicht aufgefallen, daß alle fünf Beiträge bereits zu einem Zeitpunkt zur Publikation angeboten wurden, als der von Jack und mir verfaßte PNAS-Artikel noch gar nicht im Druck erschienen war. Das nahm John Maddox, der Chefredakteur von «Nature», zum Anlaß, uns im «Editorial» der fraglichen Ausgabe ein paar Kopfnüsse zu verpassen. Hätten die fünf Hauptbeiträge dieser Nummer – so merkte er an – nicht stellenweise umgearbeitet werden müssen, so hätte es leicht sein können, daß die Öffentlichkeit sie früher zu Gesicht bekommen hätte als unseren PNAS-Artikel, auf dem sie doch sachlich aufbauten. Für ihn zeugte dies wieder einmal von der heute gar nicht mehr so seltenen, in seinen Augen höchst fragwürdigen Praxis, zum Druck bestimmte Manuskripte in fotokopierter Form (für die sich auch im Deutschen der Ausdruck «Preprint» eingebürgert hat – Anm. d. Übers.) noch vor der Drucklegung und Veröffentlichung einem kleinen Kreis ausgewählter Kollegen zugänglich zu machen: für problematisch hält Maddox die Preprint-Verteilung, weil sie andere, gleichermaßen kompetente Wissenschaftler, die nicht zum speziellen «Network» eines Autors gehören, in nicht zu rechtfertigender Weise von Informationschancen ausschließt. Wörtlich schrieb er über die Gepflogenheit, unveröffentlichte Artikel als Prepint zu verschicken:

«Diese Usance, die in der Regel als Gefälligkeit gegenüber auswärtigen Kollegen ausgegeben wird, kann sich unter Umständen für andere Leute als handfeste Benachteiligung auswirken. Der nächstliegende Einwand gegen die Sitte der Preprint-Verteilung ist wohl der, daß sie eine Art Apartheidsystem der wissenschaftlichen Informationspolitik kreiert, indem sie Wissenschaftlern ‹2. Klasse› – ‹2. Klasse›, weil sie nicht zu den ‹happy few› gehören, deren Name im Adreßbüchlein dieses oder jenes Autors verzeichnet ist – den Zugang zu bestimmten Informationskanälen abschneidet.»

Ich teile John Maddox' Ansicht, daß wir es hier mit einem Problem zu tun haben, über das alle am Wissenschaftsprozeß aktiv Beteiligten sich ernsthafte Gedanken machen sollten. Im vorliegenden Fall jedoch ging er von lückenhaften Voraussetzungen aus. Er unterschätzte zum einen die Auswirkungen der Presseberichterstattung über die Flagstaff-Konferenz, und er übersah zum anderen, daß die Bedeutung von «Cliquenbindungen» diesmal praktisch gleich Null war. Daß Jack und ich einen Preprint unseres PNAS-Papiers an die Alvarez-Gruppe nach Berkeley schickten, dürfte in Anbetracht des offenkundigen Zusammenhangs zwischen ihren und unseren Forschungen in Sachen Massenaussterben wohl als Selbstverständlichkeit gelten. Darüber hinaus versandten wir noch etwa ein Dutzend unverlangte Preprints an paläontologische und geologische Fachgenossen. Die Astrophysiker, die Maddox wohl in erster Linie zu seinen kritischen Ausführungen inspirierten, hatten Preprints erhalten, weil sie von unserer Arbeit Wind bekommen und daraufhin ausdrücklich um Kopien des Manuskripts gebeten hatten.

Den Rest seines Artikels hatte Maddox einer sorgfältig durchdachten und argumentierenden Erläuterung der Problemlage gewidmet. Er lehnte es ab, der neuen Forschungsrichtung im ganzen oder ihren bisherigen Einzelergebnissen Qualitätszensuren auszustellen, verzeichnete jedoch mit größter Skrupelhaftigkeit auch die problematischen Aspekte der paläontologischen wie der astrophysikalischen Arbeiten. Ungeachtet der insgesamt etwas negativen Tönung des Artikels bot dieser eine ausgezeichnete Einführung in das Themengebiet der fünf Hauptbeiträge. Maddox' «Editorial» war gefolgt von einer sehr viel abstrakteren Stellungnahme aus der Feder Anthony Hallams von der University of Birmingham, der die Stichhaltigkeit der Argumente und Befunde, die das Gespann Sepkoski/Raup zum Beweis der Periodizität vorgetragen hatte, in hohem Maße bezweifelte.

Im folgenden möchte ich die astrophysikalischen Erklärungsmodelle aus «Nature» vom 19. April 1984 etwas ausführlicher vorstellen.

Die Bewegung der Sonne relativ zum galaktischen System

Die Milchstraße, das Sternensystem, von dem unser Sonnensystem ein Teil ist, befindet sich – worauf die flache Form hindeutet – in schneller Rotation. Während das Gesamtsystem in der Hauptebene um seinen Kern rotiert, pendelt unsere Sonne mitsamt ihren Planeten, Asteroiden und Kometen innerhalb der Galaxie senkrecht zur Hauptebene und diese in regelmäßigen Zeitabständen durchschneidend auf und ab. Diese Bewegung ist eine altbekannte Sache, und die astronomische Literatur hat sich auch schon ausgiebig mit Schätzungen der für das Durchlaufen des vollen Zyklus – vom Wendepunkt unterhalb der Hauptebene zum Wendepunkt oberhalb der Hauptebene und zurück zur Ausgangsposition – benötigten Zeitspanne befaßt. Dieser Bewegungszyklus nimmt nach allgemeinem Dafürhalten ungefähr 62–67 Millionen Jahre in Anspruch: in zweien der «Nature»-Artikel wird jeweils eine Reihe von Schätzungen zitiert, die sich innerhalb dieser Spanne bewegen. Jedes vollendete «Pendeln» der Sonne ist mit zweimaligem Kreuzen der Hauptebene verbunden, mithin kreuzt die Sonne die Hauptebene alle 31–33 Millionen Jahre. (Die Schätzungen sind in sich nicht so exakt, daß wir uns wegen des Umstands, daß 67 geteilt durch 2 gleich 33,5 ist, graue Haare wachsen lassen müßten.)

Man nimmt allgemein an, daß sich bei der Annäherung der Sonne an die Hauptebene gewissermaßen die kosmischen Umweltbedingungen für unser System ändern. Die Wahrscheinlichkeit des Kontakts mit gas- oder staubförmiger interstellarer Materie nimmt zu, außerdem könnte es auch sein, daß sich der Radiationspegel bestimmter Strahlungsarten erhöht. Sowohl Rampino/Stothers als auch Schwartz/James geben in ihrem «Nature»-Artikel die Möglichkeit zu bedenken, daß die Annäherung an die galaktische Hauptebene biologische Konsequenzen auf der Erde nach sich ziehen könne. Nach Rampino/Stothers könnte die gleichsam haut-

167

nahe Begegnung mit interstellarer Materie in der Oort-Wolke zu Bahnablenkungen – mit daraus resultierender erhöhter Wahrscheinlichkeit von Kometeneinschlägen auf der Erde – führen. Nach Schwartz/James wäre es möglich, daß der erhöhte Strahlungseinfall auf der Erde einen Klimawechsel bedingt, der seinerseits im 26-Millionen-Jahre-Turnus Fälle von Massenaussterben bewirkt.

Was man sich bei alldem immer wieder vor Augen halten muß, ist der Umstand, daß das Auf und Ab des Sonnensystems in der Galaxie kein Phänomen ist, das irgendeiner konkreten Wahrnehmung zugänglich wäre; außerdem herrscht unter Experten beträchtliche Ungewißheit über die genaue Beschaffenheit der kosmischen «Umweltbedingungen» in oder nahe der Hauptebene des Milchstraßensystems. Aus der Sicht des Paläontologen drehen die Astrophysiker ihre Pirouetten auf einer haarsträubend dünnen Eisdecke von Beobachtungsdaten. Aus Kapitel 1 erinnert sich vielleicht der eine oder andere Leser noch daran, daß auch die Oort-Kometenwolke (die bei Rampino und Stothers einiges argumentative Gewicht in die Waagschale legt) etwas ist, das noch von keines Menschen Auge je gesichtet wurde. Aber das alles scheint die Astrophysiker nicht in der Überzeugung beirren zu können, daß sie das Kind schon auf die richtige Art schaukeln.

Die Erklärungsmodelle für die erdgeschichtliche 26-Millionen-Jahre-Periodizität des Aussterbens, die auf die Sonnenbewegung innerhalb der Galaxie abstellen, haben gegenüber den anderen Ansätzen einen mächtigen Plausibilitätsbonus, weil dem Zahlenwert im Explanandum (26 oder 30 Millionen – je nachdem, wessen statistische Berechnungen zugrunde gelegt werden) im Explanans ein unabhängig von jenem aus Analysen galaktischer Bewegungen gewonnener Zahlenwert (31–33 Millionen) relativ genau entspricht. Andererseits jedoch führt diese Hypothese eine Problematik eigener Art mit sich: Unser Sonnensystem ist derzeit in vergleichsweise geringem Abstand zur galaktischen Hauptebene positioniert, aber das jüngste Aussterbeereignis, das Jack und ich ermitteln konnten, liegt 11 oder 12 Millionen Jahre zurück. Der

Aussterbestatistik zufolge befinden wir uns zeitlich etwa auf halber Strecke zwischen zwei turnusmäßigen Vorkommnissen, und demnach müßte sich das Sonnensystem jetzt nahe dem einen oder dem anderen Punkt seines größten Abstands von der Hauptebene befinden. Kein Zweifel, irgend etwas stimmt nicht an der Sache. Wen wundert es da noch, daß die Befürworter der Sonnenbewegungshypothese sich trickreich aus dem Widerspruch herauszuwinden suchten, während es für die Verfechter des Begleitstern-Modells ausgemachte Sache ist, daß diese chronologische Diskrepanz ein die ganze Argumentation zunichte machendes Manko darstellt?

Der Sonnenbegleiter

Die zwei Beiträge, in denen die Begleitsternhypothese aufgestellt wurde, wiesen erstaunlich weitgehende Parallelen zueinander auf. Beide postulierten für unser Sonnensystem die Existenz eines kleineren Begleiters auf hochgradig exzentrischer (nichtzirkulärer) Bahn, die den Stern einmal pro Umlauf durch die Oort-Kometenwolke führt. Infolge der dabei unter den Kometen auftretenden Bahnabweichungen wird die Erde einem Kometenregen ausgesetzt, der zur Ursache eines Massenaussterbens wird.

Beide Artikel stimmten überein auch in dem Schluß, daß der Begleiter ein sehr kleiner Körper (an Masse noch deutlich unter einem Zehntel der Sonnenmasse) sein und sich derzeit auf ungefähr zwei Lichtjahre von der Erde entfernter Position befinden müsse. Ähnliche Übereinstimmungen zwischen den zwei Beiträgen gab es noch in bezug auf viele andere Merkmale des postulierten Sonnenbegleiters. Das ist nicht weiter verwunderlich. Beide Teams hatten denselben Vorgaben gerecht zu werden, zu denen als unerläßliche Bedingungen unter anderen eine Umlaufzeit von 26 Millionen Jahren sowie das einmalige rasche Durchqueren der Oort-Wolke pro Umlauf gehörten. Alles in allem hat jedes der zwei Autorenteams ein glaubhaftes Szenarium vorgelegt, das den Ansprüchen genügt, die sich ergeben, wenn man die von Jack und mir ermittelte Periodizität des Aussterbens als bewiesen voraussetzt.

Aber wenn es diesen Sonnenbegleiter tatsächlich gibt, wieso hat ihn dann noch niemand wahrgenommen? Eine durchaus naheliegende und berechtigte Frage, auf die denn auch in beiden Artikeln eingegangen wird. Mit einer Entfernung von nur zwei Lichtjahren wäre der Sonnenbegleiter der mit Abstand erdnächste Stern überhaupt: nur halb so weit entfernt wie der erdnächste Stern nach ihm (Proxima Centauri). Wie uns die einschlägigen «Nature»-Beiträge belehren, ist es jedoch alles andere als undenkbar, daß in relativ geringer Entfernung von der Erde ein Stern existiert, der bisher übersehen wurde. Nur ein erstaunlich kleiner Teil der am Firmament sichtbaren Sterne ist bis dato katalogisiert, und von den katalogisierten Sternen hat man wiederum nur wenige gründlich genug erforscht, um eine zuverlässige Angabe über ihre Entfernung von der Erde machen zu können. Solange man keine genaue Bestimmung von Eigenbewegung und Parallaxe vorgenommen hat, kann es leicht vorkommen, daß man einen erdnahen Stern von geringer (scheinbarer wie absoluter) Helligkeit für einen weiter entfernten Stern von (geringer scheinbarer, aber) großer absoluter Helligkeit hält. Die Bestimmung von Sternbewegungen und -parallaxen ist aber noch niemals systematisch durchgeführt worden. Es wäre also sehr gut möglich, daß sich gar nicht weit weg von uns ein kleiner Stern «versteckt hält».

Ein zweites Problem, das sich in diesem Zusammenhang von selber stellt, ist die Frage, ob man so ohne weiteres davon ausgehen kann, daß die Umlaufbahn des hypothetischen Begleitsterns über die langen erdgeschichtlichen Zeiträume hinweg stabil bleibt. Unter anderen Faktoren ist hier als erstes zu bedenken, daß für ein ganzes Sortiment von Sternen unserer Galaxie eine gewisse Wahrscheinlichkeit besteht, im Lauf astronomischer Zeiten irgendwann einmal in unsrer Nähe aufzutauchen und dabei den Sonnenbegleiter durch ihre Gravitationskraft aus seiner bisherigen Bahn zu werfen. Zwar ist die Wahrscheinlichkeit solcher quasi hautnahen Begegnungen äußerst gering, aber bei aller Geringfügigkeit ist sie größer als Null, und die erdgeschichtlichen Zeitmaßstäbe sind groß genug, um aus dieser verschwindend kleinen Chance in Zeiträumen, die nach Zehnmillionen oder Hundertmillionen Jahren gemessen werden, eine reale Möglichkeit zu machen.

Das Begleitstern-Modell ist ein interessantes Beispiel für wissenschaftlichen Verfahrensstil. Der Gedanke ist seiner Natur nach eine Ad-hoc-Konstruktion, bei der die 26-Millionen-Jahre-Periodizität des Aussterbens als Annahme vorausgesetzt wird. Aus dieser Annahme ergibt sich das Bedürfnis nach einer Umlaufbahn des Begleiters, die, mit der Oort-Wolke verbandelt, die gewünschte Erklärung liefert. Das Resultat ist − jedenfalls innerhalb gewisser Grenzen − empirisch überprüfbar. Die Frage nach der Stabilität oder Instabilität der Umlaufbahn läßt sich mit den üblichen Mitteln wissenschaftlicher Untersuchung im Grundsatz eindeutig entscheiden. Sollte es sich am Ende dieses Weges erweisen, daß die Umlaufbahn prinzipiell nur instabil sein kann, wäre damit die ganze Theorie widerlegt.

Ein etwas direkteres Testverfahren besteht darin, in einer großangelegten Suchaktion nach dem Stern selber zu fahnden. Richard A. Muller, Koautor des «Nature»-Beitrags Nummer zwei über das Sonnenbegleiter-Modell, hat sich mit Hilfe eines Refraktors an diese Aufgabe gemacht. Aus den verfügbaren Sternenkatalogen stellt er sich eine Liste von vielversprechenden Kandidaten zusammen, die er mit seinem vollcomputerisierten System in der Rangfolge der Erfolgsaussichten jeweils eine gewisse Zeit lang beobachtet. Sollte er die Sternenkataloge durchgearbeitet haben, ohne daß sich der gewünschte Erfolg eingestellt hat, wird Muller dazu übergehen, sowohl den nördlichen als auch den südlichen Sternhimmel auf allgemeinerer Basis abzusuchen. Schafft er es, den Stern mit der vorausgesagten Umlaufbahn zu finden, ist damit der Beweis für die Richtigkeit des Begleiter-Modells erbracht. Mißlingt das Ganze, so lassen sich darauf keine sonderlich weitreichenden Schlußfolgerungen gründen. Es wäre trotzdem nicht auszuschließen, daß − nur eben noch unidentifiziert − irgendwo da draußen der gesuchte Stern existiert.

Nemesis kontra Schiwa

Wie bereits erwähnt, tauften Davis, Hut und Muller in ihrem
«Nature»-Beitrag den hypothetischen Begleitstern auf den Namen
«Nemesis», und dieser Name hat sich gehalten. Die Taufrede liest
sich folgendermaßen:

«Falls und wenn dieser Begleiter entdeckt wird, schlagen wir vor, ihn
Nemesis zu nennen – nach jener griechischen Göttin der ausgleichenden
und strafenden Gerechtigkeit, die unablässig die Habgierigen, Überheb-
lichen und Übermütigen züchtigt. Wenn der Begleiter nicht gefunden
wird, so fürchten wir, könnte diese Veröffentlichung für uns leicht zur
Nemesis werden.»

Tatsächlich hatten die drei Verfasser in einer Fußnote des Original-
manuskripts noch eine Reihe weiterer Namen vorgeschlagen, die
jedoch von der «Nature»-Redaktion in ihrer umfassenden Weisheit
mit Ausnahme von Nemesis allesamt gestrichen wurden.

Einige Monate später veröffentlichte Stephen Jay Gould in der
Zeitschrift «Natural History» einen Aufsatz, in dem er diese Na-
mengebung einer geistreich-amüsanten Kritik unterzog. Er wählte
für diesen Zweck die Form eines offenen Briefs an das Autorenteam Davis, Hut und Alvarez, in dem es heißt:

«Sollte Thalia, die Göttin der Heiterkeit, Euch hold sein und Euch den
Sonnenbegleiter finden lassen, dann nennt ihn bitte nicht (wie Ihr es
vorhabt) nach ihrer Genossin Nemesis. Nemesis ist die Personifizierung des
gerechten Zorns. Sie straft den Frevel und die Hybris der Mächtigen, und
sie tritt aus bestimmtem Anlaß in Aktion . . . Sie verkörpert all das, was
unsere neue Auffassung vom Massenaussterben zu ersetzen bemüht ist:
einen voraussagbaren, deterministischen Kausalzusammenhang, der diejenigen ins Unglück stürzt, die es nicht besser verdient haben.»

Dieser letzte Punkt ist von Gould durchaus ernst gemeint und
deutet auf eines der Hauptthemen seines Aufsatzes hin: den Gedan-

ken, daß durch Kometeneinschlag induziertes Massenaussterben womöglich kein Spiel nach Fairnessregeln ist, bei dem nur die bestangepaßten Organismen überleben und nur die schlechtangepaßten untergehen. Um diesen Gedanken gebührend hervorzuheben, empfahl Gould nachdrücklich, den Begleiter nach dem Hindu-Gott der Zerstörung «Schiwa» zu nennen:

«Anders als bei Nemesis haben Schiwas Angriffe keinen konkreten Anlaß und sind nicht in strafender oder rächender Absicht auf ein bestimmtes Ziel gerichtet. Vielmehr spiegelt sich in dem sanftmütigen Gesichtsausdruck des Gottes die lässige Gleichgültigkeit eines neutralen, gegen nichts und niemand im besonderen gerichteten Vorgangs wider . . .»

Mutet es nicht recht kurios an, zum Zeugen einer gelehrten Debatte über den Namen eines Himmelskörpers zu werden, den noch nie jemand zu Gesicht bekommen hat und den es möglicherweise gar nicht gibt? Unter diesen Umständen ist es nur angebracht, daß ausschließlich Namen von Göttern und Göttinnen zur Auswahl stehen.

Gleichviel, ob Nemesis existiert oder nicht, im wissenschaftlichen Diskursuniversum hat sie auf jeden Fall schon ein Eigenleben gewonnen. Nicht selten höre ich von Astrophysikern Redeteile und Sätze wie: «Die Nemesis-Umlaufbahn verlangt aber, daß . . .» oder: «Was Sie da sagen, kann insofern nicht ganz stimmen, als es sich mit Nemesis nicht verträgt.» Natürlich sind sich die Astrophysiker dabei im klaren darüber, daß Nemesis weder jemals gesichtet wurde noch eine zwingende theoretische Notwendigkeit darstellt. Aber so ist nun einmal die Bewegungsform der Wissenschaft. Die Begleitsternhypothese erlaubt gewisse Voraussagen, und bis zum Beweis des Gegenteils gilt sie für lebensfähig. In welchem Bereich wissenschaftlicher Erkenntnis auch immer es um Grenz- und Horizonterweiterung zu tun ist, wird man um diesen Modus operandi nicht herumkommen. Das Spiel funktioniert auch einwandfrei, solange sich jeder Mitspieler darüber im klaren ist, wann er es mit einer bewiesenen und wann er es mit einer noch unbewiesenen Theorie zu tun hat.

Periodizität der Kraterbildung

Der Leser wird sich erinnern, daß Gene Shoemaker und ich im Herbst 1983 die Meteoritenkraterliste einem über den Daumen gepeilten Test auf Periodizität unterzogen und daß wir dabei eine Fahrkarte schossen. Überraschend daher die Feststellung, daß zwei der «Nature»-Beiträge vom 19. April 1984 statistische Berechnungen enthielten, die dem Nachweis einer Periodizität in den Altersunterschieden der Krater dienten. Nach Rampino und Stothers betrug der Turnus 31 Millionen, nach Alvarez und Muller 28 Millionen Jahre.

Ich entsinne mich lebhaft des Tages, an dem Alvarez und Muller ihre 28-Millionen-Jahre-Periodizität entdeckten. Aus Berkeley erhielten Jack Sepkoski und ich den Wunsch nach einer Telefonkonferenz in Sachen Massenaussterben zugestellt. Die Schaltung wurde aufgebaut, und dann saßen wir selbfünft am elektronischen Konferenztisch «beisammen»: Jack und ich in Chicago, Walter Alvarez, Rich Muller und Luis Alvarez in Berkeley. Noch ganz aufgeregt berichteten uns die Berkeleyaner von der neuentdeckten Periodizität der Kraterbildung: ihrer festen Meinung nach war dies die Bestätigung sowohl für das periodische Aussterben als auch für die Grundsubstanz der Idee vom Aussterben infolge Einschlags eines massereichen Himmelskörpers (und zwar in einem Rahmen, der über den Einzelfall am Ende der Kreide weit hinausging).

Bis zum fraglichen Zeitpunkt war das Alvarez-Team (vor allem Alvarez senior) unseren Befunden in Sachen periodisches Aussterben mit einiger Skepsis begegnet. Daran war nach meinem Dafürhalten nicht zuletzt die anfängliche Parteinahme der Berkeley-Gruppe für die herrschende Meinung schuld, daß die Meteoriteneinschläge auf der Erde keinem Schema folgten, sondern zufallsabhängig seien. Vorstellbar ist auch, daß man den Periodizitätsgedanken in Berkeley zunächst für unverträglich hielt mit der Erklärung des

Kreide-Aussterbens als Folge eines Meteoriteneinschlags: Der Mechanismus periodischen Massenaussterbens hätte ja unter Umständen nach einer anderen Triebkraft als Meteoriteneinschlägen verlangen können. Außerdem ist an dieser Stelle auch hervorzuheben, daß Luis Alvarez unsere statistischen Analysen des Aussterbegeschehens in manchen Punkten einer souveränen Kritik unterzog und mit hervorragenden Anregungen bedachte. Unserer Arbeit in ihrer ursprünglichen Fassung vermochte er nicht uneingeschränkt zuzustimmen.

Wie dem auch sei, die periodische Kraterbildung ließ es jetzt angezeigt erscheinen, die scheinbar weit auseinanderliegenden Momente der Aussterbeproblematik – Kraterbildung, Periodizität des Aussterbens und K-T-Ereignis – miteinander in Zusammenhang zu bringen. Das einzige, was dem entgegenstand, war das Mißtrauen, mit dem Jack und ich die Analysen der Berkeley-Gruppe in Sachen Kraterbildung beäugten. Die Zahl der absolut zuverlässig datierten Krater ist sehr klein, und ich für meinen Teil stand immer noch unter dem Eindruck des Fehlschlags, den Gene Shoemaker und ich uns mit unserer Suche nach Anzeichen von Periodizität in der Kraterbildung eingehandelt hatten.

Doch unsere Skepsis schwand binnen weniger Stunden nach Abschluß der Telefonkonferenz dahin: Sie konnte sich gerade noch so lange halten, wie Jack und ich brauchten, um mit Hilfe desselben Computerprogramms, mit dem wir bereits die Aussterbedaten analysiert hatten, nun auch die Chronologie der Kraterbildung zu durchleuchten. Eine ganze Reihe unterschiedlicher Sampling-Methoden benutzend, gelangten wir zu haargenau dem gleichen Ergebnis wie unsere Kollegen in Berkeley: Periodizität von 28 Millionen Jahren. Ein um so verblüffenderes Resultat, als wir mit ganz anderen Analyseverfahren gearbeitet hatten.

Dieser ans Wunderbare grenzenden Übereinstimmung zum Trotz herrscht in dieser Beziehung noch mancherorts beträchtliche Skepsis, die in einigen Fällen sogar so weit geht, daß die Existenz irgendeines Schemas im Altersverhältnis der Krater, wie auch immer es beschaffen sei, rundheraus bestritten wird. Und es ist ja auch in der Tat nicht zu leugnen, daß die Datierung der identifizierten Krater aufs Ganze gesehen eine ungewisse Sache ist.

Der Planet X

Noch eine weitere Erklärung für die Periodizität des Aussterbens hat seither das Licht der Welt erblickt. Im Januar 1985 druckte «Nature» einen Artikel von D. P. Whitmire und J. J. Matese ab, in dem die Theorie vorgetragen wurde, der im Katastrophenszenarium vorkommende Kometenregen könne auch durch einen unsichtbaren, jenseits der Umlaufbahn des Pluto kreisenden zehnten Planeten – «Planet X» – verursacht sein. Bei dem einen der beiden Verfasser handelt es sich um denselben Daniel Whitmire, der auch als Hauptautor eines der zwei Begleitstern-Artikel im «Nature»-Heft vom 19. April 1984 zeichnete. Der Gedanke, daß es in unserem Sonnensystem noch einen unentdeckten Planeten geben könnte, spukt als Erklärung für mögliche (allerdings auch nicht unbestrittene) Diskrepanzen zwischen den vorausberechneten und den tatsächlich beobachteten Planetenbewegungen schon seit langem in der Fachwelt herum. Infolgedessen bringt der Planet X von vornherein einen gewissen Sympathiebonus mit auf die Waage.

Zwar nimmt auch die Planet-X-Hypothese Kometenregen in Anspruch, um die Massenaussterbeereignisse auf der Erde zu erklären, doch handelt es sich in diesem Fall um Kometen ganz anderer Herkunft als im Nemesis-Szenarium. Der bekannte Astrophysiker Gerard Kuiper ist nicht der einzige, der jenseits der Neptunumlaufbahn einen Kometenring annimmt. Dieser Kometenring – so er denn existiert – befindet sich selbst bei großzügigster Betrachtung nicht in einem räumlichen Verhältnis zur Oort-Wolke, das auch nur einigermaßen sinnvoll als «Nähe» zu bezeichnen wäre: Der Ring ist etwa 35 astronomische Einheiten von der Sonne entfernt, während die Hauptmasse der Oort-Wolke sich 20 000 bis 40 000 astronomische Einheiten weiter draußen im All befindet. Eine astronomische Einheit (abgekürzt AE), die Einheit für Berechnun-

Shonisaurus, der größte Vertreter der Ichthyosaurier, erinnert an einen riesigen Delphin. Die Tiere lebten in einem Epikontinentalmeer, das sich im Bereich des heutigen Nevada befand. *Shonisaurus* erreichte eine Länge von etwa fünfzehn Metern. Zeichnung: Douglas Henderson.

Nächste Doppelseite: Eine Gruppe von Phytosauriern, *Paleorhinus*, ruht sich am Flußufer aus, das von einem *Araucarioxylon*-Wald umsäumt ist. *Paleorhinus* erreichte eine Länge von drei bis vier Metern. Zeichnung: Douglas Henderson.

Eine Gruppe von Plateosauriern zieht am felsigen Rand eines Wasserlochs entlang. Zeichnung: Douglas Henderson.

Zwei *Dicraeosaurus* verlassen das Wasser und schrecken dabei ein Krokodil auf.
Im Hintergrund hat sich eine Gruppe dieser Sauropoden von Gondwana am
Ufer versammelt, andere suchen im Wasser nach Nahrung. *Dicraeosaurus*, den

man bislang nur in der Tendaguru-Fossilgrube in Afrika entdeckte, ist ein Diplodocide mit vergleichsweise kurzem Hals und langen Dornfortsätzen. Er erreichte eine Länge von etwa zwanzig Metern. Zeichnung: Mark Hallet.

Frisch geschlüpfte *Hypacrosaurus*-Nestlinge werden von den fürsorglichen Eltern bewacht. Die nur dreißig Zentimeter langen Jungen wirken wie Zwerge neben den erwachsenen Tieren, die Längen von zehn Metern und mehr erreichen. Zeichnung: Mark Hallet.

gen innerhalb des Sonnensystems, entspricht der mittleren Entfernung der Erde von der Sonne, das sind 149 500 000 Kilometer. Gleichwohl ist Kuipers Kometenring für manche Astronomen nichts weiter als der Innenrand der Oort-Wolke.

Das von Whitmire und Matese entworfene Szenarium ist eine klug durchdachte und einigermaßen komplizierte Sache, auf die ausführlicher einzugehen hier nicht der rechte Ort wäre. Nur soviel sei an dieser Stelle darüber gesagt: Es ist auf die regulären Veränderungen der Umlaufbahn (mit anderen Worten: die Präzession) des Planeten X abgestellt, infolge deren es den Planeten alle 28 Millionen Jahre durch den Kometenring ziehen läßt; dabei wirft er genügend Himmelskörper aus ihrer Bahn, um die Erde einem Kometenregen auszusetzen.

Nicht anders als die Begleitsternhypothese ist natürlich auch das Planet-X-Modell eine Ad-hoc-Konstruktion, und die Verifikations- und Falsifikationsprobleme, die wir dort kennengelernt haben, finden sich hier großenteils wieder. Nach Ansicht von Whitmire und Matese ist ihre neue Idee attraktiver als das Begleiter-Modell, weil es a) an bereits früher beobachtete Exzentrizitäten im Lauf der äußeren Planeten anknüpfen kann und b) die Umlaufbahn des Planeten X in erdgeschichtlichen Zeitperioden als stabiler einzuschätzen sei als die Nemesisbahn. Als weiteres Argument führen die beiden Autoren die Behauptung ins Feld, daß ihr Planet-X-Szenarium auch einige Eigenheiten des Sonnensystems erklärt, die mit der Frage des periodischen Aussterbens nicht viel zu tun haben, so etwa die Tatsache, daß immer wieder neue kurzlebige Kometen auftreten.

Aber warum haben wir den Planeten X, wenn es ihn gibt, noch nie zu Gesicht bekommen? Eine Antwort darauf sehen Whitmire und Matese in der Möglichkeit, daß die Inklination der Bahnebene des Sonderlings im Verhältnis zu den übrigen Planetenebenen so stark von den gängigen Erwartungen abweicht, daß man ihn da, wo er ist, bisher einfach nicht vermutet hat. Nach Meinung der Autoren könnte die laufende Infrarotbeobachtung (IRAS) auch für die Suche nach dem Planeten X eingesetzt werden.

Wir leiden, wie nach alldem deutlich zu sehen, keinen Mangel an astrophysikalischen Erklärungen des Phänomens periodisches Aussterben. Bisher ist keine von ihnen endgültig bewiesen, aber auch keine endgültig widerlegt, ungeachtet der Tatsache, daß viele kritische Stimmen sich erhoben haben, um gegen diese oder jene Erklärung vehementen Widerspruch einzulegen. Die stärkste Beachtung in der Öffentlichkeit hat – das mag mit ihrem Namen zusammenhängen – die Nemesis-Hypothese gefunden. Absolut zwingende Argumente habe ich bis zum gegenwärtigen Zeitpunkt – Ende 1985 – noch von keiner Seite zu hören bekommen. Nemesis und der Planet X verdanken ihren gleichsam naturgegebenen Reiz dem schlichten Umstand, daß sie – falls existent – realiter zu entdecken und zu verifizieren sind, wohingegen es gar nicht so einfach ist, einen Beweis für das Modell Sonnenbewegung im Milchstraßensystem zu konstruieren. Aber das allein ist noch kein Grund, Nemesis oder dem Planeten X einen Vorrang vor dem/den Konkurrenzmodell(en) einzuräumen. Ich als Paläontologe verfolge den Lauf der Dinge mit dem Vergnügen des detachierten Beobachters und in der Hoffnung, daß irgendeine der vorgetragenen Thesen sich am Ende als richtig erweist.

9
IM KREUZFEUER DER MEINUNGEN

Die Nemesis-Theorie hat eine stürmische Kontroverse entfacht. Das Auftauchen von Meinungsgegensätzen als solches sollte niemanden befremden, denn auch in der Wissenschaft ist der Prozeß der Wahrheitsfindung grundsätzlich agonal. Doch die Dispute und Debatten um Nemesis und die mit diesem Namen verknüpften Thesen vom meteoriteninduzierten Aussterben und von der Periodizität des Aussterbens haben eine ganz ungewöhnliche Rasanz entwickelt und einen nicht minder ungewöhnlichen Umfang angenommen. Damit illustrieren sie sehr viel klarer als andere Fälle das Phänomen des wissenschaftlichen Meinungskampfs.

Meinungsstreit in der Wissenschaft

Wissenschaftliche Auseinandersetzungen können verschiedenerlei Formen annehmen und sind nicht auf ein einziges Forum beschränkt. Formelles (offizielles) Forum ist das wissenschaftliche Fachorgan. Eine umstrittene Theorie oder Theoriekomponente regt gewöhnlich andere zum Weiterforschen an. Nach Abschluß derartiger Anschlußforschungen wird das Resultat in bündiger Form schriftlich fixiert und dem Kollegenlektorat übergeben; geht alles gut, wird ein neuer Beitrag zum fraglichen Thema veröffentlicht. Die wissenschaftliche Fachwelt kann nun selbst darüber befinden, wie sie die neue Leistung im Verhältnis zur vorausgegangenen bewerten will. Abgesehen von Fällen mit allersimpelster

Sachlage, ist es immer wahrscheinlich, daß dieses Ritual mehrmals wiederholt werden muß, ehe eine ursprünglich kontroverse Theorie als endgültig akzeptiert oder endgültig abgelehnt zu gelten hat.

Der geschilderte Ablauf ist zwar der Routinefall, daneben kommen aber auch viele Abwandlungen vor, und zuweilen wird die formelle Prozedur überschattet von anderweitig stattfindenden Parallelvorgängen. Die häufigste Variante sieht so aus, daß auf eine Veröffentlichung, die nicht von Anfang an ungeteilte Zustimmung findet, in einer späteren Nummer derselben Zeitschrift eine eingehende Replik folgt. Unter der Rubrik «Matters Arising» (etwa: Neu im Gespräch) steht dafür in «Nature» eine eigene Abteilung zur Verfügung. «Technical Comments» (etwa: Der Kommentar des Fachmanns) heißt das Gegenstück dazu in «Science». Und ähnlich auch in anderen Zeitschriften. Das Widerspruchsverfahren folgt einem weitgehend festgelegten Ritus: Die Redaktion schickt das Manuskript der gegnerischen Replik dem Autor der ursprünglichen These zur Stellungnahme, und dann werden Replik und Duplik zusammen in einem Heft abgedruckt. So behält der ursprüngliche Autor auf dieser Etappe stets das letzte Wort.

Taucht jedoch einmal eine wirklich brisante Theorie oder Theoriekomponente auf, dann ist es mit diesem fein säuberlich geregelten Lauf der Dinge schnell vorbei: Paradebeispiele dafür sind die Alvarez-Theorie über das Dinosauriersterben und erst recht die These von der Periodizität des Aussterbens und die Nemesis-Theorie. Ein «heißes Eisen» ruft Kurzschlußreaktionen hervor, die das ganze System lahmlegen. Der Werdegang einer Zeitschriftenveröffentlichung vom Schreibtisch des Autors bis zur Veröffentlichung nimmt einen Zeitraum von zwei Monaten bis zu zwei Jahren in Anspruch; im Regelfall dürfte die Frist bei zehn bis zwölf Monaten liegen. Ich habe mir sagen lassen, daß es in Wissenschaftsbereichen, die sich – wie etwa bestimmte Sektoren der Elementarteilchenphysik und der Molekularbiologie – einer besonders rasanten Entwicklung erfreuen, gar nicht anders geht, als daß neu auftauchende Fragen und Themen, lange bevor überhaupt eine Veröffentlichung dazu erscheint, schon auf informellen Wegen durchdiskutiert und geklärt sind. Trotzdem werden die einschlägigen Arbeiten, mögen sie auch zum Zeitpunkt ihres Erscheinens bereits überholt sein, immer noch gedruckt: einesteils zu Dokumentations- und archivalischen Zwecken, zum anderen, weil der Karriereweg des Wissenschaftlers ja nach wie vor vom Prinzip «publish or perish» regiert wird.

In sehr vielen Fällen spielen Klatsch und Gerücht bei der Austragung einer wissenschaftlichen Kontroverse eine ebenso große Rolle wie der offizielle Instanzenweg. «Haben Sie schon gehört, daß der geschockte Quarz an der K-T-Grenze genausogut auch aus Diamantenschloten stammen kann?» «Haben Sie gewußt, daß es Kohlevorkommen gibt, die mehr Iridium enthalten, als Alvarez jemals an der K-T-Grenze gemessen hat?» «Also nach meinen Informationen ist es mit der Statistik von denen nicht weit her.» «Die Sache mit der Oort-Wolke ist jetzt derart ins Kreuzfeuer geraten – ich weiß nicht, ob hinterher noch viel davon übrig ist.» «Wenn ich richtig unterrichtet bin, hat der Meyer-Piepenbrink an der TH Posemuckel einen ganz dicken Hund in der Sache gefunden.» Und so weiter und so fort. Ein Teil von diesen Gerüchten stimmt natürlich. Es gibt keine wissenschaftliche Regel, die vorschreibt, daß Mund-zu-Mund-Propaganda zwangsläufig falsch sein muß. Und die informelle Weitergabe von Gehörtem und Gelesenem leistet unter rein funktionalem Gesichtspunkt als Mittel der Informationsverbreitung genausoviel wie andere Medien. Allerdings kann es bei dieser Kommunikationsform leicht dazu kommen, daß die Wahrheit der kommunizierten Inhalte Schaden leidet – wie sie auch den zwischenmenschlichen Beziehungen im allgemeinen nicht unbedingt zuträglich ist. In der Tat stellen Klatsch und Gerüchte in der Wissenschaft höchstwahrscheinlich kein so großes Problem dar wie in den meisten anderen Gesellschaftsbereichen – in der Politik etwa. Zum mindesten verfügt der Wissenschaftsbetrieb über einigermaßen zuverlässige Schutzvorkehrungen (zum Beispiel das System der kollegenbegutachteten Veröffentlichung), die unfundierten Gerüchten das Wasser abgraben.

Auf allen Wissenschaftssektoren, die in irgendeiner Form mit der
«Nemesis-Geschichte» zu tun haben, schwirrt es nur so von Gerüchten, was vor allen Dingen darauf zurückzuführen ist, daß die
meisten Beteiligten in diesem Fall nicht umhinkönnen, sich auf
Terrain vorzuwagen, das außerhalb ihrer Spezialausbildung liegt.
Ich zum Beispiel habe in Harvard Geologie studiert, war mir aber
dennoch lange nicht im klaren darüber, daß in Diamantenschloten
gar nicht genug Quarz (gleich welcher Art) vorkommt, um sich
seinetwegen graue Haare wachsen lassen zu müssen. Und von der
Existenz eines Elements namens Iridium hatte ich bis 1980 keine
Ahnung.

Darüber hinaus werden wissenschaftliche Kontroversen noch in
einer Reihe anderer Medien ausgetragen. Die meisten aktiven Wissenschaftler verbringen Jahr für Jahr einen Großteil ihrer Zeit
damit, die Ergebnisse ihrer Arbeit – zusammen mit ihren Ansichten
über die Ergebnisse von anderer Leute Arbeit – auf Konferenzen,
Vortragsreisen und Seminartagungen nah und fern unter die Leute
zu streuen. In den hektisch betriebsamen sechziger Jahren maßen,
einem damals häufig zu hörenden Sarkasmus zufolge, Universitäts-
rektoren und Fakultätsdekane den Erfolg ihrer Alma mater an der
Zahl der Mitglieder ihres Lehrkörpers, die zu jedem gegebenen
Zeitpunkt im Flugzeug über den Wolken schwebten. In dieser
Hinsicht ist seither zwar eine gewisse Beruhigung eingetreten, aber
nach wie vor zählt die rhetorische Darbietung vor einem Gruppen-
publikum im Wissenschaftsbetrieb zu den vornehmsten Mitteln
der Informationsverbreitung und der Meinungspflege. Und diese
Vorträge werden so gut wie nie gedruckt.

Auch die Presse, egal ob Fachpresse oder Laienpresse, erfüllt in
diesem Zusammenhang eine bestimmte Funktion, indem sie den
Informations- und Meinungsfluß beschleunigt. In manchen Fällen
übt sie sogar einen gewissen Einfluß auf den Gang der Forschung
selber aus.

Ein spezielles Problem, das sich aus dem Verhaltenskodex der
Presse ergibt, möchte ich hier nicht übergehen. Die meisten Zeitschriften befolgen den Grundsatz, keine Forschungsergebnisse zu

veröffentlichen, die die betreffenden Autoren bereits anderweitig publiziert haben. Diese an und für sich völlig vernünftige Regel kann unter Umständen absurde Wirkungen zeitigen. Denn wann liegt eine anderweitige Publikation vor? Etwa auch schon in George Alexanders Bericht in der «Los Angeles Times» über Jack Sepkoskis Referat auf der Flagstaff-Konferenz? Oder wenn ein Autor in einem Zeitschriftenbeitrag auf einen Preprint eingeht, den ihm ein Kollege zur Verfügung gestellt hat? Zwar legt jede Zeitschrift bei der Beantwortung solcher Fragen ihren eigenen Maßstab an, einig sind sie sich jedoch alle darin, daß Abstriche an der Priorität, so wie sie sie verstehen, nicht hingenommen werden können. Die große Gefahr liegt nun in der nicht auszuschließenden Möglichkeit, daß dies oder jenes Periodikum einen Beitrag einfach schon deswegen ablehnt, weil über das, was er zum Inhalt hat, bereits anderswo etwas zu lesen war. Damit befänden wir uns in einer widersinnigen Situation, wo die Presseberichterstattung über Forschungsergebnisse deren Rezeption in der Fachwelt zu vereiteln droht.

Zum Abschluß noch ein Wort über die Entstehung wissenschaftlicher Kontroversen. In den meisten Fällen liegt die Art und Weise ihres Zustandekommens deutlich sichtbar auf der Hand und unterscheidet sich in prinzipieller Hinsicht nicht im geringsten von der Art und Weise, wie Meinungsstreitigkeiten allüberall in der Gesellschaft zustande kommen. Neue Ideen rufen Widerspruch hervor, das pflegt eben so zu sein. Ja, man kann sagen, mit einem Fach, in dem es nicht gärt, ist wahrscheinlich in entscheidender Beziehung etwas faul: entweder fehlt es an kreativen Leuten, oder die überlieferten Dogmen sind zu solch tyrannischer Macht aufgestiegen, daß sie jeden Wandel im Keim zu ersticken vermögen.

In der speziellen Ecke der Wissenschaft, wo ich zu Hause bin, kennt man noch ein paar andere Sorten von Zankäpfeln. Von einer wissenschaftlichen Publikation erwartet man gewöhnlich, daß sie etwas Neues bringt. Das mag im einen Fall neues Faktenwissen, in einem anderen mögen es neue Argumente für einen bereits existierenden Forschungsansatz oder eine Theorie sein. Dann gibt es da noch die Möglichkeit, daß eine ganz neue Forschungsperspektive eröffnet oder eine ganz neue Theorie aufgestellt wird. Von all diesen Möglichkeiten rangieren die neue Perspektive, der neue Ansatz zuoberst, das bloße Herbeischaffen von neuem Faktenwissen dagegen zuunterst auf der Prestigeskala. Das absolute Schlußlicht bildet der «Negativbefund» – der Fall, daß jemand nach irgend etwas geforscht oder ein Experiment veranstaltet hat und damit gescheitert ist. Mögen sich fallweise auch noch so weitreichende Schlußfolgerungen aus ihnen ergeben: Negativbefunde sind schwer, ja manchmal unmöglich zur Veröffentlichung zu bringen. Wo dergestalt eine Prämie auf Neuheit ausgesetzt ist, kann es nicht wundernehmen, wenn sich die Tendenz ausbreitet, in der Berichterstattung über eigene Forschungsergebnisse deren Originalität und Exzeptionalität stark zu übertreiben – womit dann ein weiterer Anlaß für (letzten Endes so überflüssige wie fruchtlose) Kontroversen geschaffen ist.

Auf sonderbare Weise schlagen hier auch die rhetorischen Schemata des wissenschaftlichen Publikationsstils zu Buche. In den meisten Zeitschriftenaufsätzen werden zum Ende hin zwei oder mehr alternative Ausdeutungen der Befunde vorgestellt, von denen dann letztlich einer die unangefochtene Vorrangstellung eingeräumt wird. Nur sehr, sehr selten bekommt man einen Artikel zu lesen, der sich nicht mit dem Ausdruck unerschütterlicher Überzeugung für eine und nur eine Interpretation der Fakten stark macht. Zwar schaffen sich die meisten Autoren mit salvierenden Quasi-Routineformeln wie «Diese Befunde *legen* die Schlußfolgerung *nahe*» eine Art Blanko-Sicherheit für alle Fälle, aber so gut wie nie bekennen sie sich offen zu momentaner Unentschiedenheit und Ungewißheit. Ich gebe zu bedenken, daß dieser Brauch – und mehr als ein bloßes Brauchtum ist es nicht –, wissenschaftliche Veröffentlichungen immer in unumstößliche Schlußfolgerungen ausmünden zu lassen, Zündstoff für sachlich unbegründete Kontroversen schafft.

Die Periodizität des Aussterbens im Schußfeld der Kritik

Wenngleich die These vom periodischen Aussterben durch mein Referat auf der Dahlemer Konferenz und das von Jack Sepkoski auf der Flagstaff-Konferenz im Verein mit der üblichen Mund-zu-Mund-Propaganda bereits vorher weite Verbreitung gefunden hatte, fand das formelle Entrée in die Öffentlichkeit erst mit unserem gemeinsamen Artikel in den PNAS vom Februar 1984 statt. Die auf den ersten Blick ziemlich disparaten Reaktionen ließen sich bei genauerem Hinsehen in bestimmte Kategorien einteilen. Von der Presse wurde die Idee in jenen frühen Tagen allgemein zustimmend aufgenommen und ausgiebig verbreitet. Das ist nicht weiter verwunderlich: es ist das tägliche Brot des Journalisten, über Neuentdeckungen zu berichten, und es gibt genug Angehörige dieses Berufsstands, die eine Story eben als eine Story betrachten. Eine Rolle dürfte auch gespielt haben, daß man einem Laienpublikum eine wissenschaftliche Hypothese erfahrungsgemäß besser «verkaufen» kann, wenn es nach Lage der Umstände möglich ist, sie als richtig und vernünftig darzustellen. In den ersten Zeitungs-, Illustrierten- und Fernsehberichten ließ man regelmäßig andere Wissenschaftler – meist Paläontologen – mit ihrer Einschätzung unserer Arbeit zu Wort kommen. Nicht wenige dieser Stellungnahmen waren ausgesprochen skeptisch, aber im Gesamtzusammenhang des jeweiligen Berichts war dafür gesorgt, daß solche skeptischen Töne nur gedämpft zur Geltung kamen. Außerdem waren die meisten unserer Fachgenossen zum fraglichen Zeitpunkt von ihrem Informationsstand her noch gar nicht in der Lage, über unsere Arbeit ein fundiertes Urteil abzugeben.

In Wissenschaftsbereichen außerhalb von Geologie und Paläontologie nahm man unsere Statistikanalysen mitsamt den Schlußfolgerungen, die wir daraus gezogen hatten, aufgrund der vorliegenden Presseberichte und der PNAS-Veröffentlichung auf Treu und

Glauben hin. Die Astrophysiker, die mit der Nemesis-Theorie und anderen Erklärungsmodellen aufwarteten, hätten sich diese Mühe bestimmt nicht gemacht, wenn sie uns unsere Argumente nicht abgekauft hätten. Zu Mißtrauen gab es damals für sie auch gar keinen Anlaß.

Aber im Jahr 1985 begannen immer mehr Leute «vom Bau», die Periodizitätsfrage ernsthaft unter die Lupe zu nehmen. Wenn es tatsächlich zutraf, daß bedeutende Aussterbeereignisse strikt nach Fahrplan stattfanden, und wenn die Triebkraft dahinter außerirdischen Ursprungs war, dann standen die bisherigen Grundauffassungen von der Geschichte des Lebens zur Revision an, und diese Revision würde drastisch ausfallen müssen. Massenaussterbeereignisse konnten dann nicht mehr als Kulminationspunkte langwieriger und komplexer Interaktionsprozesse unter Organismen sowie zwischen Organismen und ihrer Umwelt betrachtet werden. Die Umwälzungen, von denen die Geschichte des Lebens für jedermann erkennbar geprägt war, ließen sich dann nicht länger als Konkretion von Prozeßschemata begreifen, die im Prinzip auch in der Welt von heute zu beobachten sind. Und das Allerwichtigste: Die neuen Hypothesen machten die Einsicht unabweislich, daß das biologische Geschehen auf der Erde langfristig gesehen in hohem Maß vom Einfluß seiner kosmischen Umgebung mitgeprägt ist. Die Möglichkeit zeichnete sich ab, daß Lyells «Uniformitätslehre» zugunsten der «Katastrophentheorie» Cuviers würde abdanken müssen.

Nachdem man ausreichend Zeit gehabt hatte, sich in bezug auf unsere These sachkundig zu machen, reagierte man in der paläontologischen Fachwelt großenteils ablehnend; dabei wurde ein ganzes Arsenal von durchaus ernstzunehmenden Einwänden gegen uns ins Treffen geführt, deren wichtigste ich im folgenden verkürzt wiedergebe:

1. Raup und Sepkoski legten ihrer Arbeit keinen allgemein verbindlich definierten Begriff des «Massenaussterbens» zugrunde. Hätten sie bei der Skalierung von Aussterbeereignissen andere Maßstäbe angelegt, hätte ihr Ergebnis anders ausgesehen.

2. Unsere Kenntnisse der fossilen Urkunde sind zu lückenhaft, um mit einiger Zuverlässigkeit eine dermaßen weit ausgreifende statistische Analyse tragen zu können. Wie viele Aussterbeereignisse heute für diese oder jene geologische Zeitspanne veranschlagt werden, hängt weniger von den sachlichen Gegebenheiten als vielmehr von der Zufallsgröße ab, wie viele Forscher sich bisher mit der fraglichen Zeitspanne befaßt haben, und nebenher auch noch davon, welche «Wissenschaftsphilosophie» diese Forscher jeweils vertreten.

3. Die Taxonomie der meisten fossilen Gruppen liegt noch zu weit im Dunkel, als daß man bereits Familien und ihre Vorkommenszeiträume brauchbar katalogisieren könnte.

4. Die inhärente Unsicherheit jeder geologischen Datierung vereitelt von vornherein alle Bemühungen, die Geschichte des Lebens auf der Erde chronologisch so punktgenau aufzurastern, daß an diesem Rasterbild ein 26-Millionen-Jahre-Zyklus in Erscheinung träte – selbst wenn dieser Zyklus faktisch vorhanden wäre. Geologische Zeitskalen gibt es mehr als genug, und keine zwei davon stimmen miteinander überein.

5. Der Anschein einer 26-Millionen-Jahre-Periodizität ist möglicherweise nichts weiter als ein Ausfluß der Unsicherheiten, mit der die Klassifizierung und Datierung von Fossilien behaftet ist.

6. Raup und Sepkoski nahmen ihre Analyse an einer Stichprobenauswahl von nur 567 Familien vor, und möglicherweise ist allein dieser Umstand für den Eindruck von einer 26-Millionen-Jahre-Periodizität verantwortlich.

7. In der Analyse ist das Familiensterben stratigraphischen Intervallen zugeordnet, die im Durchschnitt knapp über sechs Millionen Jahre betragen. Auch wenn man davon ausgeht, daß der Intensitätsgrad des Aussterbens rein nach Zufall schwankt, würde man nach dem Gaußschen Verteilungsprinzip für jedes vierte Intervall mit einem Höhepunkt im Verlauf der Schwankungskurve rechnen müssen. Hier liegt die Erklärung für die scheinbare Regelmäßigkeit im Zeittakt der Ereignisse.

8. Die scheinbare Regelmäßigkeit in den Zeitabständen zwi-

schen Aussterbeereignissen könnte sich auch ergeben haben, indem für das Aussterben jedesmal eine andere Kraft verantwortlich ist, die mit den Ursachen anderer Fälle nichts zu tun hat.

9. Jeder Aussterbevorgang ist ein komplexes Geschehen, das von einer Vielzahl voneinander unabhängiger Faktoren gesteuert wird. Die Suche nach einer monokausalen Verursachung ist müßig.

10. Mehr als genug Anzeichen sprechen dafür, daß die Hauptursache von Massenaussterbeereignissen in den langzeitigen Niveauveränderungen des Meeresspiegels liegt.

11. Mehr als genug Anzeichen sprechen dafür, daß die Hauptursache von Massenaussterbeereignissen auf einem langzeitigen Klimawechsel beruht.

Es würde den Rahmen dieses Buches sprengen, wollte ich hier den Versuch machen, diese Einwände Punkt für Punkt zu widerlegen. Ohnehin wäre es, fürchte ich, vermessen von mir, Anspruch auf einen objektiven Standpunkt erheben zu wollen. Indes gibt es zwischen manchen Punkten auf der Liste aufschlußreiche Gemeinsamkeiten, bei denen etwas länger zu verweilen sich lohnen dürfte.

Dem Leser dürfte aufgefallen sein, daß in der Gegenargumentation mehrfach auf den im allgemeinen mit statistischem «Rauschen», das heißt mit Unsicherheitsfaktoren behafteten Charakter des von Jack und mir verwendeten Datenmaterials Bezug genommen wird. Der Grundgedanke in den entsprechenden Einwänden lautet etwa so: Wenn die Beobachtungsdaten Unsicherheiten enthalten, dann müssen zwangsläufig auch Schlußfolgerungen, die sich auf sie stützen, unsicher sein. Diese Überlegung ist in manchen Fällen durchaus berechtigt – jedoch nicht im Zusammenhang mit der Art von statistischen Tests, wie Jack und ich sie durchführten. Vielleicht erinnert sich der Leser noch an meine Ausführungen zur Frage der Zufallsverteilung in der linearen Dimension (das Experiment mit den schwarzen Assen in Kapitel 7): Die Hauptaufgabe beim Test auf Periodizität – so sagte ich an jener Stelle – bestand darin, die Möglichkeit auszuschließen, daß man es mit einem rein zufallsbedingten Verteilungsschema zu tun hatte. Nehmen wir jetzt einmal rein hypothetisch an, wir hätten als Ausgangslage eine vollkommen periodisch strukturierte fossile Urkunde: mit strikter Turnusmäßigkeit alle 26 Millionen Jahre ein Aussterbeereignis. In diesem Fall wäre die Abweisung der Zufallshypothese überhaupt kein Problem, sondern eine bare Selbstverständlichkeit. Gehen wir nun – dies ist der nächste Schritt in unserem Gedankenexperiment – dazu über, unsere fossile Urkunde zu «demolieren», indem wir sie mit Unsicherheiten beladen. Das ließe sich beispielsweise bewerkstelligen, indem wir die Ereignisse auf der Zeitachse um willkürlich ausgewählte Spannen vorwärts oder rückwärts schieben. Je stärker wir die Urkunde auf diese Weise korrumpieren, desto schwächer wird das statistische Periodizitätssignal, bis zuletzt der Punkt erreicht ist, wo die Gegebenheiten der Urkunde von reinen Zufallsbildungen nicht mehr zu unterscheiden sind. Wir haben demnach – und dies ist der Punkt, auf den es ankommt –, indem wir die Urkunde mit Ungewißheiten anreicherten, sie vom einfachen Periodizitätsschema weg in Richtung Stochastik bewegt. Wenn also Jack und ich auch ungesicherte Fakten in unser Datenmaterial mit aufnahmen, dann hat dies lediglich die Wirkung gehabt, beim Test auf Periodizität kontra Stochastik die Erfolgschancen zugunsten der Stochastik zu verschieben. Man braucht nur ein ganz klein wenig zu übertreiben, um die Behauptung wagen zu können: Wenn die Periodizität durchschlägt *trotz* der Ungewißheiten in der Taxonomie und *trotz* der Unsicherheiten in der geologischen Datierung, dann *muß* sie einfach existieren!

Ein anderer, ebenfalls mehrfach auf der Liste vertretener Schwachpunkt der erwähnten Einwände hängt mit einem unklaren Verständnis von Zufallsbedingtheit zusammen. Mehrere von unseren Kritikern sind der Täuschung (oder weitverbreiteten Fehlauffassung) erlegen, die ich in Kapitel 7 im Zusammenhang mit den Zeitabständen zwischen Jahrhundertfluten und Wirbelstürmen erörtert habe. Die Wiederkehr zufallsbedingter Ereignisse desselben Typs erfolgt zwar in einem vorausberechenbaren *mittleren* Turnus, diese Ereignisse treten jedoch nicht in *gleichmäßigen* Zeitabständen auf.

Die letzten zwei Einwände auf der Liste berufen sich auf Niveau-veränderungen des Meeresspiegels oder Klimaveränderungen, um das Phänomen des biologischen Aussterbens zu erklären. Diesen Standpunkten ist auf der prinzipiellen Ebene nichts entgegenzusetzen, sie haben vielmehr Anspruch darauf, daß man sie aufmerksam prüft. Es sind nicht wenige Paläontologen, deren Argumentation letztlich auf den Standpunkt hinausläuft: «Wir verfügen über eine tragfähige Erklärungsgrundlage für die großen Aussterbeereignisse, wozu brauchen wir da noch eine Periodizitätstheorie und Hypothesen vom Schlage ‹Nemesis›?» Ich möchte mich hier für meinen Teil auf den Einwurf beschränken, daß weder das Meeresspiegel-Argument noch das Klima-Argument in meinen Augen zwingende Beweiskraft hat. Freilich mag auch ich nicht bestreiten, daß diese Argumente von sehr viel erfahreneren Kennern auf geologischem Gebiet, als ich es bin, verfochten werden. Außerdem ist da immer noch die seelenzermarternde Aussicht, daß alle miteinander recht haben könnten! Die Möglichkeit ist schlechterdings nicht auszuschließen, daß die Periodizität des Aussterbens ein Reflex periodischer Kometenregen ist *und* daß die einschlagenden Himmelskörper langzeitige Veränderungen des Meeresniveaus und des Klimas bedingen. Zwar präsentiert sich die Chronologie solcher Veränderungen fürs erste noch als ein ungelöstes Rätsel, aber dennoch sollte man die Möglichkeit als solche nicht so ohne weiteres von der Hand weisen.

Wie viele der Einreden von paläontologischer Seite sind genau besehen nichts als rein reflektorische Abwehrgesten zur Verteidigung des erlernten Wissens? Die Frage bezeichnet zweifellos ein nicht ganz unwichtiges Element in diesem Meinungsstreit, nur vermag ich meinerseits nicht zu sagen, wie hoch dessen Bedeutung realistisch zu veranschlagen ist.

Wie schon erwähnt, reagierten unsere paläontologischen Zunftgenossen auf die Periodizitätsthese zum größten Teil ablehnend. Es gab Ausnahmen, und unter diesen befand sich manch hervorragender Vertreter des Faches (Steve Gould, um nur ein einziges Beispiel zu nennen). Unter den Geologen insgesamt waren die Reaktionen gemischt. Einige – so Brochwicz-Lewinski in Krakau und Ken Hsü in Zürich – stürzten sich mit Feuereifer auf das Problem und begannen nach zusätzlichem Beweismaterial zu suchen. Das spielt sich in der Weise ab, daß die geologischen Orte der von Jack und mir herangezogenen Aussterbeereignisse nach Iridium und anderen Indikatoren für einschlagende massereiche Himmelskörper abgesucht werden. Wenn sich beispielsweise zeigen ließe, daß sämtliche von uns festgestellten Aussterbeereignisse durchgängig im Verein mit Einschlägen auftreten, daß jedoch für die Zeiten dazwischen keinerlei Einschläge feststellbar sind, dann wäre das Rennen gelaufen. Davon kann vorerst allerdings noch keine Rede sein, aber mit Gewißheit läßt sich sagen, daß die Nachforschungen in diese Richtung werden gehen müssen. Denn es ist ja nicht zu leugnen, daß Jack und ich unsere These lediglich auf die indirekte Beweisführung des Rückschlusses aus Statistikbefunden stützen und daß unsere Folgerungen so lange den Status hypothetischer Annahmen behalten, wie sie nicht durch anderweitiges Beweismaterial bestätigt oder widerlegt worden sind. Die Geschworenen beratschlagen noch über den Fall – nicht auszuschließen, daß ihnen dabei ein bißchen der Schädel brummt.

Nemesis im Schußfeld der Kritik

Nemesis und verwandte Erklärungsmodelle – die Sonnenbewegung relativ zur Galaxie / der Planet X – sind allesamt gründlich unterm kritischen Mikroskop hin und her gewendet und in kritischer Perspektive diskutiert worden. Hier und da war man aufgrund der Ad-hoc-Konstruktion der Szenarien mit einer rüden Abfertigung schnell bei der Hand, doch in der Mehrzahl der Fälle drehte sich die Argumentation um den physikalischen Aspekt der vorgeschlagenen Erklärungen und um die Frage, ob sie auf rein technischer Ebene in sich selber schlüssig seien.

Zur Hauptproblematik der Begleiter-Hypothese (in beiden Fassungen) gehört die Frage, ob die postulierte Umlaufbahn über derart ausgedehnte Zeitspannen, wie sie in diesem Zusammenhang in Anschlag gebracht werden müssen, unverändert bleiben kann. Könnte ein so kleiner und sonnenferner Begleitstern, wie er hier angenommen wird, nicht leicht von vorbeiwandernden Sternen und anderem kosmischen Treibgut in seinem Lauf beeinflußt werden? Da derartige Begegnungen ihrer Natur nach nicht vorausberechenbar sind, kann eine entsprechende Beweisführung nur auf statistischer Grundlage erfolgen. Piet Hut von der Universität Princeton (einer der Väter der Nemesis-Hypothese) hat anhand umfänglicher Computersimulationen berechnet, welche Wahrscheinlichkeit der Begegnung mit zufällig vorbeiziehenden Sternen für einen Begleiter bestehen, um daraus dessen mutmaßliche durchschnittliche Verweildauer in seiner angenommenen Umlaufbahn zu bestimmen. Mit dem, was er herausbekommen hat, geben sich einige Leute zufrieden, andere nicht. Zum einen spricht eine gewisse Wahrscheinlichkeit für einen «Schlenker» im Kurs des Begleiters, zum anderen ist aber auch die Möglichkeit nicht auszuschließen, daß er vollständig aus der Bahn geworfen würde.

Ein aufs Ganze gesehen eher kurioser Einwand gegen das Nemesis-Konzept beruht auf dem Umstand, daß sich mit jedem Kursschlenker eine Veränderung der Umlaufzeit um durchschnittlich zehn Prozent ergeben würde – eine Veränderung, von der in unserem Schema der chronologischen Verteilung von Aussterbeereignissen über die fossile Urkunde nichts zu sehen ist. Daraus folgt, so wird nun Jack und mir entgegengehalten, daß unsere Periodizität viel zu schön ist, um wahr zu sein: nämlich von allzu präziser Gleichmäßigkeit, um mit Nemesis erklärt werden zu können. Das entbehrt nicht der Ironie, wenn man bedenkt, daß wir sonst aus Kreisen unserer paläontologischen Fachgenossen gewöhnlich Prügel beziehen, weil unser Periodizitätsmaß angeblich viel zu verschwommen sei.

Ich kenne mich in Fragen der Astronomie und der Astrophysik nicht gut genug aus, um die Stichhaltigkeit der Argumente, die sich die Parteien da gegenseitig um die Ohren hauen, im Einzelfall zutreffend beurteilen zu können. Mein Eindruck von der

Stimmung in der wissenschaftlichen Fachwelt im ganzen ist jedoch der, daß man die Begleitstern-Hypothese zwar für technisch plausibel, aber für wenig wahrscheinlich hält. Immerhin ist ihre Anhängerschaft so zahlreich, daß sich aus ihr inzwischen über das Rich Muller-Team hinaus noch eine ganze Reihe weiterer Forschungsgruppen hat rekrutieren können. Mitgespielt haben mag dabei die Aussicht, daß am Ende des Weges womöglich ein Nobelpreis winkt. (Paläontologen wissen sich gegen derartige Versuchungen gefeit, denn das Schöne an ihrer Arbeit ist nicht zuletzt, daß sie auf gar keinen Fall in die Nobelpreiswürdigkeit führen kann.)

Über das Schicksal der Planet-X-Hypothese weiß ich so gut wie nichts zu vermelden. In den großen internationalen Wissenschaftsperiodika hat sie keine nennenswerte Beachtung gefunden. Ich nehme jedoch an, daß sie auch fernerhin am Leben bleiben und irgendwo im Hintergrund einen Platz behaupten wird, wo sie auf ihre Chance lauern kann, und sei's auch einzig und allein deshalb, weil sie eine uralt-ungeklärte Problemfrage unseres Sonnensystems aufgreift.

Lebhafte Auseinandersetzungen hingegen wurden über das Szenarium geführt, das an die Pendelbewegung der Sonne im Milchstraßensystem anknüpft. Wir erinnern uns, daß dieses Konzept der Nemesis-Hypothese einen Pluspunkt voraus hat, nämlich den allgemein anerkannten Schätzwert von 31–33 Millionen Jahren für das Zeitintervall zwischen den Durchgängen der Sonne durch die Hauptebene der Galaxie. Das größte Problem ist hier in der Frage konzentriert, ob die Riesenwolken von interstellarer Materie in der Nähe der galaktischen Hauptebene wirklich dermaßen stark verdichtet sind, daß sie einen so enormen Intensitätssprung von Hintergrundsterben zu Massensterben, wie das Modell ihn verlangt, bewirken können. Von Gegnern der Hypothese wurde zudem eingewandt, die Abstände zwischen den Aussterbeereignissen seien zu regelmäßig, als daß die vollkommen unregelmäßig verteilte interstellare Materie nahe der galaktischen Hauptebene als Erklärung in Frage käme. Als weiteres Gegenargument wird geltend gemacht, daß wir uns, wenn das Modell korrekt wäre, derzeit nicht auf halber Strecke zwischen zwei Massenaussterbeereignissen, sondern auf dem Höhepunkt eines solchen befinden müßten.

Meteoritenkrater

Eine wichtige Rolle spielt in der ganzen Angelegenheit auch die Frage nach dem Alter von identifizierten Meteoritenkratern in der Erdrinde sowie nach einer möglichen Periodizität in der Chronologie der Einschläge. Auf der einen Seite sprechen gute Argumente für eine solche Periodizität. Das Phänomen wurde in voneinander unabhängigen Untersuchungen fast gleichzeitig an der Universität Berkeley (von Walter Alvarez und Rich Muller) und bei der NASA (von Mike Rampino und Dick Stothers) registriert. Durch die Ergebnisse der Berkeley-Gruppe auf die Sache aufmerksam geworden, gelangten dann Jack Sepkoskis und ich auf ganz anderen methodischen Wegen zum gleichen Befund. Außerdem: Hält man die Indizien für die Periodizität der Kraterbildung neben die Indizien, die für Meteoriteneinschlag als Ursache von Aussterbeereignissen sprechen, so zeigt sich ein durchaus glaubwürdiger Zusammenhang. Alle Einzelheiten fügen sich zu einem stimmigen Gesamtbild zusammen – und das ist entscheidend wichtig für das Überleben einer wissenschaftlichen Hypothese.

Auf der anderen Seite sind die statistischen Analysen der Kraterbildung auf Widerspruch gestoßen, der vielfach mit den gleichen Argumenten munitioniert war wie die Vorbehalte gegenüber der Aussterbestatistik. Ganz ohne Frage ist es schlimm bestellt um die Datierung von Einschlagkratern – so schlimm, daß man fast meinen könnte, meine frühere Argumentation in Sachen «rauschendes» oder unsicheres Datenmaterial sei in diesem Zusammenhang überfordert. Aber dem ist ganz und gar nicht so, sondern was ich bereits an früherer Stelle über «statistisches Rauschen» ausgeführt habe, gilt uneingeschränkt auch hier: Egal, wie unsauber die Ausgangsdaten sein mögen, wenn eine Hypothese in Sachen Zufall oder Determiniertheit nachweislich falsch ist, dann kann das unmöglich an der Unsauberkeit der Ausgangsdaten liegen – es sei denn, diese besteht darin, daß bei der Auswahl der zu untersuchenden Daten bewußt oder unbewußt gemogelt wurde. Bewußte Mogelei läßt sich leicht, unbewußte dagegen sehr viel weniger leicht unterbinden.

Klar, daß diese Beinahe-Kongruenz zwischen den Krateralter- und Aussterbebefunden einiges Aufsehen erregt hat. Für die meisten Beobachter kommt diese Duplizität einer wechselseitigen Bestätigung gleich; daneben gibt es aber auch welche, die meinen, durch die Kombination zweier Irrtümer erhalte man noch lange keine Wahrheit. Von diesem wie von jenem Standpunkt wiederum weicht derjenige Gene Shoemakers ab. Er räumt heute ein, daß Kraterbildungen in zeitlicher Ballung auftreten, und die Möglichkeit, daß hinter Aussterbeereignissen Meteoriteneinschläge als Ursache stecken könnten, zieht er zumindest in Erwägung. Allerdings ist es seiner Meinung nach vor dem Hintergrund dieses Kausalzusammenhangs unzulässig, die Krateralter- und die Aussterbestatistik als zwei voneinander unabhängige Beweisketten zu behandeln.

Haben Nemesis und die Dinosaurier vielleicht gar nichts miteinander zu tun?

Sollte sich das Nemesis-Modell oder ein anderer von den astrophysikalischen Erklärungsvorschlägen letzten Endes als kritikresistent und überlebensfähig erweisen – hätte man dies dann als einen Beweis mehr für die Stimmigkeit der Ausgangshypothese (des Alvarez-Teams) zu betrachten, derzufolge das Massenaussterben am Ende der Kreideperiode durch Meteoriteneinschlag bedingt war? In welchem Umfang hängen die einzelnen Theorien, von denen hier die Rede ist, innerlich voneinander ab? Inwieweit ist die eine nur die Fortschreibung der anderen? Es ist, wie man sich denken kann, nicht leicht, angesichts eines solchen Ideengewusels, wie es hier entstanden ist, den Überblick zu behalten.

Der ganze Komplex läßt sich in einzelne Komponenten zerlegen. Seit 1980 wurden fünf verschiedene, klar gegeneinander abgrenzbare Thesen aufgestellt. Im einzelnen lauten sie wie folgt:

1. Vor 65 Millionen Jahren wurde die Erde von einem großen Meteoriten (entweder von einem Kometen oder von einem Asteroiden) getroffen, und dieser Vorfall war die unmittelbare oder mittelbare Ursache für das Aussterben der Dinosaurier und zahlreicher anderer Organismen der oberen Kreide.

2. Eine Reihe von anderen Massenaussterbereignissen (im oberen Eozän, Braunen Jura, oberen Perm, oberen Devon sowie im obersten Glied des Präkambriums) waren ebenfalls durch einschlagende massereiche Himmelskörper verursacht.

3. Die hauptsächlichen Aussterbeereignisse der letztvergangenen 250 Millionen Jahre traten in fixem Turnus auf; der Zeitabstand zwischen ihnen betrug jeweils 26–30 Millionen Jahre.

4. Die Meteoritenkrater in der Erdrinde weisen in ihren Entstehungszeiten eine – mit den Aussterbeereignissen annähernd phasengleiche – Periodizität auf.

5. Die treibende Kraft hinter dem periodischen Aussterben und der periodischen Kraterbildung ist ein klar definiertes extraterrestrisches Phänomen (entweder ein Sonnenbegleiter oder der Planet X oder der Standortwechsel der Sonne im Milchstraßensystem).

In jeder beliebigen Anzahl und Gruppierung könnten diese Thesen falsch sein. Wir haben gesehen, daß jede von ihnen ihre Verächter gefunden hat, die kein gutes Haar an ihr lassen. Eine Reihe ernst zu nehmender Fachleute vermag an der K–T-Grenze keine Spur von einem Meteoriteneinschlag, dagegen mancherlei Hinweis auf Vulkantätigkeit zu erkennen. In jedem der in Punkt 2 angeführten fünf Fälle von (mutmaßlich) durch Meteoriteneinschlag bedingten Aussterbeereignissen läßt die Feststellung oder Interpretation der Fakten Fragen offen. Die statistischen Analysen, die zur behaupteten Periodizität des Aussterbens und der Kraterbildung geführt haben, sind sowohl im einen wie im anderen Fall heftig kritisiert worden.

Und unter den drei astrophysikalischen Szenarien ist keines, das über jeglichen Zweifel erhaben wäre.

Mein eigenes Vertrauen in die Zuverlässigkeit der fünf Thesen ist wechselhaft – und wechselt mitunter im Lauf eines einzigen Tages. Aber wenn mein Gefühl nicht trügt, nimmt der wahrscheinliche Richtigkeitsgrad von Platz 1 bis Platz 5 auf der Liste ab: dem Status der Beweisgesichertheit am nächsten kommt demnach die Hypothese vom meteoriteninduzierten Aussterben an der K-T-Grenze.

Sollten sich tatsächlich alle fünf Thesen als richtig erweisen, hätten wir damit ein übergreifendes Modell des biologischen Aussterbens von faszinierender Kohärenz gewonnen: Verantwortlich für das Aussterben sind periodische Kometenregen, hinter denen wiederum eine geregelte Bewegung im Sonnen- und Milchstraßensystem als auslösender Faktor steht. Wenn sich jedoch, was wahrscheinlicher ist, die eine oder andere These als falsch herausstellt, welche Konsequenzen hat dies dann für die übrigen?

Aus meiner Sicht stellen sich die Dinge so dar: Meteoriteneinschlag als Ursache des Aussterbens ist eine Sache, die auf eigenen Beinen stehen kann. Wir wissen, daß die Erde im Lauf ihrer Geschichte immer wieder von massereichen Himmelskörpern getroffen wurde, und es gibt keinen zwingenden Grund, aus dem dieses Geschehen unbedingt in starrem Turnus erfolgen müßte. Wenn also die Periodizitätsthese und die Nemesis-Theorie zusammenbrechen, bleibt der behauptete K-T-Einschlag davon unberührt. Nach der gleichen Logik ist auch die Periodizität des Aussterbens im Grunde unabhängig von allen anderen Hypothesen, auch wenn sie in diesen anderen Hypothesen Bekräftigung findet. Periodisches Aussterben könnte auch anders wahr und wirklich sein, nämlich indem – wie Al Fischer vermutet – Konvektionszyklen im Erdinneren seine Antriebskraft darstellen. Ich für meinen Teil kann dieser Idee zwar nicht viel Reiz abgewinnen, muß jedoch einräumen, daß sie nicht ohne weiteres von der Hand zu weisen ist.

Mißlich an den Debatten der jüngstvergangenen Jahre war nicht zuletzt der Umstand, daß unter den Debattanten nicht immer der Neigung widerstanden wurde, die unterschiedlichen Thesen, um die es ging, in einen Topf zu werfen. Die ganze Angelegenheit spielt in einer stark von Emotionen aufgeheizten Atmosphäre, was zur Folge hat, daß Forschungen, die eigentlich nur eine einzelne These betreffen, sich oftmals maßgeblich auf die Einstellung zu allen anderen auswirken. Nehmen wir beispielsweise einmal an, Rich Muller fände Nemesis genau an dem Ort, wo sie der Theorie nach sein müßte, und sie hätte auch exakt die vorausberechnete Umlaufbahn. Ich bin mir absolut sicher, daß es daraufhin mit dem Widerstand gegen meteoritenbedingtes Aussterben und periodisches Aussterben praktisch von heute auf morgen aus und vorbei wäre. Und in gewisser Hinsicht wäre das auch vollkommen berechtigt, denn diese Theoreme hätten entscheidend dazu beigetragen, eine folgenreiche Beobachtung richtig vorauszusagen. Ich glaube allerdings, daß die Reaktion im fraglichen Fall mehr von emotionalen als von rationalen Motiven getragen wäre.

Jede Lösung irgendeines der Probleme, die ich hier erwähnt habe, würde die Einstellung zu den übrigen Problemen einschneidend verändern – ungeachtet der Tatsache, daß es für die Behauptung einer wechselseitigen Abhängigkeit zwischen den einzelnen Sachkomplexen keinerlei wirklich stichhaltiges Argument gibt.

10
DIE ROLLE DER MEDIEN

Saganisierung

In der Forschung aktive Wissenschaftler haben ein zwiespältiges Verhältnis zu den Massenmedien. Ich kenne viele Kollegen, die sich jedesmal entrüstet zeigen, wenn andere Wissenschaftler mit den Ergebnissen ihrer Arbeit publizistisches Aufsehen erregen, denn – so verkünden dann jene Gralshüter eines lupenrein unverfälschten Wissenschaftsethos – im Rampenlicht der Öffentlichkeit zu stehen, sei der Würde des Gelehrten unzuträglich und überhaupt und außerdem eine anrüchige Sache: Das sind dieselben Kollegen, die sich vor lauter Glück gar nicht mehr fassen können, wenn sie selber einmal einen kurzen Auftritt in den Spätnachrichten haben.

In früheren Generationen von Wissenschaftlern zierte man sich, seine Wäsche, egal ob sauber oder schmutzig, vor den Blicken einer neugierigen Öffentlichkeit auszubreiten. Mein Vater erzählte mir vor kurzem, daß er und viele seiner Kollegen noch in den zwanziger Jahren nur widerwillig an den Jahrestagungen ihrer Fachorganisationen teilnahmen. Da war doch alles ein bißchen zu öffentlich! Was dabei mitgespielt hat, war eine unter Wissenschaftlern – zumal im universitären Bereich – kulturell vorgeschriebene Einstellung, derzufolge das Standesideal eine Art Mönchsgemeinschaft von ganz hingegeben an die Sache in hehrer Armut ihr Dasein fristenden Arbeitern im Weinberg der wissenschaftlichen Forschung war. Von dieser und ähnlichen Geisteshaltungen ist seit dem Ende des Zweiten Weltkriegs nicht mehr viel übriggeblieben; zum Umdenken haben hier insbesondere der mit dem Start von Sputnik I im Jahr 1957 verbundene Schock und die daraufhin von John F.

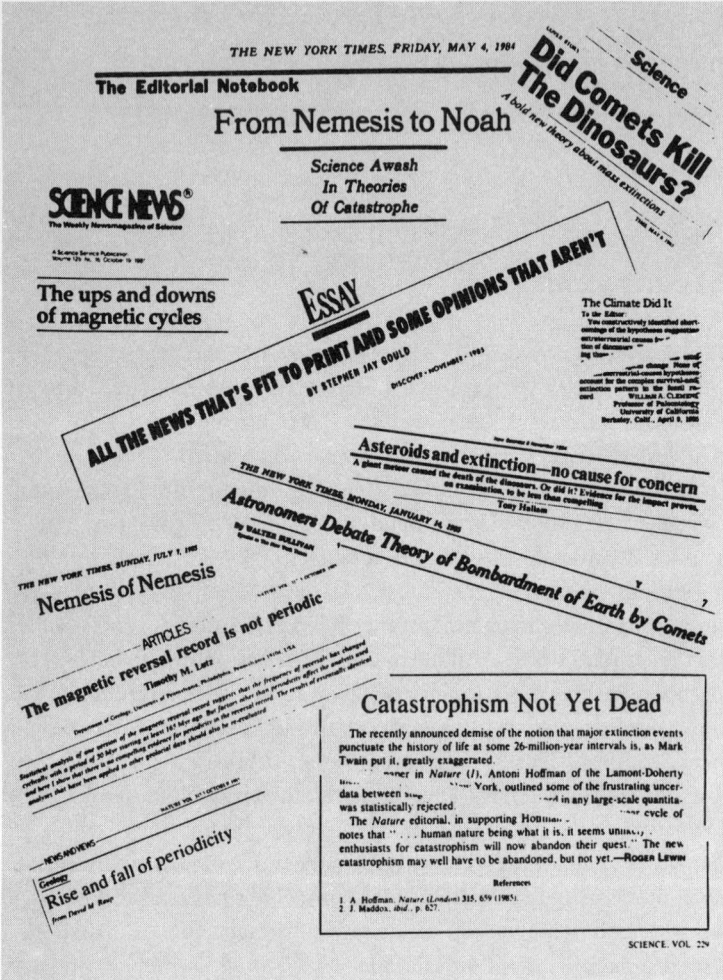

Pressereaktionen aus späterer Zeit, die zunehmend das wissenschaftliche Hickhack um Nemesis in den Vordergrund stellen. In den meisten Berichten werden die offenen Fragen im Zusammenhang mit der Periodizität und den darauf basierenden Theorien vom Typ «Nemesis» betont.

Kennedy Anfang der sechziger Jahre angekurbelte öffentliche För-
derung der US-Wissenschaft beigetragen. Heute gilt es in der
amerikanischen Gelehrtenrepublik nicht nur nicht mehr als anstö-
ßig, sondern es gehört sogar zum offiziell abgesegneten Komment,
einen BMW zu besitzen (wenngleich die Animositäten gegen den
Besitz eines Cadillacs immer noch nicht ganz ausgeräumt sein
dürften) und an so vielen Konferenzen wie nur möglich teilzuneh-
men. Aber nichtsdestoweniger setzt jede Öffnung des Wissenschaftsbetriebs zu den Publizistikmedien nach wie vor beträchtlichen Argwohn in Gang.

Umgekehrt hat aber auch, so glaube ich zu sehen, die amerika-
nische Öffentlichkeit ein zwiespältiges Verhältnis zur real existierenden Wissenschaft und ihrem Betrieb. Einerseits genießen die
Einsteins und Salks schier grenzenlose Verehrung, denn sie haben
begreifen gelehrt, daß «reine» Wissenschaft eine wichtige Rolle für
die Erhaltung und Verbesserung unseres Lebensstandards spielt.
Klar, daß man die Schädlingsbekämpfung mit Pheromonen, die
über den Geschlechtstrieb der Insekten angreifen, ganz toll findet:
endlich eine clevere und segensreiche Alternative zu den umwelt-
belastenden chemischen Pestiziden. Andererseits jubelt man Sena-
tor Proxmire zu, wenn er den Goldenen-Vlies-Preis für Spitzenleistungen im Schröpfer- und Abstaubertum an wirrköpfige Wissenschaftler verleiht, die sich vom Staat dafür bezahlen lassen, daß sie
im Geschlechtsleben der Tiere herumstochern. Nirgendwo kommt
diese Doppelmoral in der Einstellung zur Wissenschaft unbefange-
ner zum Ausdruck als in den Spalten des Klatsch- und Revolver-
blatts «National Enquirer»; dort passiert es einem nicht selten, daß
man beide Haltungen nebeneinander auf ein und derselben Druck-
seite vereinigt findet.

Ein Forscher oder eine Forscherin, der oder die es zuläßt, daß sein
oder ihr Name an exponierter Stelle in der Medienlandschaft auf-
scheint, riskiert viel. Und wenn dieselbe Person dann auch noch in
der Johnny Carson Show auftritt oder eine eigene Fernsehserie
moderiert, braut sich leicht Unheil zusammen. Damit komme ich
zu einem Thema, das ich als «Saganisierung» bezeichnen möchte.

Carl Sagan ist ein glänzender Astronom, der sich auf einer ganzen Reihe von Wissenschaftsgebieten mit Erfolg umgetan hat. Schon als Student in Chicago übte er als Impulsgeber für Diskussionen und Forschungen über den Ursprung des Lebens und verwandte Themen einen anregenden Einfluß auf das Universitätsleben aus. Er verstand es, Vertreter unterschiedlichster Fachrichtungen zu gemeinsamen Gesprächen zusammenzubringen. Heute hat er den David Duncan-Lehrstuhl für Physik an der Cornell University in Ithaca im Staat New York inne und leitet dort auch das Institut für Planetenforschung. Er ist der Gründer von «Icarus», einer bedeutenden Fachzeitschrift für die Astronomie des Sonnensystems, und der Eintrag, der ihm im «Who's Who» gewidmet wurde, ist mit seiner schier endlosen Aufzählung von akademischen Ehrentiteln und Auszeichnungen das Umfangreichste, was mir auf diesem Sektor jemals vor Augen gekommen ist. Sagan gehört zwar nicht der National Academy an, ist dafür aber – für einen Physiker eine beachtliche Leistung – Mitglied der American Academy of Arts and Sciences. Seine aktiven Forschungen konzentrieren sich vor allem auf die Frage (oder auf die Suche) nach möglichen Formen von Leben in anderen Teilen des Sonnensystems.

Machen Sie einmal einen Versuch, bei dem Sie irgendwelchen x-beliebigen Biologen und Geologen die Frage vorlegen: «Was halten Sie von Carl Sagan?» Die Antwort wird zwar nicht immer die gleiche sein, aber sie wird in jedem Fall eine befremdlich hohe Quote von Negativcharakteristika enthalten. Sie werden zu hören bekommen, daß Carl Sagans Interesse mehr dem Glanz seiner Persönlichkeit als der Wissenschaft gilt. Ferner, daß seine «Cosmos»-Fernsehserie eine einzige Peinlichkeit war, weil sie zu einem beträchtlichen Teil aus Großaufnahmen von Sagan bestand und außerdem beständig auf der religiösen Saite harfte. Sagan ist sich nicht zu schade dafür, mit T-Shirts für sich Reklame zu machen. Sagan tingelt die ganze Zeit auf Vortragsreisen herum, statt wissenschaftliche Arbeit zu leisten. Was er über biologische Fragen zu sagen hat, ist ein Graus. Mit seinen astronomischen Einsichten ist es auch nicht weit her – auch wenn der Sprecher einräumen muß, daß er sich weder mit Astronomie noch Astronomen auskennt. Und so weiter und so fort. Das nenne ich «Saganisierung».

Nach allem, was ich aus eigener Anschauung zu diesem Thema sagen kann, läßt sich kein einziger der gemachten Vorwürfe aufrechterhalten. Nach meiner bescheidenen Meinung war die «Cosmos»-Serie ein hervorragendes Populärwissenschaftsprogramm von hohem Bildungswert, das viel dazu beigetragen hat, im breiten Publikum einen Sinn für wissenschaftliche Fragestellungen zu wecken. Ein Gespräch zwischen Sagan und Phil Donahue, das ich mir einmal im Fernsehen ansah, erwies sich als eine pädagogisch meisterhafte Lektion zum Thema Chemie. Was ich von Sagan an wissenschaftlichen Vorträgen gehört habe, war immer solide und entsprach dem jeweils aktuellsten Stand der Forschung. Er ist ein regelmäßiger Gast auf wissenschaftlichen Tagungen und Kongressen, wo er sich jedesmal intensiv an den Diskussionen beteiligt.

Erstaunlich viele Wissenschaftler werden auf die geschilderte Weise «saganisiert»: neben Sagan selbst ist Stephen Jay Gould das markanteste Beispiel. Gould, ein ebenso beschlagener wie phantasievoller Gelehrter, ist ständig bemüht, die Evolutionsbiologie und die Paläontologie von ausgefahrenen Gleisen weg auf neue Bahnen zu lenken. Außerdem hat ihm ein freundliches Geschick die Gabe des so wohlgefälligen wie gelungenen Ausdrucks in Wort und Schrift verliehen, ein Talent, das auf ganz natürliche Weise das Bedürfnis nährt, sich an ein möglichst breit gefächertes Publikum zu wenden. Daß er daraufhin in Kollegenkreisen «saganisiert» worden ist, betrübt ihn zutiefst, denn sein vornehmstes Ziel ist es immer gewesen, einen kreativen Beitrag zu seiner Wissenschaft zu leisten und sich damit den Respekt seiner Fachgenossen zu erwerben. Das Schicksal Carl Sagans, Steve Goulds und anderer hat nicht wenig dazu beigetragen, daß der Gedanke an Medienresonanz unter den Bürgern der Gelehrtenrepublik massiven Argwohn weckt.

Die Presse: Wissenschaftspublizistik und allgemeine Publizistik

Ich habe an früherer Stelle bereits über die Kommentare und Leitartikel gesprochen, die in «Science» und «Nature» zum Thema Nemesis veröffentlicht wurden. «Science» und «Nature» gehören zu einer kleinen, aber einflußreichen Gruppe von Wissenschaftsperiodika, in denen regelmäßig auch eine Menge interessanter Dinge aus dem aktuellen Wissenschaftsbetrieb zur Sprache kommen: Fragen der Forschungspolitik und -finanzierung wie auch der inhaltlichen Zielsetzung. Es sind Wochenschriften mit einer zahlreichen Leserschaft in aller Welt. Unter den Bürgern der Gelehrtenrepublik gibt es eine starke Fraktion, die eines der zwei Blätter, mitunter auch alle beide als Pflichtlektüre behandelt; allerdings variiert dieser Leseranteil von einem Fach zum anderen erheblich. In beiden Magazinen gibt es stehende Rubriken für Meinungsäußerungen, Kommentare und Nachrichten aus der Forschung. So enthält das «Science»-Heft, das gerade auf meinem Schreibtisch liegt, ein Editorial über den Einsatz von Pheromonen, ein Resümee der Epidemiologie von Aids, einen Bericht über die Auffindung der «Titanic» sowie ein Resümee der neuesten Theorien über den Saturnring. Die neueste Ausgabe von «Nature» bringt Beiträge über die industrielle Forschung in Japan. Aids in Polen, Studiengänge im US-Staat Illinois sowie Resümees der aktuellen Forschungen auf den Gebieten Muskelkontraktionen und Kristallographie des Grippevirus. In beiden Zeitschriften richtet sich überdies ein großer Teil des redaktionellen Ehrgeizes auf die Veröffentlichung von wissenschaftlichen Originalbeiträgen.

Die Verfasser der Forschungsberichte und Kommentare zu Forschungsergebnissen rekrutieren sich aus einem hochqualifizierten redaktionellen Mitarbeiterstab (die meisten von ihnen sind habilitiert). Bei «Nature» läßt man, wann immer möglich, die Praktiker selbst ihre Forschungsarbeit resümieren – das garantiert im allgemeinen ein hohes Niveau der Berichterstattung. Der Umstand freilich, daß sich die Redaktion ihrerseits aus hochqualifizierten Fachkennern zusammensetzt, bedeutet, daß die Redakteure dazu neigen, in Wissenschaftsfragen und Forschungsangelegenheiten einen unabhängigen eigenen Standpunkt zu beziehen. In der allgemeinen Tagespresse begegnet man dergleichen selten.

Der Wissenschaftsjournalismus gewinnt immer mehr direkten Einfluß auf das Tempo und womöglich auch auf die Inhalte des wissenschaftlichen Arbeitens. Auf diesem Sektor geht es seit einigen Jahren zunehmend rasanter zu, und das einfach nur deshalb, weil ein Wissenschaftsreporter heutzutage nicht länger als zwei, drei Wochen braucht, um als Beobachter einem Kongreß beizuwohnen, dort mit den Teilnehmern zu sprechen, Ferngebliebene am Telefon zu interviewen, das Material zu einer Story zu verarbeiten und das Ergebnis dann fertig gedruckt an die Öffentlichkeit zu bringen. Wissenschaftsjournalisten dieses Schlages müssen in ihren Beruf geradezu übermenschliche Qualitäten mitbringen, um fortwährend von irgendeinem entlegenen Spezialgebiet eines Faches in Windeseile auf irgendein anderes, nicht minder entlegenes umsatteln zu können. In Anbetracht des Schneckentempos fachoffizieller Forschungspublikationen kommt dieser Art Berichterstattung eine enorme Bedeutung zu. Sie stellt eine allgemein gern genutzte Möglichkeit dar, in der steigenden Flut von Quellenliteratur, die kein einzelner mehr lesend oder auch nur blätternd und mit Blicken überfliegend zu bewältigen vermag, die Orientierung nicht zu verlieren.

Am anderen Ende des Medienspektrums finden wir die Tageszeitungen, die Wochenblätter, Nachrichtenmagazine und Illustrierten und die Aktualitätenmagazine in Rundfunk und Fernsehen. Sie alle pflegen ebenfalls die Wissenschaftsberichterstattung, freilich nicht sozusagen «flächendeckend», sondern selektiv nach sehr grobem Raster, und in den seltensten Fällen sind die zuständigen Redaktionsmitglieder fertig ausgebildete Wissenschaftler, wiewohl man hinzufügen muß, daß in dieser Beziehung seit einigen Jahren eine dramatische Niveausteigerung im Gang ist. In der US-Tagespresse sind heute da und dort schon exzellente Wissenschaftsreporter tätig: Walter Sullivan bei der «New York Times» (der allgemein als Doyen des amerikanischen Wissenschaftsjournalismus gilt), George Alexander bei der «Los Angeles Times», Boyce Rensberger bei der «Washington Post» und einige andere. Aber viel zu häufig kommt es noch vor, daß die wissenschaftliche Berichterstattung einem Reporter aus dem allgemeinen Ressort oder irgendeinem anderen Mitarbeiter, der gerade nichts Besseres zu tun hat, übertragen wird. Verständlicherweise bevorzugen die Massenmedien breitenwirksame Reizthemen.

Befremdlich wirkt, daß es in kaum einem Massenblatt eine eigene Wissenschaftssparte als feste Einrichtung gibt. Astrologie, Sport, Kochen, Gärtnern und Schach – das alles findet sehr viel konsequentere, geregeltere Beachtung. Die «New York Times» bringt in ihrer Dienstagsausgabe eine Rubrik Wissenschaft (in der freilich die Kriterien für Wissenschaftlichkeit recht weit gefaßt sind), in der sonntäglichen Wochenbilanz jedoch muß man Themen aus dem Bereich der Wissenschaft mit der Lupe suchen. Indes, wenn mein persönlicher Eindruck nicht trügt, ist das Interesse an Wissenschaftsfragen in der Öffentlichkeit viel größer, als dieser Sachverhalt vermuten läßt, so daß eine systematischere Beackerung dieses Felds auch für die Massenmedien durchaus angebracht wäre.

Die Mitte zwischen den Tageszeitungen und den wissenschaftlichen Wochenblättern halten die Wissenschaftsmagazine und -illustrierten zusammen mit den Dokumentarsendungen im Fernsehen. Der «Scientific American», der in den USA seit langem zum Standardinventar ärztlicher Wartezimmer gehört, ist aber, wo er nicht gerade über Themen aus ihrem eigenen Fach berichtet, selbst für Angehörige wissenschaftlicher Berufe ein harter Brocken. In den letzten Jahren ist jedoch eine ganze Reihe von Wissenschaftsmagazinen am Markt aufgetaucht, die auf ein breites Publikum zielen und mit diesem Konzept anscheinend Erfolg haben: «Discover», «Science Digest», «Science 89» (oder «. . . 90» usw.), «Omni» und andere mehr. Selbst bei «Popular Science» besinnt man sich jetzt verstärkt auf die zweite Komponente im Titel, die Wissenschaft. Solche Magazine stürzen sich natürlich mit Vorliebe auf Reizthemen und markante Persönlichkeiten. Mit Titelgeschichten und Fotoreportagen im «Pin-up»-Stil ist es ihnen ein leichtes, einen trockenen Wissenschaftler über Nacht zu «saganisieren». Außerdem geht es natürlich auch in der Wissenschaftspublizistik nicht anders als im Pressebetrieb im allgemeinen zu: die Journalisten gucken ständig in die Töpfe der Konkurrenz und kochen die Rezepte der Kollegen nach, so daß ein und dasselbe Thema, sobald es einmal von einem Blatt aufgegriffen wurde, wieder und wieder behandelt wird. Das Ganze spielt sich jedoch in der Regel auf hohem qualitativen Niveau ab und trägt viel dazu bei, in der breiten Öffentlichkeit Verständnis für wissenschaftliche Fragestellungen und Verfahrensweisen zu erwecken.

Fernsehdokumentationen zu Themen aus der Wissenschaft haben zweifellos Sinn und Bedeutung, wenngleich dieses Medium meiner Ansicht nach spezielle Probleme aufwirft. Da muß alles «ins Bild gesetzt» werden. Gegen Bilder von Dingen oder Tieren – zum Beispiel Kometen oder Schlangen – ist nichts zu sagen, aber sobald das Fernsehen anfängt, den Forscher abzufilmen, der sich mit den Schlangen oder den Kometen befaßt, wird die Sache problematisch. Wie fotografiert man einen Denkvorgang? Oder den Disput mit einem Fachgenossen? Was fängt man als Bildregisseur mit einem Wissenschaftler an, der weder Geräte mit vielfarbig blinkenden Kontrollampen dirigiert noch Experimente ausführt, die ein mächtiges Donnergetöse erzeugen? Nach meiner Erfahrung löst das Fernsehen dieses Inszenierungsproblem seit ein paar Jahren zur eigenen Bequemlichkeit, indem es Wissenschaftler so oft wie nur möglich im Labor oder bei der Feldarbeit filmt – am liebsten mit Schutzbrille auf der Nase und Schutzhelm auf dem Kopf. Das begünstigt beim Publikum ein auf weite Strecken verzerrtes Bild der Naturwissenschaften mit dem Resultat, daß die Öffentlichkeit ihr Interesse und ihre Sympathien vorwiegend solchen Wissenschaftszweigen und -methoden zuwendet, die mit dem Einsatz von fotogener technischer Apparatur verbunden sind oder deren Wirkungsfeld auf fotogenen Schauplätzen, etwa im dichten Dschungel oder auf luftiger Bergeshöhe, liegt.

Pressereaktionen in Sachen Nemesis

Als Ende 1983 die Nemesis-Theorie konzipiert wurde, war die Presse durchaus schon vertraut mit der Vorstellung vom katastrophalen Ende der Dinosaurier durch Kometen- und Asteroideneinschlag. Die Dinosaurier sind ja bekanntlich ein journalistischer Dauerbrenner, mit dem man sich wunderbar über jede Sauregurkenzeit hinweghelfen kann, und seit die Alvarez-Theorie sie zu Katastrophenopfern gemacht hatte, waren sie in der Publikumsgunst noch eins raufgerückt. Und als dann in dem Drama auch noch ein Killerstern auftrat, da hob die Presse wirklich ab.

Ich möchte im folgenden nur kurz die Höhepunkte der Berichterstattung antippen und damit gleichsam eine Duftprobe von der Atmosphäre liefern, in der sich das alles abspielte. Nachdem George Alexander in der «Los Angeles Times» vom 4. September 1984 Nemesis und dem periodischen Aussterben einen vorzüglichen Artikel gewidmet hatte, begannen die einschlägigen Berichte andernorts förmlich ins Kraut zu schießen. Den Lesern der «New York Times» servierte John Noble Wilford das Thema in der Ausgabe vom 11. Dezember, und in den folgenden Monaten zog eine umfangreiche Sektion der großen Tageszeitungen und Nachrichtenmagazine in aller Welt nach: außer den führenden US-Tageszeitungen und dem Wochenmagazin «Newsweek» waren dies «Die Zeit» und die «Frankfurter Rundschau», die australische «Canberra Times», «India Today», «China Daily» und in Italien «Panorama». Sogar der britische «Economist» brachte einen langen Artikel, und schließlich sprach sich die Sache sogar bis zu «Reader's Digest» herum, wo man ihr nach Art des Hauses Reverenz erwies mit dem Nachdruck eines Aufsatzes von Rich Muller, der zuerst in der Magazin-Beilage der «New York Times» erschienen war. Sonderbarerweise erwähnte «Time» das Nemesisthema lange Zeit mit keiner Silbe – bis es ihm schließlich in der Ausgabe vom 6. Mai 1985 gleich die Titelgeschichte widmete.

Von einer Agentur vertrieben und in vielen Blättern gedruckt wurde eine zauberhafte Kolumne von Ellen Goodman mit dem Titel «Betrachtungen eines Dinosaurier-Groupies». Obgleich sich die Autorin in diesem Fall außerhalb ihres gewohnten Terrains bewegt, ist ihr Kommentar nicht nur amüsant zu lesen, sondern zeugt auch von großem Scharfblick. Tatsächlich stellt er ein so vortreffliches Stück Journalismus dar, daß ich es dem Leser gegenüber nicht verantworten kann, es mit einer knappen Erwähnung bewenden zu lassen, sondern ihm doch etwas mehr davon bieten möchte. Im folgenden also ein Auszug aus dem Originaltext:

«. . . vor einigen Jahren berichteten zwei Wissenschaftler von der University of Chicago, daß . . . seit mindestens 250 Millionen Jahren mit der Präzision eines kosmischen Uhrwerks alle 26 Millionen Jahre ein Unheil eintrifft, das jedesmal eine gewaltige Anzahl von Lebensformen vernichtet. Die Dinosaurier sind lediglich die körperlich größten Opfer, die man sich deswegen am leichtesten einprägt.

Wenn ich mir nun allerdings die Entwicklungsgeschichte von derlei Theorien ansehe, kann ich nicht umhin, mich zu fragen, ob nicht jede Epoche die Dinosauriergeschichte erzählt bekommt, die sie verdient.

. . . Wissenschaftler sind immer auch . . . Kinder ihrer Zeit, ihrer Kultur. Zu diesem oder jenem bestimmten Zeitpunkt sind sie aufgeschlossen für eine bestimmte Problemstellung, ein bestimmtes Forschungsziel, die sie zu einem sei's auch nur wenig früheren Zeitpunkt allenfalls als gedankliche Verirrungen oder Verstiegenheiten wahrgenommen hätten.

Der Wissenschaftler des neunzehnten Jahrhunderts – einer Epoche ungebrochener Fortschrittsgläubigkeit – betrachtete die Evolution als Teil einer vorprogrammierten Selbstverbesserungsstrategie unseres Planeten. Als Kinder einer Ära des krassesten Individualismus legten sie das Scheitern den Opfern selbst zur Last. Vor dem Hintergrund des entfesselten wirtschaftlichen Konkurrenzprinzips wertete man die ‹natürliche› Konkurrenz der Arten als ein Positivum. Erfolg war der Lohn der Tüchtigsten.

Der Gedanke hat etwas für sich, daß sich in den neuesten Theorien unsere eigene, die zeitgenössische Weltsicht ausspricht. Fraglos haben wir heute einen ausgeprägteren Sinn für die Vorstellung einer kosmischen Katastrophe, eines kosmischen Unheils. Fraglos auch sind wir uns der ‹Schicksalsgemeinschaft› der gesamten Spezies sehr viel deutlicher bewußt . . .

So gesehen ist uns die neuste Dinosauriertheorie beklemmend paßgenau auf den Leib geschneidert. ‹Unsere› Dinosaurier fanden ihr kollektives Ende als Opfer einer globalen Katastrophe in einer Art ‹meteoritischem Winter›. Wir Menschen fürchten, daß unserer eigenen Spezies heute ein ähnliches Kollektivschicksal droht.»[*]

Frau Goodmans Kommentar bezeichnet einige äußerst wichtige Aspekte des Funktionsmechanismus von Wissenschaft, denen ich mich im letzten Kapitel dieses Buches, wo von der Rolle dogmatischer Glaubenssysteme in der Wissenschaft zu handeln sein wird, eingehender zuwenden werde.

Da und dort hat die Geschichte auch schon mal eine eher komische Blüte getrieben, so zum Beispiel als Jack Sepkoski und ich in der Klatschspalte – der «Seite 10» – der Chicagoer «Sun-Times» abgebildet waren: Wir teilten uns am fraglichen Tag die Spalte mit Richard Pryor, John Hinckley jr., dem Bruder von Tennessee Williams und dem Foto einer barbusigen Schönen am Rand eines Hockeyfelds, die ihre Reize enthüllt hatte, um die Aufmerksamkeit der «Edmondon Oilers» zu Nutz und Frommen ihrer Vereinsmannschaft, der «Chicago Black Hawks», vom Spielgeschehen abzulenken. Ein andermal wurde ich (von Ian Warden in der «Canberra Times») als «eine Mischung aus Henry Kissinger und Ronnie Corbett» vorgestellt.

Aber welchen Standpunkt bezogen nun die Massenmedien im großen und ganzen in der Angelegenheit? Da gab es zunächst ein paar stereotype Elemente. Die Dinosaurier wurden – wen wundert das? – besonders herausgestellt, gewöhnlich unter Verwendung von Zeichnungen der bekanntesten Typen, nicht selten auch von Karikaturen, auf denen Dinosaurier aus dem Himmel fallende große Gesteinsbrocken auf die Köpfe bekamen. Es gab ausgezeichnete Graphiken von der Raumkonstellation Erde/Oort-Wolke/ Nemesis-Umlaufbahn. Und es gab Diagramme der geologischen Zeitskala, auf denen die Massenaussterbeereignisse mit Zeichnun-

[*] © Copyright 1984 by The Boston Globe Newspaper Company/ Washington Post Writers Group. Nachdruck mit freundlicher Genehmigung.

By Marla Paul, Ray Hanania, Lynn Sweet and Robert Feder

The end is coming—but not to worry

The discovery by University of Chicago paleontologists **David Raup** and **J. John Sepkoski Jr.** at first sounds like a vaudeville joke: The bad news is: The end is coming. The good news is: It's 13 million years away.

The duo from Hyde Park has been thrust from the obscurity of scientific circles into the limelight via recent issues of Time and the New York Times magazine. That's because of their role in a new explanation of why dinosaurs are extinct—and why human beings ultimately may suffer the same fate.

"We always thought of the dinosaur as dumb and deserving to be extinct," said Raup. Not true.

Dinosaurs, it turns out, were merely victims of circumstances. As Raup, 52, and Sepkoski, 36, were surprised to find, certain life-forms are subject to mass extinction, and this happens roughly every 26 million years. A new life-form then arises. This caused quite a stir among other scientists to figure out why.

The new theory: Periodically, a curtain of comets covers the sky for thousands of years, preventing sunlight from reaching Earth for extended periods. Life is wiped out.

But for Sepkoski, who gardens and makes furniture between research and teaching, short-term problems are of greater concern. He cautions, "I think we have to be more concerned with the immediate dangers from our own perversions, nuclear war, overindustrialization and overpopulation. . . ." Raup figures that new technology eventually will divert any killer comets heading our way. And when he sails out of Jackson Park harbor on summer evenings, he says, his attention is on his wine and cheese, not on the stars. Notes the scientist, "It's more interesting."

For the SUN-TIMES-Frank McMahon

Paleontologists David Raup (left) and J. John Sepkoski Jr. know the end is coming—in 13 million years.

Jack Sepkoski und ich bringen es sogar zu einem Auftritt in den Klatschspalten der Boulevardpresse, in diesem Fall auf der einschlägigen «Seite 10» der Chicagoer «Sun-Times» von Pressezar Murdoch. Wie üblich sind Alter, Wohnlage und Freizeitbeschäftigungen angegeben. Obschon im großen und ganzen einigermaßen fehlerfrei, läßt der Artikel auch die unvermeidliche Portion Schlamperei nicht vermissen, so wenn da gesagt wird, daß die Kometen selbst das Sonnenlicht abblocken. Wir teilten uns an jenem Tag die Spalte mit Richard Pryor, John Hinckley junior, dem Bruder von Tennessee Williams und einer barbusigen Sportfanatikerin. (Copyright © 1985 by News Group Chicago Inc. Nachdruck mit freundlicher Genehmigung der Redaktion der «Sun-Times», Chicago.)

211

gen der jeweils ausgestorbenen Tierarten markiert waren. Das brachte jedoch für die Leserschaft gewisse Probleme mit sich, denn abgesehen von den Dinosauriern sind die meisten ausgestorbenen Organismen der breiten Öffentlichkeit so gut wie vollständig unbekannt.

In den meisten Artikeln wurde eine Brücke zu den älteren Forschungen des Berkeley-Teams über das K-T-Aussterben geschlagen, so daß die Berichterstattung auch die Iridiumanomalie und andere Indizien für den Einschlag massereicher Himmelskörper mit einbegriff. Praktisch jeder Autor suchte seinen Artikel vor der Drucklegung mit wissenschaftlichen Gewährsleuten abzustimmen, denen er ein hinreichend detachiertes Verhältnis zu Jack und mir und dem Berkeley-Team zutrauen konnte. Das hatte nahezu jedesmal zur Folge, daß der fertige Bericht dann auch ein, zwei Zitate von Skeptikern enthielt. So wurde in John Noble Wilfords erstem Artikel zu dem Thema der am American Museum of Natural History tätige Paläontologe Norman Newell mit der Äußerung zitiert, das periodische Aussterben könne sehr wohl auch «ein statistisches Kunstprodukt [sein], das eine Ordnung bzw. ein Schema aufweist, ohne daß dergleichen in der Realität existiert». Eigentlich hätte man dieser Meinung großes Gewicht beimessen müssen, denn Newell, einem der angesehensten Paläontologen unseres Landes, verdanken wir einige vorzügliche Studien über Fragen des Massenaussterbens. Aber derartige Zitate verwendete der Autor des Artikels im Regelfall nur als schmückendes Beiwerk, das vor dem Hintergrund der tonangebenden hymnischen Zustimmung kaum zur Geltung kam. Ich glaube nicht, daß solche Stellen beim breiten Publikum großen Eindruck hinterlassen haben. Mit anderen Worten, die Massenmedien unterstützten die Periodizitätstheorie des Aussterbens sowie auch die These von der extraterrestrischen Einwirkung.

In den größeren populären Wissenschaftsmagazinen konnte man zusätzlich sehr viel umfassendere Darstellungen des Nemesis-Sachkomplexes lesen. In der Maiausgabe 1984 von «Discover» nahm eine dreigliedrige Artikelfolge zum Thema breiten Raum ein. Der erste dieser Artikel behandelte sehr detailliert die Frage der Periodizität des Aussterbens, der zweite referierte und analysierte die verschiedenen astrophysikalischen Erklärungsmodelle, und der dritte befaßte sich mit der hochinteressanten Frage, welche Abwehrmaßnahmen gegen einfallende Kometen und Asteroiden uns im Ernstfall zur Verfügung stünden. Den Schluß dieses Abschnitts bildete ein Zitat von Rich Muller:

«Selbst wenn wir im Lauf der kommenden Jahre mit dem nächsten Kometenregen rechnen müßten: wir verfügen heute über die technologischen Mittel, um damit fertig werden zu können. Wir sind die erste Spezies, die das kann.«

Im Januar 1985 brachte der «Science Digest» einen umfangreichen Rückblick auf die «Stories des Jahres 1984». Darin hieß es: «Auf dem Sektor Astronomie wurde die Story des Jahres, wenn nicht sogar des Jahrzehnts, von Geologen und Paläontologen geschrieben.» Ich kann mir nicht helfen, aber diese Bemerkung bringt mich in nicht geringe Verlegenheit, denn 1984 war für Astronomen ein hervorragendes Jahr, ohne daß sie dazu auch nur der geringsten Hilfe von geologischer oder paläontologischer Seite bedurft hätten.

Der Stimmungsumschwung

Je weiter das Jahr 1985 vorrückte, desto mehr änderte sich der Stil der Berichterstattung in Sachen Nemesis. Die neuen Theorien rutschten in den Hintergrund, die Kontroversdiskussion übernahm zusehends die beherrschende Rolle auf der Szene. Inzwischen hatte das Wissenschaftskollektiv Zeit gehabt, die behauptete Periodizität samt ihren astrophysikalischen Erklärungen unter die Lupe zu nehmen, und dabei hatten sich Einwände zu formieren begonnen. Viele konnten sich mit den Statistiken von Raup und Sepkoski nicht befreunden. Auch die zwei einflußreicheren extraterrestrischen Hypothesen, der Sonnenbegleiter und die Position des Sonnensystems in der Galaxie, gerieten unter Beschuß. Die behauptete

213

Periodizität der Meteoritenkraterbildung wurde heftig befehdet. Wann immer jetzt Stellungnahmen prominenter Paläontologen, Geologen oder Astronomen zitiert wurden, offenbarten sie bereits im Ton schwindende Zurückhaltung und zunehmende Schärfe.

Eine bezeichnende Ereignisfolge nahm ihren Anfang zu Beginn des Jahres 1985. Im Januar fand in Tucson in Arizona ein großes Astronomentreffen statt, bei dem eine Sondersitzung für Nemesis und verwandte Fragen anberaumt war. Auf dieser Sondersitzung referierte Scott Tremaine (Massachusetts Institute of Technology) unter anderem über ein Forschungsunternehmen, das er gemeinsam mit einer Doktorandin, Julie Heisler, durchgeführt und bei dem sich seiner Auskunft nach gezeigt hatte, daß es für das periodische Aussterben keine solide statistische Grundlage gebe. Unter der Überschrift «Das periodische Aussterben und die Meteoriteneinschläge – es darf gezweifelt werden», berichtete dann «Science»-Redakteur Richard Kerr über Tremaines Arbeit. Kerrs Bericht schlug auf seine Weise ein: Viele «Science»-Leser kamen zu der voreiligen Schlußfolgerung, daß Tremaine nicht nur die Periodizitätsthese, sondern auch den von der Berkeley-Gruppe postulierten Meteoriteneinschlag an der K-T-Grenze in Zweifel ziehe. Nichts dergleichen hatte Dick Kerr sagen wollen – es war ihm lediglich entgangen, daß er unglücklicherweise eine mißverständliche Formulierung als Überschrift gewählt hatte.

Wichtiger jedoch ist in diesem Zusammenhang der Umstand, daß mit an Sicherheit grenzender Wahrscheinlichkeit Kerrs Bericht zum Anlaß für den ersten Leitartikel der «New York Times» zum fraglichen Thema wurde. Der stand in der Ausgabe vom 2. April 1985 und kam zu folgendem Resümee:

«Bei näherem Hinsehen ist das vorgeblich wiederkehrende Schema des Massensterbens verblaßt. Die Dinosaurier und die anderen entschwundenen Spezies haben nicht alle zusammen an ein und demselben Tag ihr Leben ausgeschnauft; einige waren schon vor dem Ende der Kreideperiode auf dem absteigenden Ast. Die dünne Iridiumschicht, die man in vielen geologischen Formationen im Alter von 65 Millionen Jahren gefunden hat, könnte in der Tat, wie Vater und Sohn Alvarez meinen, die Hinterlas-

THE NEW YORK TIMES, TUESDAY, APRIL 2, 1985

Miscasting the Dinosaur's Horoscope

During the close of the Cretaceous era some 65 million years ago, all dinosaurs disappeared from the earth. Paleontologists, the students of fossil life forms, have for decades debated inconclusively the reasons for that extinction, but five years ago their game was suddenly snatched away by two brash Berkeley scientists and a crowd of astronomers.

Luis Alvarez, a physicist, and his son Walter, a geologist, contended that a meteorite had slammed into Earth raising such a storm of dust that the sun was blotted out and whole species of animals fell extinct worldwide. Stretching a provocative idea even further, other scientists claimed to discern a regular pattern in the fossil record: mass extinctions every 26 million years.

The notion of regular extinctions got astronomers excited because the deus ex machina required to make giant meteorites crash into earth like clockwork every 26 million years clearly lay in their province. Some posit that an unseen companion of the Sun, christened Nemesis, shakes loose comets each time its orbit passes near a comet cloud. Others contend that the Sun, as it bobs up and down through the plane of the galaxy, is buffeted by comets or dust clouds.

These are rich hypotheses. Why, then, without any further evidence, do they seem so unsatisfying? Perhaps because complex events seldom have simple explanations. Invoking regular squads of meteorites to dispose of the dinosaurs and other vanished species is only to exchange one mystery for another.

On closer scrutiny, the alleged repeating pattern of mass extinctions has faded. The dinosaurs and other vanished species didn't all turn feet up in a day; some were in decline before the end of the Cretaceous. The thin layer of iridium that has been found in many geological strata dating from 65 million years ago could indeed have come from a meteorite, as the Alvarezes suggest, but eruptions of volcanos are now known to be sources of iridium too.

Terrestrial events, like volcanic activity or changes in climate or sea level, are the most immediate possible causes of mass extinctions. Astronomers should leave to astrologers the task of seeking the cause of earthly events in the stars.

Der erste von zwei Leitartikeln der «New York Times», die sich bemühen, die Theorien vom Meteoriteneinschlag als Ursache des Massenaussterbens, von periodischem Aussterben und von Nemesis zu diskreditieren. Er schließt mit dem inzwischen berühmt gewordenen Appell, derlei Forschungen den Astrologen zu überlassen. Nicht wenige Leser hielten ihn für einen verspäteten Aprilscherz. (Copyright © 1985 by the New York Times Company. Nachdruck mit freundlicher Genehmigung der Redaktion.)

senschaft eines Meteoriten sein, andererseits weiß man jetzt aber, daß Iridiumvorkommen auch von Vulkanausbrüchen herstammen können.

Irdische Geschehnisse wie Vulkanausbrüche, Klimawandel oder Veränderungen im Niveau der Ozeane sind die nächstliegenden Dinge, die als Ursache des Massenaussterbens in Betracht zu ziehen sind. Astronomen sollten nicht versuchen, den Astrologen ins Handwerk zu pfuschen, und es diesen zu überlassen, die Ursache von irdischen Vorgängen in den Sternen zu suchen.»

Die Markigkeit dieser Sprüche hat manchen von meinen Kollegen den Verdacht äußern lassen, daß der Leitartikel ursprünglich wohl für die «Times»-Ausgabe vom 1. April vorgesehen war und lediglich durch ein Versehen mit eintägiger Verspätung eingerückt wurde.

Der Leser wird selbst bemerkt haben, daß die «Times» den K-T-Einschlag in einem Aufwaschen mit der Periodizität abkanzelt und in diesem Zusammenhang eine Reihe von altbekannten Argumenten ins Treffen führt, so die vulkanische Alternative und den Umstand, daß es mit den Dinosauriern schon geraume Zeit vor dem endgültigen Aus bergab ging. Was aber noch weit mehr erstaunt, ja betreten macht, ist die Schlußbemerkung über den Irrwitz von Astronomen, «die Ursache von irdischen Vorgängen in den Sternen zu suchen». Das läuft doch auf die Behauptung hinaus, jedes Kind wisse, daß die Erde völlig unbeeinflußbar seitens ihrer kosmischen Umgebung sei und daß nur Astrologen so schlichten Sinnes sein könnten, sich mit Spekulationen in dieser Richtung abzugeben. Leider ist die Haltung, die sich darin reflektiert, vielen meiner mehr oder minder auf das Lyell-Dogma eingeschworenen Fachgenossen eigen. Ich bin froh, hier vermelden zu können, daß Walter Sullivan mit jenem Leitartikel nicht das geringste zu tun hatte.

Der «Times»-Leitartikel an sich übte unmittelbar keinen nennenswerten Einfluß auf die Meinungsbildung im Wissenschaftskollektiv aus. Seine antiintellektuelle Tendenz war einfach zu penetrant. Aber er brachte Bewegung in den Blätterwald der Massen- wie der Fachpresse.

Jack Sepkoski und ich wurden förmlich überschwemmt mit

Anfragen bezüglich Scott Tremaines Kritik unserer Befunde, die indirekt den Anstoß zu dem «Times»-Leitartikel gegeben hatte. Ob wir vorhätten, eine Erwiderung abzugeben? Ob wir es uns denn leisten könnten, uns auf einen Disput mit einem MIT-Physiker einzulassen? Da drohte einiges durcheinanderzugeraten. Die Arbeit von Tremaine war formell gesehen vorerst nichts weiter als ein Gerücht, da sie noch nicht in der üblichen Form wissenschaftlicher Veröffentlichungen vorlag. Gewiß, der Verfasser schickte uns eine Kopie des gleichen Manuskripts, das er auch dem Redaktions-komitee des projektierten Sammelbands mit den Referaten der Tucson-Tagung einreichte. Wir haben unsererseits eine Erwide-rung vorbereitet, über deren Inhalt wir jedoch vorläufig bewußt nichts an die Öffentlichkeit gelangen lassen, weil wir sonst befürch-ten müßten, daß unsere Stellungnahme durch Vorveröffentlichun-gen und Vorkommentare in der Presse diskreditiert werden könnte, bevor sie überhaupt gedruckt ist. Außerdem gibt es da auch nichts, wozu wir Stellung zu nehmen hätten, solange Tremai-nes Referat nicht die Ochsentour durchs Lektorat und die Überar-beitung zur Endfassung hinter sich hat und schließlich und endlich dann auch gedruckt und publiziert worden ist. Zum Jahresende 1985, ein volles Jahr, nachdem Tremaine seine Attacke geführt hatte, war in dieser Angelegenheit wiederum nur zu vermelden, daß sein Manuskript noch immer der Veröffentlichung harrte.

Tremaines Analyse war im Prinzip schon ganz richtig. Er war auf ein Problem gestoßen, das wir selbst schon bemerkt und dem wir erstmals in unserer PNAS-Publikation gerecht zu werden versucht hatten. Aber obwohl sein Ansatz auf der einen Seite zwar metho-disch sehr viel eleganter als das unsere ist, enthält er auf der anderen einen signifikanten mathematischen Fehler, der aus Tremaines mangelnder Vertrautheit mit der paläontologischen Faktenbasis herrührt. Zum Zeitpunkt der Niederschrift des gegenwärtigen Kapitels befindet sich ein Manuskript, das Jack und ich für «Science» geschrieben haben und in dem wir diesen Punkt nochmals aufgrei-fen, in der Druckerpresse, so daß ich hier über die Angelegenheit klüglich kein weiteres Wort verlieren sollte.

Toni Hoffman

Gegen Ende des Frühjahrs 1985 explodierte eine Bombe. Die Zeitschrift «Nature» veröffentlichte eine rabiate Schelttirade auf die These vom periodischen Aussterben. Autor war Antoni Hoffman, ein am Lamont Geological Observatory der Columbia University tätiger Paläontologieprofessor polnischer Herkunft. In einem redaktionellen Vorspann bedachte der Chefredakteur von «Nature», John Maddox, den Artikel mit hymnischem Lob. Summa summarum sagte Maddox, der neueste Flirt mit der Katastrophentheorie sei jetzt endgültig aus und vorbei, tot und begraben.

Hoffmans Hammerschlag brachte im Prinzip nichts Neues. Die Argumente des Verfassers – stückweise größtenteils zuvor schon andernorts veröffentlicht – geisterten seit geraumer Zeit durch die öffentliche Diskussion. Dessenungeachtet verlieh ihnen die bloße Tatsache, daß sie nun zusammengefaßt in «Nature» abgedruckt waren und überdies von John Maddox gutgeheißen wurden, ein enormes Prestige, das seine Wirkung in der Gelehrtenrepublik nicht verfehlte. Ich vermute, daß die wenigsten Leute den fraglichen Artikel tatsächlich gründlich gelesen haben. Der typische vielbeschäftigte, von chronischem Zeitmangel geplagte Wissenschaftler dürfte sich, sofern er nicht selber unmittelbar in die Angelegenheit verwickelt war, mit Maddox' Vorspann begnügt haben, um sich eine Meinung zu bilden. Ich für meinen Teil hätte mich, wenn ich die Sache als außenstehender Beobachter verfolgt hätte, auch nicht anders verhalten. Was tun? Wieder sahen Jack und ich uns vor das Problem gestellt zu verhindern, daß eine Reaktion von uns in die falschen Kanäle, das heißt verfrüht in die Presse gelangte. Jeder von uns zweien hatte eine Reihe von diffizilen Gesprächen mit Vertretern der Wissenschaftspresse abzuwickeln, die es für ihre Pflicht hielten, ausführlich über das «Ereignis» zu berichten. Alle wollten eine Stellungnahme von uns. Es kam jedesmal einem Drahtseilakt gleich, den Zeitungsschreibern, ohne den

Inhalt unserer Argumente preiszugeben, zu verklickern, daß in der Angelegenheit noch nicht das letzte Wort gesprochen war. In unserem Freundeskreis waren wir längst nicht so zugeknöpft!

Unter dem Titel «Noch lebt die Katastrophentheorie» publizierte «Science»-Autor Roger Lewin eine Stellungnahme, die ihrerseits ein equilibristisches Bravourstück eigener Art darstellt. Großenteils aus seinem eigenen Fundus an wissenschaftlichen Kenntnissen präsentierte Lewin einige Argumente, die gegen Hoffman sprachen, und vertrat generell die Auffassung, daß es für Nachrufe auf das periodische Aussterben und Nemesis noch zu früh sei. Er schloß mit dem Satz: «Es ist durchaus nicht auszuschließen, daß die neue Katastrophentheorie eines Tages aufgegeben werden muß, aber dieser Tag ist heute noch nicht in Sicht.»

Hoffmans Standpauke veranlaßte die «New York Times» zu einem neuerlichen Leitartikel, diesmal mit dem Titel «Nemesis von der Nemesis ereilt». Alles in allem war er im Tonfall etwas nüchterner als sein Vorgänger und schloß sich in der Sache vornehmlich an Hoffmans These an, daß Nemesis und die Periodizität des Aussterbens reif zum Verschrotten seien. Wörtlich heißt es in der «Times»: «Die Basis dieser Theorien ist, wofür vieles spricht, möglicherweise schon zu statistischem Staub zerfallen.» Und zum Abschluß kann sich der Leitartikel einen neuerlichen Seitenhieb auf die ältere Alvarez-Hypothese nicht versagen:

«Wenn sich die erwähnten Befunde als hieb- und stichfest erweisen, gehen damit alle als solche anvisierten Fälle von periodischem Aussterben dieser Kandidatschaft verlustig. Möglich, daß ein zufällig einschlagender Meteorit die Dinosaurier weggeputzt hat. Aber solange niemand die Einschlagstelle gefunden hat, wäre es eine gute Sache, irdische Akteure – wie zum Beispiel Klimawechsel – aus dem Kreis der Tatverdächtigen nicht auszuschließen.»

Großes Gewese um den nichtvorhandenen Einschlagkrater zu machen, ist ein billiger Triumph. In Wirklichkeit handelt es sich hier um einen Punkt von untergeordneter Bedeutung: Nach 65 Millionen Jahren wäre es wahrhaftig kein Wunder, wenn der Krater, sei's infolge der Subduktion des Meeresbodens, sei's durch ganz normale Erosion, buchstäblich «vom Erdboden verschwunden» wäre.

In einem in der «Discover»-Ausgabe vom Oktober 1985 veröffentlichten Aufsatz («All the News That's Fit to Print and Some Opinions That Aren't») kam uns Steve Gould zu Hilfe. Mit gewohnter Eleganz führte er den Beweis, daß Toni Hoffmans Argumentation keineswegs schlüssig war. Anschließend knöpfte er sich die beiden Leitartikel der «New York Times» vor, um mit ihnen Schlitten zu fahren. Seine Abrechnung schließt mit zwei köstlichen Parodien auf den Leitartikel vom 2. April 1985; eine davon ist als Leitartikel des «Osservatore Romano» vom 22. Juni 1663 aufgemacht und liest sich wie folgt:

«Nun da Messer Galileo, wiewohl nicht ohne ein klein wenig Nachhilfe, seinem Irrglauben an die Erdbewegung entsagt hat, werden sich die Naturforscher vielleicht wieder den praktischen Problemen der Kriegführung und der Seefahrt zuwenden und die Klärung kosmologischer Fragen den studierten Auslegern der unfehlbaren Worte der Heiligen Schrift überlassen.»

In den Monaten seit dem zweiten «New York Times»–Leitartikel hat der Schlagabtausch in Sachen Nemesis ein beinahe frenetisches Tempo angenommen. Kaum eine Woche vergeht, ohne daß entweder in «Science» oder in «Nature» ein neues Argument vorgetragen oder ein neues Beweisschema ausgebreitet wird. Die Plausibilität des ursprünglichen Sonne-Milchstraßenhauptebene-Modells ist in der Astrophysik aus vielerlei neuen Perspektiven untersucht worden. Eine Reihe von neuen Detailstudien zum Aussterbegeschehen auf bestimmten Abschnitten der fossilen Urkunde hat das Licht der Öffentlichkeit erblickt. Rich Muller sucht unentwegt weiter den Himmel nach Nemesis ab. Die Ruß-Entdeckung des Anders-Teams wird möglicherweise das Interesse an dem ganzen Komplex von neuem anheizen, zumal sich von hier neue Ausblicke auf das Nuklearwinter-Konzept ergeben. Und wohl in der Hoffnung, letztlich vielleicht doch noch die unumstößliche Antwort auf alle einschlägigen Fragen in die Finger zu bekommen, stürzen sich die Medien flugs auf jede neue Entwicklung, die am Horizont auftaucht.

Der Einfluß der Massenmedien – Unheil oder Segen?

Alles in allem ist schwer zu sagen, ob die Massenmedien – seien es die allgemeinen Publikumsorgane, seien es die der spezialisierten Wissenschaftspublizistik – dem Fortschritt der Wissenschaft förderlich sind und ob sie ihren Informationsauftrag gegenüber der breiten Öffentlichkeit zufriedenstellend erfüllen.

Einerseits ist nicht zu bestreiten, daß gute Reportagen den Informationsfluß zwischen den Einzeldisziplinen beschleunigen und so das Forschungstempo steigern. Eine Menge Zeit wird mit ihrer Hilfe gespart. Das beste Beispiel in Sachen Nemesis sind die Berichte über Jack Sepkoskis Referat in Flagstaff, die in der zweiten Jahreshälfte 1983 in «Science», den «Science News» und der «Los Angeles Times» erschienen und mit dazu beitrugen, die Sache in Gang zu setzen. Für den vielbeschäftigten Wissenschaftler von heute sind die Nachrichten- und Kommentarspalten eines Wissenschaftsjournals unter Umständen die einzige Möglichkeit, sich über die Aktivitäten in den benachbarten Fächern einigermaßen auf dem laufenden zu halten.

Andererseits leisten die Massenmedien – auf den vorausgehenden Seiten haben wir zahlreiche Beispiele dafür kennengelernt – immer wieder der Verbreitung von Irrtümern und Mißverständnissen Vorschub. Immer wieder müssen feste und freie Mitarbeiter eine neue Wissenschaftsentwicklung im Schnellschußverfahren aus dem hohlen Bauch beurteilen, ohne sich den bescheidenen Luxus gönnen zu können, das Ergebnis einer gründlichen Überprüfung und Diskussion abzuwarten. Trotz alledem leisten sie meiner Meinung nach aufs Ganze gesehen erstaunlich gute Arbeit – aber gelegentliche Irrtümer haben sich bis dato nicht vermeiden lassen, und das wird wohl auch in Zukunft so bleiben. Per saldo dürften die Pluspunkte die Minuspunkte überwiegen. Und es stärkt sicher das Selbstvertrauen eines Wissenschaftlers, wenn er seine Arbeit mit dem wohlwollenden Vorspruch eines Redakteurs gedruckt sieht. Mir selbst jedenfalls ist es oft so gegangen – so oft, daß mir ein boshafter Redaktionsvorspann, wie er dann und wann halt auch einmal vorkommt, heute schon gar nichts mehr ausmacht.

Wenn den Massenmedien, der Presse zumal, ein grundsätzlicher Fehler anzukreiden ist, so der, daß sie immer und jederzeit den letztgültigen Gesichtspunkt, die abschließende Lösung präsentieren wollen. Gewiß, man hat gemeinhin diese und jene neue Information zu berichten, und in einer idealen Welt bringen solche neuen Informationen Ordnung in die Bilanz: das Fazit, das man jetzt zieht, ist für alle Zeiten unumstößlich gesichert. Fast jeder neue Presseartikel ist auf dieser Voraussetzung aufgebaut. Aber nicht anders als vielerorts in und außerhalb der Wissenschaft ist auch in Sachen Nemesis die Lage die, daß eine neue Information nicht schon per se unvergänglich und häufig genug schlichtweg falsch ist. Wo es um kontroverse Fragen geht, pflegt der Wind in vielfachem Wechsel mal von hier, mal von dort zu blasen. Der journalistische Eifer, zu jeder Sache jederzeit das allerletzte Wort zu sagen, versetzt den Leser von Artikel zu Artikel in die Rolle eines Wetterhahns. Ihm wird ganz konfus, und wie ihm geht es anderen: so herrscht zuletzt nur allgemeine Konfusion. Man sollte unter Presseleuten vielleicht einmal bedenken, ob der Journalismus nicht ein Tempo vorlegt, mit dem die wissenschaftliche Forschung ohne Verrat an ihren Prinzipien – Prinzipien, die eine geruhsamere Gangart verlangen – einfach nicht Schritt halten kann. Es wäre ein unbestreitbarer Fortschritt, wenn Journalisten sich dieser Problematik bewußt würden und als Abhilfe einen Berichtsstil entwickelten, der es ihnen erlaubt, neue Gesichtspunkte und Entwicklungen in einer Sache zu referieren, ohne jedesmal wieder so tun zu müssen, als sei damit das letzte Wort gesprochen.

Häufig kann man die Meinung hören, daß es nicht die Aufgabe von Tageszeitungen sei, sich in Leitartikeln über rein wissenschaftliche Fragen zu verbreiten: Die Leitartikler sollten die Wissenschaft besser den Wissenschaftlern überlassen. Dem kann ich mich nicht anschließen. Wissenschaftliche Fragen sind Fragen von öffentlichem Interesse und von sozialer Bedeutung. Gewiß, die Redaktionsstäbe unserer großen Tageszeitungen zählen in den meisten Fällen keinen einzigen akademisch ausgewiesenen Naturwissenschaftler zu ihren Mitgliedern, aber diese Laienhaftigkeit besteht auch in bezug auf Politikwissenschaft, Epidemiologie und überhaupt die meisten akademischen Fächer. Wollten wir einem Journalisten verbieten, seine Meinung über Wissenschaftsthemen zu sagen, müßten wir ihm auch das Recht absprechen, über Themen wie – beispielsweise – Aids oder Volkswirtschaftstheorien der Besteuerung zu schreiben.

11
EINEN SCHRITT WEITER – ZUM ERDMAGNETISMUS

Was folgt, ist ein anekdotischer Kurzroman über einen Ableger des Nemesis-Stoffs, der sich auf lange Sicht vielleicht noch einmal als eine hochbedeutsame Sache erweisen wird – oder auch nicht: für jede entschiedenere Prognose ist es derzeit noch zu früh. Aber mit ihren Vertracktheiten und überraschenden Wendungen ist die Handlung als solche ein hervorragendes Vehikel für die Darstellung einiger interessanter Facetten des Forschungsprozesses. Außerdem handelt es sich um einen Aspekt des Nemesis-Komplexes, der ungefähr für die Dauer eines Jahres einen Großteil meiner Energie verschlungen hat.

Magnetfeldumkehrungen

Die meisten von uns verbinden mit dem Magnetfeld der Erde kaum mehr als die Vorstellung von einem bequemen Hilfsmittel bei der Navigation. Normalerweise kommen wir nicht sehr oft in die Lage, den Geomagnetismus praktisch nutzen zu müssen. An halbwegs sonnigen Tagen verhilft uns der Stand der Sonne zu einer intuitiven Nord-Süd-Orientierung, und solange wir uns an vertrautem Ort befinden, können wir sogar auf den Beistand unseres Zentralgestirns verzichten. Da zu unserer biologischen Ausstattung kein Sinn für den Erdmagnetismus gehört, können wir uns seiner nur unter Zuhilfenahme technischer Vorrichtungen bedienen. Aber für viele Organismen ist die Fähigkeit, das erdmagnetische

Feld sinnlich wahrzunehmen, vielleicht genau so wichtig wie jeder andere Sinn. Eine Vielzahl verschiedenartigster Fische, Vögel und Insekten produziert (im Rahmen des normalen Stoffwechsels) sogar selber winzige Magnete, die dann in Verbindung mit ausgezeichneten «Bordcomputern» zur Auswertung feinster Nuancen des Erdmagnetfelds dienen. Diese Tiere vermögen sich mit sicherem Gespür in einer magnetischen Topographie zu bewegen, die bis ins Kleinste den gleichen Realitätswert besitzt wie die handfeste Topographie, die für Menschenwesen das höchste der Gefühle ist.

Auf anderem Schauplatz lernt man als einen Triumph der modernen Geophysik die Entdeckung kennen, daß sich das erdmagnetische Feld bisweilen umkehrt. Das heißt, die Pole tauschen ihre Plätze: wo vorher Norden war, ist jetzt Süden, und umgekehrt. Zur Einsicht in diesen Sachverhalt gelangte man, weil in bestimmten Gesteinsformationen Auskünfte über das Geomagnetfeld gespeichert sind, das zur Zeit ihrer Entstehung bestand. Daraus hat man dann eine Chronik der erdgeschichtlichen Richtungs- und Intensitätsvariation des Geomagnetismus rekonstruiert.

Bald nachdem man (Ende der fünfziger Jahre) die Tatsache der Feldumkehrung entdeckt hatte, ergaben sich praktisch von selbst Fragen wie die folgenden: Wie hat man sich die Umweltbedingungen während einer solchen Umkehrung vorzustellen? Hätte das im Lauf des Vorgangs auftretende Absacken der Feldstärke auf Null biologische Auswirkungen? Wäre die Folge möglicherweise ein Massenaussterben? Diese Fragen hatten einige nicht sonderlich ergiebige Forschungsaktivitäten im Gefolge. Solange erst wenige Magnetfeldumkehrungen lokalisiert waren, sah es fallweise nach einer starken Korrelation zwischen Umkehrungs- und Aussterbezeiten aus. Dieser Eindruck verflüchtigte sich jedoch immer mehr, je größer die Zahl der bekannten Umkehrungsfälle wurde.

Es ergab sich kein zwingender Grund, den Feldumkehrungen nennenswerte biologische Auswirkungen zuzuschreiben. Sehr wahrscheinlich ist der Geomagnetismus als Navigierhilfe für die meisten Arten nicht überlebenswichtig. Indes: wenn die Erde temporär überhaupt kein magnetisches Feld mehr hat, büßt der Van-

Allen-Gürtel für die Dauer dieses Ausfalls seine abschirmende Wirkung ein, so daß sich für die Organismen auf der Erde die kosmische Strahlenbelastung leicht erhöht; die Folge davon könnte eine erhöhte Genmutationsquote sein. Es ließ sich jedoch alsbald nachweisen, daß dieser Zusammenhang allenfalls unbedeutende biologische Auswirkungen zeitigen würde, und daraufhin begann das Interesse für diese Fragen mehr oder minder zu erlöschen.

Dem allen zum Trotz, und so schlecht es danach um ihre Chancen bestellt sein mag: die Vorstellung von einem möglichen Zusammenhang zwischen Feldumkehrung und Massenaussterben spukt vielen Leuten immer noch im Hinterkopf herum. Wir wissen erschreckend wenig über die physiologischen Wirkungen von Magnetfeldern. Nur in höchst spärlichem Umfang hat man bisher im Labor erprobt, wie Versuchstiere auf das Leben in einer Umwelt ohne Magnetfeld reagieren. Überdies haben die Geophysiker zwar glänzende Arbeit geleistet, was die Erfassung und Dokumentation von Feldumkehrungen im Lauf der Erdgeschichte angeht, aber wenig darüber in Erfahrung bringen können, wie und warum denn nun die Feldrichtung des Geomagnetismus diametral umschlägt. Wäre es möglich, daß der Einschlag eines massereichen Himmelskörpers den Erdball stark genug zu erschüttern vermag, um ein prekär ausbalanciertes Magnetfeld in die entgegengesetzte Richtung zu kippen? Der Gedanke ist in der geophysikalischen Literatur zwar schon einige Male aufgetaucht, jedoch ohne daß irgend etwas Konkretes dabei herausgekommen wäre.

Eine Forschungsreise

Bis zum Sommer 1984 war hinreichend deutlich geworden, daß an der Leistungsgrenze von Statistik als solcher zugleich auch die Validität unserer Analyse des periodischen Aussterbens ihre Grenze hatte. Was uns betraf, glaubten wir an die Zuverlässigkeit unserer Ableitungen, aber was wir brauchten, war eine unabhängige Bekräftigung. Es kam jetzt darauf an, herauszufinden, ob unser Strukturschema des Aussterbens prognostischen Wert in dem Sinne hatte, daß sich andere Indikatoren mit einem zeitlich und strukturell parallelen – als Reaktion auf dieselben Belastungen interpretierbaren – geologischen Reihenbildungsschema finden ließen. Genügend Leute hatten bereits die Meteoritenkrater ins Visier genommen oder suchten in Gesteinsformationen nach zusätzlichen chemischen Indikatoren. Also machten wir uns auf die Suche nach anderen vielversprechenden Meßgrößen in der erdgeschichtlichen Urkunde. Ich für meinen Teil entschied mich dafür, mir die Chronologie der Magnetfeldumkehrungen vorzunehmen. Spiegelte sie ebenfalls ein turnusmäßiges Geschehen wider, und wenn ja, deckte sich diese Periodizität mit der Periodizität des Aussterbens?

An sich hatte ich (auch wenn der Zufall es so eingerichtet hat, daß der Universitätsfachbereich, dem ich derzeit als Leiter vorstehe, den Namen «Geophysikalische Wissenschaften» trägt) auf dem Terrain der Geophysik nichts verloren. Von Magnetfeldern weiß ich nicht mehr, als was ich zufällig da und dort aufgeschnappt habe. Das Risiko, einen gewaltigen Bock zu schießen, war enorm groß für mich. Ich entschloß mich zu einem Lotteriespiel. Wie man gleich sehen wird, ist bis heute noch nicht ganz heraus, ob es ein kluger oder ein törichter Entschluß war.

Im Gegensatz zur Lage der Dinge auf paläontologischem Gebiet ist die Chronologie der Feldumkehrungen eine einigermaßen gesicherte Sache – zumindest für die letzten 165 Millionen Jahre der Erdgeschichte: Innerhalb dieser Zeitspanne wurden rund dreihundert komplette Umkehrungen ausgemacht und größtenteils zuverlässig datiert. In der Frequenz der Umkehrungen (Häufigkeit pro Jahrmillion) zeichnet sich ein sehr langfristiger Rhythmus ab, der seit langem als allgemein anerkannte Tatsache gelten darf, auch wenn bis jetzt noch niemandem eine halbwegs einleuchtende Erklärung für ihn eingefallen ist. Demgegenüber richtete sich mein Interesse jedoch auf die Feinstruktur des chronologischen Schemas, das heißt auf die den Wandel im Großen überlagernde Mikrovariation.

Einen Ansporn erhielt ich, als mir eine Veröffentlichung jüngeren

Datums in die Hände fiel, in der für das Frequenzmuster der Umkehrungen längs der Zeitachse Periodizität reklamiert wurde. Es handelte sich um eine Studie zweier indischer Geophysiker namens J. G. Negi und R. K. Tiwari, nach deren Ansicht sich aus dem vorhandenen Faktenmaterial unverkennbar eine 32-Millionen-Jahre-Periodizität des Erdmagnetismus herauslesen ließ. Aus den Methoden der beiden ergab sich keine Aussage darüber, ob die schubweise Häufung von Feldumkehrungen in Parallele zur Chronologie des Massenaussterbens erfolgte. Später, als ich mit meiner eigenen Arbeit bereits angefangen hatte, stieß ich auf eine zweite einschlägige Veröffentlichung: Ein französisches Team unter Leitung von A. Mazaud postulierte eine 15-Millionen-Jahre-Periodizität, die so aussah, daß jeder zweite Schub ein wenig stärker als der vorausgegangene war und zeitlich ungefähr mit einem von unseren Aussterbeereignissen zusammenfiel. Eine sehr verführerische Perspektive!

Indes hatte sich im Lauf der Jahre auch eine ganze Reihe anderer Geophysiker des Problems angenommen, die alle zu der Auffassung gekommen waren, daß in der Frequenzfluktuation auf der Mikrostrukturebene der Umkehrungschronik nur Zufallsmuster zutage treten. Keinem war es gelungen, die Annahme eines zufallsbedingten Geschehens zu widerlegen. Dieses Ergebnis ist zwar kein abschließender Beweis für eine tatsächlich gegebene Zufälligkeit, doch ist damit die Beweislast auf denjenigen übergewälzt, der ein nichtzufallsbedingtes Muster zu erkennen glaubt. Tatsächlich entsprach der Zufallsbefund dem, was in der Geophysik von Anfang an die unumschränkt herrschende Auffassung war – und es wohl immer noch ist. Aber auch noch so unumschränkt herrschende Auffassungen sind nicht grundsätzlich über das Irrtumsrisiko erhaben, und die Befunde sowohl der beiden Inder wie des französischen Teams ließen in dieser Hinsicht einiges hoffen.

Ich liefere die Quintessenz einer langen Geschichte, wenn ich sage, daß ich die Chronologie des Erdmagnetismus einigen skrupulösen statistischen Analysen unterzog, und zwar im wesentlichen mit Hilfe derselben Verfahren, die Jack Sepkoski und ich bereits auf die Fakten des erdgeschichtlichen Artenwandels angewandt hatten.

Dabei ergab sich eine beeindruckende 30-Millionen-Jahre-Periodizität, die im Ablauf einigermaßen mit unserer Aussterbeperiodizität kongruierte. «Einigermaßen» sage ich, weil – wie jedermann klar sein dürfte – ein 30-Millionen-Jahre-Turnus mit einem 26-Millionen-Jahre-Turnus nicht sehr lange synchron laufen kann. Die letzten Massenaussterben fanden 11, 38 und 65 Millionen Jahre vor der Gegenwart statt, dem entsprechen in der Chronologie der Magnetfeldumkehrungen Ereignisse um 10, 40 und 70 Millionen Jahre vor der Gegenwart. Angesichts der in diesem Fall nicht zu beseitigenden Unsicherheitsfaktoren bei der statistischen Analyse braucht man die Differenzen nicht sonderlich hoch zu bewerten. Erinnern wir uns, daß Rampino und Stothers bei der NASA aus dem gleichen Faktenmaterial, das Jack und ich für unsere Analyse des Aussterbegeschehens benutzt hatten, eine 30-Millionen-Jahre-Periodizität herauslasen und daß die Berkeley-Gruppe in der Kraterbildung eine 28-Millionen-Jahre-Periodizität entdeckte. Es ist durchaus möglich, daß all diese Studien dasselbe sagen.

Ich hoffe, meine Leser stolpern hier nicht über das Problem, daß Forschungsergebnisse durch Erwartungen «bedingt» sein können. Den zynischen Ausspruch «Hätte ich nicht gewußt, daß es da ist, hätte ich es bestimmt nicht bemerkt» habe ich ja in anderem Zusammenhang (auf Seite 151) schon zitiert. Die Gefahr einer unbewußten Voreingenommenheit ist immer gegeben. Es gibt kein statistisches Testverfahren, das in der Lage wäre, die Wissenschaft gegen vorgefaßte Meinungen abzuschirmen. Hier hat man es mit den am schwierigsten zu bewältigenden Risiken der Forschungsarbeit zu tun.

Gutachten der Standesgenossen

Der statistische Befund war hinreichend solide, und die Vorstellung von einem möglichen Zusammenhang mit dem Faktum des biologischen Aussterbens hatte etwas so Faszinierendes, daß ich mich entschloß, die ganze Sache in kurzgefaßter Form zu Papier zu bringen und «Nature» zur Veröffentlichung anzubieten. Das Kollegenlektorat würde sich im gegebenen Fall als hervorragender Prüfstein erweisen, wenngleich natürlich viel davon abhing, *wem* die Redaktion das Manuskript zur Begutachtung schicken würde.

Im September 1984 reichte ich mein Manuskript bei der «Nature»-Redaktion ein. Gleichzeitig schickte ich – mit der Bitte um eine Stellungnahme – Kopien an ein rundes Dutzend Leute, deren Meinung mich interessierte. Man könnte jetzt einwenden, ich hätte vielleicht (nach dem Motto «Wenn schon, denn schon») klüger daran getan, erst diese inoffiziellen Stellungnahmen abzuwarten, bevor ich den Artikel an eine Zeitschrift schickte – aber dafür brachte ich einfach die Geduld nicht auf. Der erste Lektoratsdurchlauf war Mitte November abgeschlossen. Von der Redaktion erhielt ich die Nachricht, daß die Gutachten widersprüchlich ausgefallen seien: eines empfahl die Veröffentlichung, das zweite riet nachdrücklich davon ab. In einer solchen Situation stehen der Redaktion mehrere Auswege aus dem Dilemma offen. Häufig schickt man das Manuskript zusammen mit den vorliegenden Gutachten an einen dritten Gutachter und überläßt diesem die Entscheidung. Es kommt aber auch vor, daß der zuständige Redakteur oder der Chefredakteur jetzt selber über Annahme oder Ablehnung entscheidet.

In diesem Fall wählte «Nature» einen dritten Weg: Man nahm nicht an, und man lehnte nicht ab, sondern man schickte mir das Manuskript (mitsamt den Gutachten) zurück und forderte mich auf, es nach Überarbeitung neu einzureichen. Gleichzeitig ersuchte man mich, sechs sachverständige Kollegen zu benennen, die als neue Gutachter in Frage kämen.

Es ist durchaus nichts Ungewöhnliches, daß eine Zeitschriftenredaktion beim Autor eines eingereichten Artikels die Namen von möglichen Gutachtern erfragt. Man hat es hier mit einem nicht nur gängigen, sondern auch interessanten Aspekt des Gutachtersystems zu tun. Die Prozedur ist im allgemeinen geheim, und der Autor erfährt in der Regel nie, wer sein Manuskript begutachtet hat. Allerdings können unter Umständen Vorschläge von seiten des

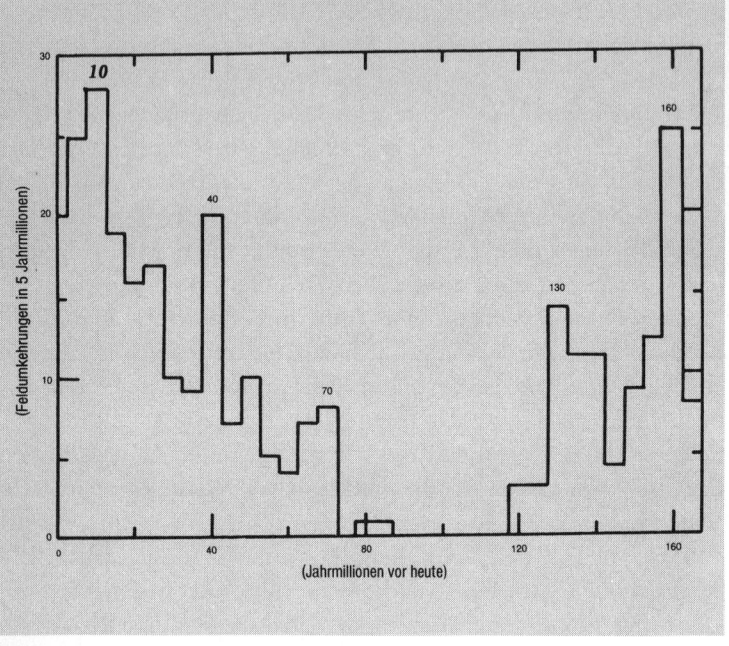

Periodizität in der erdgeschichtlichen Urkunde der Magnetfeldumkehrungen. Das Histogramm zeigt – in Schritten von 5 Mio. Jahren – die Zahl der vollendeten Feldumkehrungen für die letzten 165 Mio. Jahre an. Als allgemeiner Trend ist (von rechts nach links) eine Abnahme der Umkehrungshäufigkeit festzustellen, eine Entwicklung, die in dem Zeitabschnitt von etwa 120–80 ma vor heute ihre Talsohle (die stille Zone der Kreideperiode) durchläuft, wonach die Umkehrungsaktivität neuerlich anhebt, um mit steigender Tendenz bis heute (= linker Bildrand) anzuhalten. Die These meines «Nature»-Artikels lautet, daß der generelle Trend überlagert ist von einer gleichmäßigen 30-Mio.-Jahre-Periodizität, die sich in Aktivitätsausbrüchen um 10, 40, 70, 130 und 160 ma vor heute bemerkbar macht. (Nach D. M. Raup, in: «Nature» 314 [1985], S. 341-343; Abb. 1.)

232

Autors der Redaktion die Arbeit erleichtern, und man greift bei Bedarf nicht ungern auf den einen und/oder anderen von seinen Kandidaten zurück. Klar, daß es für den betreffenden Autor jedesmal ein spannendes Abenteuer ist, seine Vorschlagsliste zusammenzustellen. Wenn er die Sache allzu ernst nimmt, kann sich das Ganze leicht zur Nervenstrapaze auswachsen.

In diesem Fall war mir aber die Identität der beiden Gutachter bekannt. Der eine, ein australischer Geophysiker, hatte sein Gutachten mit Namen gezeichnet, und der Redakteur hatte es aus welchen Gründen auch immer versäumt, den Namen abzutrennen. Dem anderen, einem renommierten Geophysiker in Kalifornien, hatte ich meinerseits bereits eine Manuskriptkopie zugehen lassen, woraufhin er mich umgehend informierte, daß ihm der Artikel von «Nature» zum Lektorieren geschickt worden war. Der kalifornische Gutachter gehörte zu den Vertretern seines Faches, die sich vor Jahren mit der Chronik der Magnetfeldumkehrungen befaßt hatten und zu dem Schluß gekommen waren, daß die geringfügigen Variationen im Zeitschema als zufallsbedingt anzusehen seien. Er bewertete meine Arbeit sehr positiv und empfahl sie zur Veröffentlichung. Aber er ließ auch keinen Zweifel daran, daß er zwar an meiner Vorgehensweise nichts auszusetzen fand, daß jedoch meine Befunde als solche nicht unbedingt nach seinem Geschmack waren.

Der australische Gutachter ließ an meiner Arbeit keinen guten Faden: Sie enthalte einen «schwerwiegenden Trugschluß», und «die Folgerungen, zu denen der Artikel gelangt», seien «durch nichts gerechtfertigt». Und so extrem ruppig ging es in dem ganzen – insgesamt vier Seiten langen – Gutachten zu. Die Aussetzungen dieses Kritikers erwiesen sich dann allerdings als sehr nützlich für mich. Ich verwendete sie nämlich als Richtlinie für eine einschneidende Umarbeitung von Aufbau und Stil meiner Darstellung. Das Kollegenlektorat-System erfüllte in diesem Fall – was es ja sonst leider viel zu selten tut – exakt seine vorgesehene Aufgabe.

Ich arbeitete also mein Manuskript um und schickte es, wie verlangt, zusammen mit sechs Vorschlägen für mögliche Begutachter der «Nature»-Redaktion zum zweitenmal zu. In meinem Begleitbrief bat ich, man möge auf keinen Fall wieder den Australier als Lektor nehmen; dazu zitierte ich einige Stellen aus seinem Negativgutachten, aus denen mir klar hervorzugehen schien, daß seine Voreingenommenheit ihm die Fähigkeit zu einem objektiven Urteil geraubt hatte. Die «Nature»-Redaktion hatte daraufhin nichts Eiligeres zu tun, als auch die Neufassung nach Australien zu schicken! Zusätzlich gab sie das Manuskript noch einem der Kandidaten auf meiner Liste zu lektorieren, nämlich Timothy Lutz von der University of Pennsylvania. Zwar kannte ich Lutz nicht persönlich, doch war er mir ein Begriff als ein glänzender Geophysiker der jüngeren Generation, der überdies eigene praktische Erfahrungen auf dem Gebiet der Zeitreihenuntersuchung vorzuweisen hatte.

Im Januar 1985 unterrichtete mich die Redaktion, daß beide Lektoren die Neufassung positiv beurteilt hatten; man bat mich lediglich noch um ein paar kleinere formale Korrekturen, danach könne das Manuskript in Satz gehen. Ich war selbstverständlich hochbeglückt. Das Kollegenlektorat-System hatte funktioniert und mit seinem Funktionieren zur Verbesserung meiner Arbeit beigetragen, und der ganze Vorgang hatte nicht einmal fünf Monate in Anspruch genommen. Noch ahnte ich ja nicht, was auf mich zukam.

Im folgenden Monat traf ich den australischen Lektor in Canberra, wo er mir bei einem köstlichen Mittagessen eröffnete, daß er meinem Befund zwar immer noch nicht traue, aber in meinem Ansatz und meiner Verfahrensweise keinen Fehler habe entdecken können. Bevor wir uns trennten, schlossen wir eine Fünf-Dollar-Wette auf den Ausgang der Sache ab – eine Wette, die bis heute noch nicht entschieden ist.

Lutz erhebt Einspruch

Mein Artikel über die 30-Millionen-Jahre-Periodizität wurde Ende März veröffentlicht. Mit Spannung wartete ich auf Reaktionen. Die Presse schenkte der Sache so gut wie keine Beachtung, aber in der Fachwelt war man inzwischen in ausreichendem Maße sensibilisiert für das Veröffentlichungsthema «Geologische Periodizität», daß ich darauf vertrauen konnte, mein Artikel werde schon in die richtigen Hände gelangen. Tim Lutz hatte begonnen, sich für das Problem zu interessieren und eigene Nachforschungen anzustellen. In Princeton, auf einer Festveranstaltung zu Ehren von Al Fischer, lernten wir einander persönlich kennen und tauschten unsere Gedanken über mögliche Strategien für weitere Forschungen auf dem Sektor der erdgeschichtlichen Magnetfeldumkehrungen aus.

In seinem Gutachten für «Nature» hatte Tim mögliche Alternativverfahren für die Datenanalyse aufgezeigt, und ich hatte mir daraufhin kurz überlegt, ob es nicht besser sei, meinen Artikel zurückzuziehen und gemeinsam mit Tim eine umfassende Aufarbeitung des gesamten Problemkomplexes in Angriff zu nehmen. Nachdem ich mich dann aber doch für die Publikation des Artikels, so wie er war, entschieden hatte, setzte Tim seine Arbeit im Alleingang fort.

Zum Ende des Frühjahrs hatte Tim Lutz seine ausgedehnten Untersuchungen abgeschlossen und in einem Manuskript mit dem Titel «Ein neuer Blick auf die Periodizität in der Chronologie der Erdmagnetfeldumkehrungen» zusammengefaßt, das er der «Nature»-Redaktion zur Publikation anbot. Gleichzeitig schickte er eine Kopie an mich. Es ist wohl nicht weiter verwunderlich, daß «Nature» mir den Artikel umgehend zur Begutachtung vorlegte.

Die Arbeit war ein Stück Wissenschaft «vom Feinsten»; ziemlich durchschlagend demonstrierte sie, daß eine Periodizität in der Chronologie des Erdmagnetismus zwar existieren könne, daß jedoch mein Artikel nicht den Beweis für ihre Existenz geliefert habe. Was tun? Als erstes probierte ich Lutz' Grundansatz auf meinem eigenen Computer an meinem eigenen Faktenmaterial aus – und kam zu dem gleichen Ergebnis wie er. Danach blieb mir nichts anderes übrig, als der Zeitschrift gegenüber ein positives Votum abzugeben.

Jetzt steckte ich mit dem periodischen Aussterben in der Klemme. Meine Analyseverfahren für die Feldumkehrungen waren im wesentlichen die gleichen gewesen, die Jack und ich auch in

Sachen Aussterben angewandt hatten. Wenn nun das Ergebnis der einen Untersuchung falsch (oder zum mindesten nicht schlüssig) war, hieß das nicht, daß auch im anderen Fall dem Ergebnis nicht zu trauen war? Eine Frage mit möglicherweise ernsten Konsequenzen, wenn man den hochgradig kontroversen Charakter der gesamten Aussterbethematik bedenkt. Um die fragliche Zeit, daran sollte man sich erinnern, war ja die hitzige Debatte um Periodizität-plus-Nemesis gerade im schönsten Schwange. Lutz hatte das Thema in seinem Artikel kurz berührt, mit der Anmerkung freilich, daß die Fakten im Bereich des biologischen Aussterbens sich von denen des Geomagnetismus so stark unterschieden, daß seine Kritik möglicherweise nicht vom einen auf den anderen Sektor übertragbar sei. Glücklicherweise hatte er recht: Eine auf der Grundlage seines neuen Ansatzes durchgeführte Analyse des Faktenmaterials in Sachen Aussterben ließ den Periodizitätsbefund unberührt.

Ich widerrufe

Jetzt standen mir (und der «Nature»-Redaktion) verschiedene Wege offen. Es gab die Möglichkeit, das Lutz-Manuskript bei der Veröffentlichung ausdrücklich als Replik auf meinen vorausgegangenen Artikel zu deklarieren; in diesem Fall würde mir das Recht auf Duplik noch in derselben Nummer zustehen. Man konnte es aber auch als selbständige Veröffentlichung behandeln; dann würde eine allfällige Replik von meiner Seite erst in einer späteren Nummer erfolgen können, wobei Lutz das Recht der gleichzeitigen Duplik hätte. Im einen wie im anderen Fall würde ich ein doppeltes Ziel im Auge behalten müssen: galt es nämlich einesteils, die Solidität von Lutz' Arbeit ohne Wenn und Aber anzuerkennen, so mußte ich zum anderen unbedingt verhindern, daß der Befund in Sachen Aussterbeperiodizität durch eine ungerechtfertigte Verallgemeinerung des Ergebnisses in Sachen Geomagnetismus in Mißkredit gebracht wurde.

Tatsächlich nahm die Sache dann einen ganz anderen Verlauf. Ein, zwei besonnene Unterhaltungen mit Peter Gambles, dem zuständigen Redakteur im Londoner Büro von «Nature», führten zu folgender Lösung: Das Lutz-Manuskript wird als eigenständiger Beitrag veröffentlicht, dazu schreibe ich in derselben Nummer in der Rubrik «News and Views» einen einführenden Vorspann. Es war Dr. Gambles' Einfall, so zu verfahren, ein Einfall, den ich meinerseits dankbar begrüßte. Auf diese Weise erhielt ich nämlich Gelegenheit, Lutz' Studie die gebührende Anerkennung zu zollen, gleichzeitig aber auch die Periodizität des Aussterbens «in Schutz zu nehmen». «News and Views» ist jene plakative Rubrik in der Zeitschrift «Nature», wo Chefredakteur John Maddox und andere ihre Stellungnahmen zu dem Artikel Toni Hoffmans und sonst in Sachen Nemesis abgegeben hatten.

Zum Zeitpunkt der Niederschrift dieser Zeilen ist das «Nature»-Heft mit den fraglichen zwei Beiträgen erst seit kurzem ausgeliefert, so daß man über die Reaktionen der Gelehrtenwelt vorläufig nur spekulieren kann. Noch ist kein Anzeichen dafür zu erkennen, ob Lutz' neue Analyse der Geomagnetismus-Chronik zusammen mit meinem Rückzieher der Reputation der Periodizitätsthese und von Nemesis im Endeffekt nützen oder schaden wird. Aber während in den vergangenen Monaten an all diesen Dingen geschrieben und die Manuskripte lektoriert, gegenlektoriert und gedruckt wurden, gewann unabhängig davon die Sache als solche deutlichere Konturen.

Nachdem ich meinen «News and Views»-Text an Peter Gambles abgeschickt hatte, geschah dreierlei:

1. Von «Nature» erhielt ich neuerlich ein Manuskript zum Lektorieren zugeschickt. Als Verfasser zeichneten zwei angesehene englische Geophysiker, die sich auf die erdgeschichtliche Chronik der Magnetfeldumkehrungen spezialisiert hatten – und diese beiden hatten, wie sie hier berichteten, am Gegenstand ihrer Forschungen eine 30-Millionen-Jahre-Periodizität entdeckt. Was der Sache die besondere Note gab, war der Umstand, daß mein eigener einschlägiger Artikel den Verfassern aus Gott weiß welchem Grund

entgangen sein mußte, denn allem Anschein nach war ihnen vollkommen unbekannt, was ich nur wenige Monate zuvor in derselben Zeitschrift über ihr Thema geschrieben hatte. Als ich mir jetzt diesen Sachverhalt vor dem Hintergrund der älteren Untersuchungen aus Indien und Frankreich überlegte, bekam mein Vertrauen in den eigenen Befund in Sachen Geomagnetismus neuen Auftrieb. War mein Widerruf nicht vielleicht doch einer überstürzten Entscheidung entsprungen? Unglücklicherweise wies das neue Manuskript insofern einen Formfehler auf, als versäumt worden war, die Resultate auf ihre statistische Signifikanz zu testen, so daß «Nature» die Veröffentlichung ablehnte. Damit hat die Arbeit praktisch aufgehört zu existieren und wird so lange nichtexistent bleiben, bis sie überarbeitet, neu eingereicht und lektoriert und endlich auch gedruckt worden ist. (In der Tat liegt die Neufassung des Manuskripts der «Nature»-Redaktion inzwischen vor, doch ist die Entscheidung über Annahme oder Ablehnung noch nicht gefallen.)

2. Bei der NASA hörten Mike Rampino und Dick Stothers von meiner Widerrufsabsicht und gaben sich daraufhin die größte Mühe, mich von dem Vorhaben abzubringen. Sie hatten ihrerseits eine Analyse der Magnetfelddaten vorgenommen und waren zum gleichen Ergebnis wie ich gekommen, hatten jedoch auf eine Publikation verzichtet, nachdem sie gesehen hatten, daß ich ihnen auf diesem Gebiet zuvorgekommen war. Inzwischen hatten sie sich auch mit Lutz' Studie beschäftigt und fanden sie keineswegs stichhaltig. Rampino und Stothers halten das periodische Schema der Magnetfeldumkehrungen für eine Tatsache und werden sich wahrscheinlich in einer «Neu im Gespräch»-Kolumne in «Nature» kritisch mit Lutz auseinandersetzen.

3. Von Rich Muller in Berkeley, einem der Väter von Nemesis, befindet sich augenblicklich eine Arbeit im Druck, die auf dem Gedanken der Magnetfeldperiodizität aufbaut. Rich und sein Mitarbeiter Donald Morris sind der festen Überzeugung, daß sie einen einleuchtenden Mechanismus entdeckt haben, durch den ein einschlagender Komet oder Asteroid eine Umkehrung des erdmagnetischen Felds zu bewirken vermag. Pikanterweise ist ein unabding-

barer Teil dieses Mechanismus ein rascher Wechsel im Niveau des Meeresspiegels. Wie nicht anders zu erwarten, hofft Rich, daß die Periodizität der Feldumkehrungen allen kritischen Anstürmen standhält. Die Inhaltsangabe zu seinem Artikel schließt mit dem optimistischen Satz:

«Dieses Modell bietet die Erklärung für den bis dato rätselhaften Zusammenhang zwischen Umkehrungen des Erdmagnetfelds und Massenaussterbeereignissen.»

Bilanz

Nach alldem wird mir wohl kaum noch ein Leser widersprechen, wenn ich sage, daß in der Frage der Magnetfeldperiodizität augenblicklich Kuddelmuddel herrscht. Es läßt sich nicht mit Bestimmtheit sagen, ob die Chronologie des Geomagnetismus in ihrer Feinstruktur ein periodisches Muster aufweist, aber selbst wenn es so wäre, ließe sich nicht mit Bestimmtheit sagen, ob die Feldumkehrungen irgend etwas mit dem biologischen Aussterben oder mit einschlagenden Himmelskörpern oder womöglich mit beidem zu tun haben. Und ebensowenig läßt sich mit Bestimmtheit vorhersagen, wie sich diese Unklarheit auf den Vertrauenskredit der ursprünglichen Hypothesen über das periodische Aussterben und Nemesis auswirken wird.

Die Lage ist verworren, aber derart verworrene Lagen sind alles andere als atypisch für die wissenschaftliche Forschung (ausgenommen vielleicht zwei Einzelheiten: ungewöhnlich am gegenwärtigen Fall ist das rasante Tempo, in dem die Dinge sich entwickeln; ungewöhnlich ist ferner die große Zahl der aktiv an dem Geschehen Mitwirkenden). Der Weg zu einer wissenschaftlichen Wahrheit oder auch nur einem Konsens ist in den wenigsten Fällen der gerade Durch- und Eilmarsch, sondern meist ein nur notdürftig geordnetes Lavieren auf höchst verschlungenen Pfaden. Er verläuft himmelweit entfernt von jener Bilderbuchwissenschaftlichkeit, für die ein einfaches Experiment oder ein Meßwert genügt, um einem neuentdeckten Zusammenhang ein für allemal zu unanfechtbarer Geltung zu verhelfen.

In der wirklichen Welt dehnt sich ein breites Spektrum möglicher Situationscharakteristika zwischen der äußerst einfachen, rasch und sauber erlangten Problemlösung auf der einen und dem durch Unsicherheiten und Ungewißheiten gekennzeichneten Problemfall vom Schlag der Magnetismusperiodizität auf der anderen Seite. So zum Beispiel illustriert ein Großteil der Fragen, die mit Wissenschaftsthemen wie den genetischen Rassenunterschieden, der Epidemiologie von Aids, ja selbst mit Einsteins Relativitätstheorie verknüpft sind, das «problematische» Ende des Spektrums. Das «einfache», «ordentliche» Ende des Spektrums hat seine exemplarische Illustration vielleicht in der Entdeckung des genetischen Codes gefunden, wenngleich man dazusagen muß, daß der eleganten und unanfechtbaren Lösung des DNS-Problems viele frustrationsreiche Jahre voller Irrtümer und Sackgassen vorausgingen.

Nachzutragen bleibt mir hier noch der Hinweis auf die ob ihrer Selbstverständlichkeit oftmals in ihrer Bedeutung unterschätzte Tatsache, daß alle Teilnehmer am Forschungsprozeß – Menschen sind. In meiner Schilderung der Vorgänge um das Magnetfeld-Thema habe ich die rein persönlichen und emotionalen Aspekte größtenteils ausgespart, doch kann ich dem Leser guten Gewissens versichern, daß derlei Dinge im Forschungsbetrieb keine geringe Rolle spielen. Wohl am eindrucksvollsten hat diese Seite der Wissenschaftspraxis James Watson in seinem (gemeinsam mit James Crick verfaßten) Buch «Die Doppelhelix», dem Bericht über die Entdeckung der DNS-Struktur, beschrieben.

12
WISSENSCHAFT UND DOGMATISMUS

Das letzte Kapitel dieses Buches möchte ich dazu benutzen, ausgehend von meinen Erfahrungen mit der Nemesis-Theorie die delikateren Aspekte der wissenschaftlichen Forschungstätigkeit ein bißchen mehr ins Licht zu rücken. Dabei kommt es mir darauf an, zu zeigen, daß der Wissenschaftspraktiker in weit höherem Grad, als man gemeinhin annimmt, in Vorurteilen und Voreingenommenheiten befangen ist.

Die wissenschaftliche Systematik mit ihren unerbittlich strengen Maßstäben und Methoden für die Erprobung von Hypothesen hilft uns, Ordnung und Zusammenhang in unser Wissen (und Nichtwissen) zu bringen, und was auf dem Weg der «Wissenschaftlichkeit» an Ergebnissen produziert wurde, hat von vornherein größere Aussichten, etwas Objektives und Unparteiisches zu sein, als was auf anderen Wegen der menschlichen Wahrheitssuche zustande gekommen ist. Nichtsdestoweniger sind an der Bewegungsform der Wissenschaft in beträchtlichem Umfang auch emotionale und soziale Triebkräfte beteiligt. Anhand der Nemesis-Geschichte und einer Reihe weiterer Beispiele werde ich diese nichtobjektive Seite der Wissenschaft im folgenden ein wenig näher zu ergründen suchen.

Zuvor möchte ich jedoch mit allem gebotenen Nachdruck klarstellen, daß es nicht meine Absicht ist, mir eine wissenschaftsgeschichtliche und wissenschaftstheoretische Fachkompetenz anzumaßen, die ich nicht besitze. Meine informellen Bemerkungen aspirieren nicht etwa auf das theoretische Niveau eines Thomas S.

Kuhn oder Karl R. Popper, sondern es sind nichts weiter als mit Kommentaren versehene Impressionen aus der Welt der Wissenschaft, alles zusammen aus ganz persönlicher Sicht. Mir kommt es hauptsächlich darauf an, ein paar populäre Klischeevorstellungen von der wissenschaftlichen Alltagspraxis abzubauen.

Wissenschaftlichkeit

So gut wie alle Wissenschaftler sind der einhelligen Überzeugung, sie wüßten, wie sich Wissenschaft von Philosophie, Religion oder reiner Spekulation unterscheidet. Oder um es ganz exakt zu sagen: Alle Wissenschaftler, mit denen ich mich bisher über dieses Thema unterhalten habe, sind dieser Überzeugung. Aber sobald es darum geht, den Unterschied zwischen Wissenschaftlichkeit und anderen Formen der Wahrheitssuche genau zu spezifizieren, präsentiert sich gleich ein ganz anderes Bild. Die einen meinen, Wissenschaftlichkeit definiere sich als die experimentelle Erprobung (der prognostischen Kraft) von Hpyothesen. Für andere besteht die Wissenschaftlichkeit vor allen Dingen in der sorgfältigen Wissensvermehrung, die unvorbelastet von irgendwelcher Voreingenommenheit für bestimmte Antworten oder bestimmte Glaubensüberzeugungen zu erfolgen hat. Für den größten Teil der Wissenschaftler besteht die Unwissenschaftlichkeit der Religion darin, daß sie nicht experimentell verfährt, ihre «Hypothesen» nicht der Erprobung aussetzt und sich von vornherein einem bestimmten Dogma verschrieben hat. Wissenschaftlichkeit und Dogmatismus sind unvereinbare Gegensätze. Demnach ist die wissenschaftliche Forschung eine objektive Angelegenheit, weil sie von Menschen betrieben wird, die nicht den Einflüssen von Vorurteilen unterliegen und infolgedessen ihrem Gegenstand nicht mit einer bestimmten Erwartungshaltung gegenübertreten, sondern die Dinge nehmen, wie sie sind. Soweit das gängige Selbstverständnis der Wissenschaftler. Nach meinem Dafürhalten macht man sich mit solchen Ansichten ganz schön was vor.

Schuldig bis zum Erweis der Unschuld

Jede Wissenschaft hat ihre theoretischen Bezugsrahmen, innerhalb deren sich ihr Tun und Lassen abspielt. Mal heißen diese Rahmen Modelle, mal heißen sie Paradigmen, Hypothesen, Konzepte, Grundsätze oder Regeln. Aber wie auch immer sie heißen, sie liefern die Grundschemata sowohl der Problemformulierung wie der Interpretation von Beobachtungsdaten. Ein solches Modell oder Paradigma ist beispielsweise die Darwinsche Evolutionstheorie. Ein weiteres Beispiel, wiewohl ganz anderen Kalibers, ist die Nemesis-Theorie. In jeder Einzelwissenschaft existieren eine oder mehrere Theorien dieser Art.

In fast allen Fällen waren es einfallsreiche Vertreter des jeweiligen Faches, die sich als erste diese theoretischen Gerüste «ausdachten». Gewöhnlich fing das mit einer bloßen Ahnung an – unter Umständen von irgendwelchen Beobachtungsdaten nahegelegt, aber zu ihrer Erklärung durchaus nicht unbedingt erforderlich. Keinesfalls hat man sich die Dinge so vorzustellen, daß etwa die Chemie unter der Last irgendwelcher «erdrückenden» Beweise, die eine andere Interpretation gar nicht zugelassen hätten, zu ihrem periodischen System der Elemente gekommen wäre.

Sobald eine neue Theorie oder ein neues Paradigma hypothetisch ausformuliert ist, macht sich die Fachwelt prüfend und kritisierend darüber her – vorausgesetzt, der Einfall als solcher ist glaubwürdig und interessant genug. Neue und alte Beobachtungen und Experimente werden am Leitfaden der neuen Idee reorganisiert und rekonstruiert. Kommt etwas Passendes dabei heraus, wird es der neuen Idee gutgeschrieben. Ist es Quatsch, was herauskommt, wird das aufs Minuskonto gebucht. In den seltensten Fällen entscheidet ein einziges Experiment – das sprichwörtliche Experimentum crucis – über das Schicksal einer theoretischen Innovation.

Bis hierher läuft das alles noch einigermaßen unkompliziert, und

Parallelen findet man in allen Lebensbereichen. Aber die Sache hat einen Haken. Eine neue Idee entsteht nämlich in den seltensten Fällen im luftleeren Raum: für denselben Phänomenbereich existieren meist schon Beschreibungs- und Erklärungsmodelle, von denen mindestens eins und manchmal sogar mehrere wissenschaftlich etabliert sind. Wer einen Astronomen danach fragt, wie das Universum entstand und wie alt es ist, erhält immer eine Antwort, egal, in welchem Jahrzehnt oder Jahrhundert Fragesteller und Befragter sich befinden. Allerdings wechseln die Antworten im Lauf der Zeit, weil sie sich neuen Sehweisen und Ausdeutungen der Beobachtungsdaten anpassen müssen.

Für jede neue Theorie gilt, daß sie in der Fachwelt desto eher akzeptiert wird, je höher ihre Glaubwürdigkeit ist und je größer ihre Vorzüge gegenüber der vorhandenen Konkurrenz sind. In Fällen, die nicht so gelagert sind, daß die Auswahl unter den konkurrierenden Theorien sich von selbst versteht, fällt die Beweislast in aller Regel dem Neuankömmling zu. Dieser Punkt verdient Beachtung. Vor die Wahl gestellt, entscheidet sich die Fachwelt im Normalfall unweigerlich für die herkömmliche Auffassung. Hinzu kommt, daß die älteren Ideen eben meist schon so lange die Szene beherrschen, daß sie eine zahlreiche Entourage von Beweisgründen, die sie stützen, um sich sammeln konnten, wohingegen eine neue Idee zumindest am Anfang ihrer Laufbahn mit nicht viel dergleichen aufzuwarten hat. Der Wettkampf, der da stattfindet, gehorcht also keineswegs den Regeln des Fair play.

Ihrem Mangel an «Fairness» zum Trotz dürfte uns die herkömmliche Wissenschaftspraxis wahrscheinlich mehr nützen als «demokratischere» Verfahrensweisen. Die Geschichte lehrt, daß die meisten neuen Ideen so oder so dem Untergang geweiht sind. Der Wissenschaftsbetrieb würde die meiste Zeit über einen ziemlich chaotischen Eindruck machen, wollte man ernstlich jede neue Idee nach dem demokratischen Prinzip der Chancengleichheit behandeln.

Es bedarf also keiner weiteren Rechtfertigung, daß die neue Theorie so lange als Übeltäterin gilt, bis ihre Unschuld erwiesen ist, während die Theorien, die schon da sind, als unschuldig gelten, solange ihnen keine Verfehlung nachgewiesen werden kann. Nehmen wir zur Illustration das Zitat von Bill Clemens, das ich (dort ein wenig verkürzt) bereits in Kapitel 4 anführte:

»Paläontologische Fakten eignen sich prinzipiell nicht als Einwand gegen die Möglichkeit des Auftretens von Supernovae, Asteroideneinschlägen oder anderen außergewöhnlichen Ereignissen . . . Allerdings legt die Analyse der paläobiologischen Fakten den Schluß nahe, daß ein solches Ereignis als Erklärungsgrundlage für die biotischen Veränderungen im Übergang von der Kreide zum Tertiär nicht zwingend gefordert wird . . .»

Die Schlüsselwörter in diesem Zusammenhang sind: «nicht zwingend gefordert». Clemens wollte überhaupt keine Aussage darüber machen, welche der in Frage stehenden Erklärungen des Aussterbens die größere Wahrscheinlichkeit für sich hatte. Vielmehr wollte er sagen, daß wir bereits über zufriedenstellende Erklärungen verfügen, ohne dazu eigens auf Meteoriteneinschlag zurückgreifen zu müssen. Ins Praktische übersetzt, heißt das, daß ein neuer Gedanke den derzeitigen absoluten Herrscher nur kraft schlechthin zwingender Argumente – sozusagen im Zuge einer geistigen Overkill-Strategie – vom Thron zu stürzen vermag.

Wenngleich mir angesichts dieses Sachverhalts ein wenig unbehaglich zumute ist, kann ich nicht leugnen, daß er ein prägendes Element unserer wissenschaftlichen Kultur darstellt und möglicherweise auch das Element, das uns auf lange Sicht weiterbringt. Aber manchmal wirkt er sich doch recht hinderlich für den Fortschritt aus, vor allem, wenn die gängigen Anschauungen in einem Fach schon seit Urväterzeiten Bestand und sich entsprechend mit einer Vielfalt von «Unschuldsbeweisen» zu wappnen vermocht haben. Ein klassisches Beispiel ist die Dauerhaftigkeit des ptolemäischen Weltbilds, das die Erde zum Mittelpunkt des Universums machte. Praktisch alle Gebildeten waren von seiner Richtigkeit überzeugt, teils aus geistiger Bequemlichkeit, teils, weil es erstaunlich zuverlässige Vorausberechnungen von Sonnenfinsternissen etc. gestattete. Die Ablösung des ptolemäischen durch das kopernikanische Weltbild war ein langwieriger Prozeß, der alles andere als glatt verlief. Ähnlich mußte sich Einsteins Relativitätstheorie jahrelang gegen die spöttischen Anfeindungen von Fachgenossen ihres Erfinders behaupten.

Möglicherweise das einzige, was verhindert, daß überständiger «Urväter Hausrat» wissenschaftlicher Erkenntnis sich in praxi für alle Ewigkeit festsetzt, ist der Umstand, daß in jeder Generation neue «Querdenker» auftauchen, die – sei's aus schierem Daffke, sei's, weil es ihnen teuflisches Vergnügen macht – Hand an den alten Zopf der Tradition legen, indem sie sich fortwährend neue Ideen ausdenken.

In Sachen Nemesis geschah so manches, was sich (nur?) als Neuauflage des archetypischen Konflikts zwischen alter und neuer Theorie begreifen läßt. Doch ist es praktisch unmöglich, die Parteinahme für das Prinzip «Der Übeltat schuldig bis zum Erweis der Unschuld», selbst wo sie gegeben ist, auch nachzuweisen. Wenn der Verfasser eines Zeitschriftenbeitrags zehn Gründe anführt, warum das Aussterben beim K-T-Übergang unmöglich durch Meteoriteneinschlag verursacht worden sein kann, so läßt sich auf keine Weise herausbringen, ob und in welchem Umfang dem eine bewußt oder unbewußt selektive oder verformende Haltung gegenüber dem Datenmaterial zugrunde liegt. Was die Ausgangshypothese des Alvarez-Teams über den Meteoriteneinschlag an der K-T-Grenze betrifft, so bin ich mir ziemlich sicher, daß in dem Widerstand gegen sie das Bestreben nach Aufrechterhaltung von gängigen Auffassungen eine enorme Rolle gespielt hat. Hätte es auf diesem Gebiet so etwas wie eine herrschende Meinung noch gar nicht gegeben, würde das Faktum des Einschlags (mitsamt seinen biologischen Folgen) heute längst für einigermaßen zweifelsfrei erwiesen gelten.

Im Lotto gewinnen:
Wissenschaft oder Religion?

Eine kuriose Episode aus der Zeitgeschichte mag uns die Macht der herrschenden Meinung plastisch veranschaulichen und am konkreten Beispiel die Schwierigkeiten aufzeigen, der eine von vornherein als «Übeltäterin» gebrandmarkte Idee sich ausgesetzt sieht. Die Geschichte dreht sich um einen Konflikt zweier konkurrierender Dogmen: des religiösen Dogmas auf der einen und des Wissenschaftsdogmas auf der anderen Seite. Der Punkt, auf den es ankommt, ist die Frage, ob ein religiöser Glaube wissenschaftlich nachprüfbar ist.

Vor einigen Jahren wollte eine gewisse Daysi Fernandez, Sozialhilfeempfängerin und Mutter dreier Kinder, im New Yorker staatlichen Zahlenlotto mitspielen und (so die Klageschrift) beauftragte einen Jungen aus ihrer Bekanntschaft namens John Pando, Scheine auf ihren Namen auszufüllen und abzugeben. Der tiefgläubige Junge überlegte sich, daß Mrs. Fernandez' Gewinnchancen erheblich steigen würden, wenn er, John Pando, St. Eleggua, die heilige Helga, im Gebet um Beistand für Mrs. Fernandez anflehen würde. Nach seiner Darstellung händigte ihm Mrs. Fernandez vier Dollar aus, für die er Lottoscheine auf ihren Namen ausfüllte. Außerdem, so behauptete er, habe Mrs. Fernandez für den Fall, daß sie mit einem Schein gewinnen sollte, ihm die Hälfte des Gewinns versprochen. Nachdem er die Scheine abgegeben hatte, widmete er sich dem Gebet.

In der Tat kamen die Zahlen auf einem Schein heraus, und Mrs. Fernandez gewann 2 877 203 Dollar und 30 Cent. Sie dachte nicht daran, mit John Pando zu teilen, und so zog er vor Gericht, um seinen Anteil einzuklagen. Die beklagte Mrs. Fernandez bestritt die behauptete Vereinbarung, die im übrigen aus mehreren Gründen – unter anderem als Verstoß gegen die guten Sitten sowie wegen mangelnder Geschäftsfähigkeit des minderjährigen Klägers – ohnedies nichtig wäre.

Am 19. Oktober 1984 kam der Fall vor Richter Edward J. Greenfield am Oberlandesgericht New York zur Verhandlung. Obwohl das Gericht in den meisten Streitpunkten (so zum Beispiel auch in puncto Geschäftsfähigkeit) zugunsten von John Pando entschied, wurde die Klage letztlich als unbegründet abgewiesen, denn es war *in rechtsgültiger Form nicht zu beweisen, daß «Glaube und Gebet ein Wunder wirkten und der Beklagten zu ihrem Gewinn verhalfen».*

Ich bestreite nicht, daß John Pando nicht in der Lage war zu beweisen, die heilige Helga habe in die Ziehung der Lottozahlen eingegriffen; insoweit stimme ich mit der richterlichen Entscheidung überein. Was mich jedoch zu entschiedenem Widerspruch reizt, sind die Gründe für diese Entscheidung, wie sie in der schriftlichen Urteilsbegründung ausgeführt sind.

Richter Greenfields weitschweifige Begründung ist insofern eine interessante Lektüre, als ihr Verfasser viel Wert darauf legt zu zeigen, daß die Religion keine Wissenschaft ist. Der Deutlichkeit halber möchte ich im folgenden einige Auszüge zitieren:

«Wo ist der Beweis, daß seine Gebete wirkten und daß es die Heilige war, die dafür gesorgt hat, daß die Zahlen gezogen wurden? Daß er Gebete sprach und daß einer der Scheine, die er ausgefüllt hatte, tatsächlich die Gewinnzahlen trug, reicht als Antwort nicht aus. Damit ist die Beweiskette immer noch nicht geschlossen, denn Beweisthema ist ja nicht, daß sich im Anschluß an das Beten ein Gewinn einstellte, sondern daß zwischen Gebet und Gewinn ein Kausalzusammenhang bestand.»

«Das römische Recht ließ Omina, Augurien, Orakel, Träume und sonstige göttlichen Willensbekundungen gelten . . . Indes, zu jener Zeit gab es noch keine scharfe Trennung zwischen den Funktionen der profanen und der geistlichen Gerichtsbarkeit . . . In unserer durch prosaische Nüchternheit und Pragmatismus gekennzeichneten, durch tragische Erfahrungen geformten Epoche ist die Kluft zwischen der zeitlichen und der überzeitlichen Welt unüberbrückbar geworden. Die Theologie muß vor dem Zugriff juristischen Denkens geschützt werden genauso wie umgekehrt das juristische Denken vor dem Zugriff der Theologie.»

«Ausbedungen war nicht, daß die Zahlen gewinnen würden, sondern daß die Zahlen aufgrund der Intervention der Heiligen gewinnen würden. Daß dieser Fall eingetreten ist, entzieht sich einem rechtsgültigen Beweis. Hier sind Dinge außerhalb der Grenzen des Beweisbaren angesprochen – die Existenz von Heiligen, die Macht des Gebets und die Frage nach dem Eingreifen jenseitiger Mächte in die weltlichen Angelegenheiten.»

In diesen Passagen ist nirgends ausdrücklich von Wissenschaft die Rede, aber es wird sich gleich zeigen, daß der Richter in den Fällen, wo er vom «Recht» oder vom «juristischen Denken» sprach, genaugenommen «Wissenschaftlichkeit» meinte. Die Urteilsbegründung ist gespickt mit Paulus-, Wordsworth- und Augustinuszitaten sowie dem üblichen Sortiment von Präzedenzfällen. Aber die Botschaft, die dahintersteht, ist klar: Das Tun und Lassen von Heiligen ist nicht wissenschaftlich nachprüfbar. Allerdings legte Richter Greenfield auch Wert auf die folgende Feststellung:

«Es liegt nicht in der Absicht des Gerichts, die Macht des Gebets, spirituelle Dinge oder das Wirken und die Fingerzeige Gottes zu verunglimpfen . . .»

In meinen Augen erreicht Richter Greenfields Urteilsbegründung ihren eigentlichen Höhepunkt in dem Vergleich des Lotto-Rechtsfalls mit hypothetischen Fällen von Regenmachen – zum einen durch einen indianischen Regenmacher, zum anderen durch einen praktischen Meteorologen –, denn hier tritt er mitten hinein in das Fettnäpfchen des Dogmatismus. Er schreibt:

»Hat ein Regenmacher mit einer Gruppe von Farmern eine Honorarvereinbarung für den Fall getroffen, daß es ihm gelingt, Regen zu machen, so sind seine Klienten zur Zahlung verpflichtet, wenn er . . . zuvor so verfuhr, daß er unterkühlte Wolken mit Jodsilber anreichert und ein Sachverständiger ihm anschließend bescheinigt, daß dies die Ursache des Regens war. Verlegt sich der Regenmacher dagegen auf Gesang, Tanz und Beschwörungen, und regnet es daraufhin binnen vierundzwanzig Stunden, so vermag er mit gerichtlich anerkannten Verfahren nicht zu beweisen, daß es sein Vorgehen war, was das erwünschte Ereignis hervorbrachte.»

In zwei Punkten springt die Fragwürdigkeit dieser Passage förmlich in die Augen. Zum einen gilt dem Richter für a priori und bedingungslos ausgemacht, daß die Wirksamkeit oder Nichtwirksamkeit von Gesängen und Tänzen nicht beweisbar ist. Er sagt nicht einfach nur, daß die Macht der Gesänge und Tänze *bis heute nicht* bewiesen sei, sondern er sagt: Sie kann *durch nichts und niemals* bewiesen werden. Und das ist schlichtweg Unsinn! Nichts einfacher als das folgende Testprogramm nach gebräuchlichen Standards der Experimentalbiologie.

Man verpflichtet eine gewisse Anzahl von ausgewiesenen indianischen Regenmachern, und schon kann das Experiment losgehen. Jedem Regenmacher wird ein festgelegtes Gebiet zugewiesen; andere Gebiete, in denen keine Regenmacher am Werk sind, fungieren als Kontrollgruppe. Die Zahl der Testgebiete mit und ohne Regenmacher darf natürlich nicht zu klein sein, damit in der Statistik nicht zufällige mikroklimatische Unterschiede zu Buche schlagen. Die Niederschläge in sämtlichen Testgebieten werden registriert, und mit statistischen Standardtests wird festgestellt, ob die Niederschlagsmenge in Gebieten mit Regenmachern signifikant größer ist als in Gebieten ohne Regenmacher. Das Experiment müßte in den Einzelheiten noch sehr viel sorgfältiger durchgeplant werden, aber in vielen Wissenschaftszweigen gehört dergleichen zur selbstverständlichen Routine, und das in Frage stehende Problem ist im vorliegenden Fall vergleichsweise einfach gelagert.

Worauf ich hier hinauswill, ist, daß die Wirksamkeit von Gesängen und Tänzen von der Wissenschaft genausogut experimentell überprüft werden kann wie irgendeine andere Annahme auch – etwa die angenommene Wirksamkeit einer spezifischen medizinischen Behandlungsmethode. Wenn also Richter Greenfield behauptet, die Wirkung von Gesang und Tanz sei nicht nachprüfbar, dann will er damit meiner Meinung nach in Wahrheit nur sagen, daß er als guter Staatsbürger und Jurist nicht an ihre Wirkung glaubt und daß diese Dinge daher der Mühe einer Nachprüfung auch gar nicht wert sind. So ausgedrückt, hört sich das doch schon sehr stark nach dogmatischer Voreingenommenheit an – also nach etwas, das bei der überwältigenden Mehrheit der Wissenschaftler (und wohl auch der Richter) absolut verpönt ist.

Nun mag der Leser vielleicht einwenden, die menschheitsgeschichtliche Erfahrung von Jahrhunderten sei doch wohl Beweis genug, daß Dinge wie Gesang und Tanz und psalmodierende Beschwörungen nichts zur Vermehrung des Niederschlags beitragen und auch sonst keine Auswirkungen auf das Naturgeschehen zeitigen. Dazu habe ich nur das eine zu sagen: Man möge mir das doch, bitte schön, einmal anhand von Statistiken erläutern. Es ist einfach unfair, einer Hypothese per Dekret oder unter Berufung auf anekdotische Historie das Existenzrecht abzusprechen.

Die zweite Schwachstelle von Richter Greenfields Ausführungen über das Regenmachen besteht darin, daß es keineswegs sicher ist, ob das Ausstreuen von Jodsilber tatsächlich bewirkt, was man sich davon verspricht, oder nicht. Das Verfahren wird in der angewandten Meteorologie seit Jahren erprobt, und in diesem Zusammenhang wurde bereits eine Reihe kontrollierter Experimente durchgeführt, mit denen sich mein Regenmachertest, was die sorgfältige Durchdachtheit betrifft, bei weitem nicht messen kann. Von einem eindeutigen Resultat kann bis dato noch keine Rede sein. Manche Untersuchungen kamen zu einem positiven Befund, aber in der Mehrzahl der Fälle sind die Ergebnisse von Zufallsserien nicht zu unterscheiden. In einem großangelegten Versuch schienen die Meßwerte sogar auf einen *Rückgang* der Niederschlagsmenge als Folge der Jodsilberbehandlung der Wolken hinzudeuten. In meteorologischen Kreisen wird der Fragenkomplex seit vielen Jahren diskutiert, und ein Ende der Debatte ist vorläufig nicht abzusehen. In einem Gerichtsverfahren der von Richter Greenfield geschilderten Art wäre es für die eine wie die andere der streitenden Parteien ein leichtes, eine ganze Riege von «Sachverständigen» aufmarschieren zu lassen, die in ihrem Sinn votiert. Ich selbst besitze nicht genug Einblick in die Materie, um ein differenziertes Urteil darüber abgeben zu können, aber soweit ich sehe, gibt es in der Frage des Regenmachens mittels Jodsilberbehandlung der Wolken ein Lager von «Gläubigen» und ein Lager von «Ungläubigen» und dazwischen noch ein vielfach abgestuftes Spektrum von «Jein»-, «Zwar-aber-», «Einerseits-andrerseits»- und «Weder-noch»-Sagern. Und wo genau verläuft nun die Grenze zwischen Dogma und Wissenschaft?

Ich lege Wert auf die Feststellung, daß ich keinen Anlaß habe zu glauben, daß man durch Singen und Tanzen Regen hervorbringt, und ebensowenig glaube ich, daß die katholischen Heiligen bei der Ziehung der Lottozahlen mitmischen. Mir ist es um die Haltlosigkeit der Behauptung zu tun, Hypothesen dieser Art seien mit den gebräuchlichen Mitteln der Wissenschaft nicht nachprüfbar. Demgegenüber behaupte ich: Nein, das stimmt nicht, in Wahrheit sind sie prinzipiell uneingeschränkt für wissenschaftliche Versuchsanordnungen zugänglich. Wir leugnen das nur, weil wir bereits im vorhinein entschieden haben, daß diese Hypothesen falsch sind. Die herrschende Meinung übt eine solche Macht aus, daß sie die religiöse Partei im Meinungsstreit sogar des Rechts auf die Nachprüfung ihrer Hypothesen zu berauben vermag.

Die Spinner, Grübler und Phantasten

Der Weg der Wissenschaft ist von Spinnern, Grüblern und Phantasten gesäumt, die unter Umständen auf seltsame Weise ihr Fortkommen beeinflussen. Durchschnittlich einmal im Monat bringt mir der Postbote ein Manuskript oder ein im Selbstverlag hergestelltes Buch ins Haus, und ich erfahre auf diesem Weg, daß wieder einmal jemand eine revolutionäre neue Theorie oder ein umwälzendes neues Paradigma ausgearbeitet hat und jetzt einen Resonanzverstärker für sein Meisterwerk sucht. Dergleichen Geistesschöpfungen werden ständig in großer Zahl zur Bereicherung der Evolutionstheorie, der Erdgeschichte wie auch der Astronomie angeboten, und ich denke, in anderen Fächern sieht es in dieser Hinsicht nicht anders aus. Typisch für die Verfasser ist, daß es sich nicht um Menschen mit einer wissenschaftlichen Ausbildung im herkömmlichen Sinn handelt, oder wenn doch, daß sie eigentlich in einem Fach zu Hause sind, das mit ihren gegenwärtigen Interessen kaum Berührungspunkte hat. Man findet unter ihnen Ärzte und Ingenieure ebenso wie Diplomkaufleute und – in erstaunlich hoher Zahl – Unternehmer mit gesichertem Reichtum. Nach meiner Erfahrung sind es fast ausnahmslos ehrliche, solide Charaktere. In der Regel haben sie zwanzig oder dreißig Jahre lang eifrig Beweismaterial für ihre spezielle These gesammelt. Die Tragik ihres Schicksals besteht darin, daß sie in so gut wie allen Fällen nur ein heillos wirres Geknäuel von Fehlinformationen und Fehlschlüssen zu Papier bringen. Selbstverständlich sollte man sich im konkreten Fall seiner Sache gründlich versichern, ehe man ein solches abwertendes Urteil ausspricht, denn es ist ja niemals von vornherein auszuschließen, daß so ein Spinner recht hat und der Rest der Welt sich im Irrtum befindet. Aber in den Fällen, von denen ich hier reden möchte, sind Zweifel so gut wie ausgeschlossen.

Nur ab und zu kommt es vor, daß eine von diesen ausgefallenen Ideen – zumindest beim Laienpublikum – Furore macht: Erich von Dänikens These von den Göttern als Astronauten von anderen Sternen ist ein bekanntes Beispiel dafür. Noch seltener ist der Fall, daß jemand dieser Couleur sich in einem konventionellen Wissenschaftsmilieu etabliert und dort den Vertretern der Normalwissenschaft mit seinen Krausheiten das Leben schwermacht. Das einschlägige Beispiel liefert Dr. Roy P. Mackal, der als «Kryptozoologe» firmiert und in den vergangenen Jahren enorm viel Zeit und Kraft darauf verwendet hat, nach Lebendexemplaren von allgemein für längst ausgestorben gehaltenen Tieren zu fahnden. Insbesondere unternahm er mehrere Expeditionen nach Zentralafrika in der Hoffnung, dort noch lebende Dinosaurier zu finden – deren Existenz er durch bestimmte Inhalte der lokalen Folklore verbürgt glaubt. In den Medien wird Dr. Mackal gewöhnlich als «Biologe an der University of Chicago» vorgestellt. Das verleiht ihm eine gewisse Glaubwürdigkeit. Und in der Tat ist er ein ausgebildeter Biologe, und er arbeitet auch an der University of Chicago – allerdings als Verwaltungsangestellter.

Alle Biologen, die ich kenne, halten Mackals Ansicht, daß

irgendwo noch Dinosaurier leben könnten, für völlig abwegig, und es lassen sich auch eindrucksvolle Argumente dafür ins Treffen führen, daß die Wahrscheinlichkeit überlebender Dinosaurier quasi gleich Null ist. Da man jedoch prinzipiell keinen Beweis der Nichtexistenz führen kann, kann man auch nicht absolut zwingend die Möglichkeit ausschließen, daß in irgendeinem unerforschten Winkel Afrikas noch Dinosaurier leben. Ich fühle mich eigentlich ganz wohl bei dem Gedanken, daß Dr. Mackal unrecht hat, aber beweisen kann ich es auch nicht.

Ein weiteres erwähnenswertes Beispiel ist Linus Pauling. Der zweifache Nobelpreisträger (für Chemie 1954, Friedensnobelpreis 1962) mit seinem schier beispiellosen Katalog an wissenschaftlichen Spitzenleistungen ist eine der wahrhaft großen Wissenschaftlerpersönlichkeiten unserer Zeit. Aber es gibt Beobachter, die meinen, daß er sich mit seinen Vitamin-C-Forschungen unter die Spinner und Phantasten eingereiht hat. In einigen Fällen hat es Versuche gegeben, Paulings schriftliche Berichte über seine Forschungsarbeit zu unterdrücken, und seine Mitgliedschaft in der Academy of Sciences wird von manchen anderen Mitgliedern als kompromittierend für die gelehrte Gesellschaft empfunden. Andererseits ist zu bedenken, daß Paulings Vitamin-C-Forschungen einen Übergriff in die Domänen der Ernährungswissenschaft und der Medizin darstellen, wo machtvolle Paradigmen instituiert sind, so daß man hier nicht ohne weiteres dazu aufgelegt ist, die abweichenden Ideen eines Chemikers mit Ovationen und Freudentaumel zu empfangen. Der Fall ist keineswegs auszuschließen, daß hier ein großer Geist klarer sieht als andere. Oder aber Pauling hat diesmal schlicht Mist gebaut, weil es auch ihm auf Wissensgebieten außerhalb seines angestammten Reviers an der nötigen Detailkenntnis fehlt.

Immer wieder sieht der Wissenschaftler sich mit Spinnereien, Grüblereien und Phantastereien konfrontiert, jederzeit hat er damit zu rechnen. Er haßt und fürchtet diese Dinge, weil sie ihn Energie und Zeit kosten, die er für Besseres verwenden könnte, und deshalb sucht er sich so gut es geht vor ihnen zu schützen, sie von sich abzuwehren. Es ist schon extrem schwierig, einer wirklich radikal neuen Idee überhaupt Gehör und erst recht ihr *vorurteilsfreies* Gehör zu verschaffen. Und wenn der Urheber der neuen Idee nicht über jeden Zweifel als Vertreter der wissenschaftlichen Normalität beglaubigt ist, kann es sein, daß all sein Bemühen, sich Gehör zu verschaffen, praktisch zur Aussichtslosigkeit verurteilt ist.

Für manche Geologen und Paläontologen zählen Leute wie Luis und Walter Alvarez, Rich Muller, Jack Sepkoski und ich höchstwahrscheinlich zu den Spinnern, Grüblern und Phantasten.

Alfred Wegener und die Kontinentalverschiebung

Man kann über das Thema «wissenschaftlicher Dogmatismus» heute nicht mehr sprechen, ohne Alfred Wegener und seine Theorie der Kontinentalverschiebung wenigstens im Vorbeigehen zu erwähnen. Wegener (1880–1930), ein renommierter deutscher Geophysiker und Meteorologe, war auf vielen Gebieten aktiv: zum Beispiel nahm er mehrfach (zuletzt als Leiter) an Expeditionen zum Inlandeis Grönlands teil (wo er auf dem Rückmarsch Ende November 1930 den Tod fand). Aber in erster Linie war er ein «Generalist» auf dem Feld der Erdgeschichte, der vor allen Dingen mit seiner Theorie der Kontinentalverschiebung zu Berühmtheit gelangte: Die «Verschiebungstheorie» nimmt an, daß die Kontinente als leichtere Schollen auf dem zäheren Sima schwimmen und im Lauf der Erdgeschichte durch horizontale Verschiebung (Drift) ihr Lageverhältnis zueinander ändern, so daß sich in entsprechend großen Zeiträumen dramatische Veränderungen in der globalen Geographie ergeben.

Wegener stützte sich sowohl auf geographische Indizien, wie zum Beispiel die Konvex-Konkav-Ebenbildlichkeit zwischen dem Ostrand des südamerikanischen und dem Westrand des afrikanischen Kontinents, als auch auf geologische und paläontologische Fakten. So zog er beispielsweise aus den Fundorten fossiler Pflanzen Rückschlüsse auf die Klimaverhältnisse im Lauf der Erdgeschichte und leitete daraus wiederum die These ab, daß nicht nur die Kontinente, sondern auch die Pole ihre Lage verändern. Seine Ideen fanden zwar viele Anhänger, aber aufs Ganze gesehen überwog in der Fachwelt entschieden die Ablehnung. Mit Ausnahme einiger weniger Pro-Wegener-Enklaven – vor allem in Südafrika, Indien und Australien (den Regionen also, aus denen teilweise die stärksten Argumente für Wegeners Hypothese stammten) – beherrschte in der Geologie lange Zeit der Anti-Wegenerismus die Szene.

Noch Ende der sechziger Jahre lernten die Geologiestudenten in den USA Wegener allenfalls als Buhmann kennen, der zwar nicht ausdrücklich unter die Spinner, Grübler und Phantasten eingereiht wurde – dafür fand man seine anderweitigen Leistungen neben der Verschiebungstheorie denn doch zu beeindruckend –, den aber von dieser Klassifizierung nicht mehr viel trennte. Wenn er in Vorlesungen und Lehrbüchern erwähnt wurde, so geschah das lediglich, um zur Erheiterung der Hörer oder Leser ein typisches Beispiel aus der Histoire scandaleuse der Geologie zu zitieren. Wissenschaftliche Manuskripte, in denen die Idee der Kontinentaldrift beifällig behandelt wurde, schafften es kaum je, die Hürde des Lektorats zu nehmen – und nicht selten wurden sie von den zuständigen Herausgebergremien oder Redakteuren kurzerhand auch ohne Lektoratsgutachten abgelehnt.

Nach der unangefochten herrschenden Meinung damaliger Zeit waren Kontinente und Meeresbecken firme und fixe Dinge, und es gab keinerlei «zwingenden Grund», das in Zweifel zu ziehen. Außerdem war für eine allfällige Kontinentaldrift auch kein physikalischer Mechanismus bekannt.

Wie die meisten meiner Leser bereits wissen, ist das inzwischen alles ganz anders geworden. Im Rahmen des umfassenderen Paradigmas der *Plattentektonik* sind uns driftende Kontinente heute eine geläufige Vorstellung. Der Himalaja entstand, weil Indien, ziemlich schnell nordwärts driftend, von Süden her in den asiatischen Kontinent rammte und diesen an Ort und Stelle zum Gebirge auffaltete. Und so weiter. Dieser Paradigmenwechsel wird als eine

der größten revolutionären Errungenschaften der Wissenschaftsgeschichte gefeiert.

Wie kam es zu diesem Wechsel der Denkweise, und wie lange
hat es gedauert, bis er abgeschlossen war? Obzwar es eine Reihe
vorzüglicher wissenschaftsgeschichtlicher Studien gibt, die sich mit
dieser Frage beschäftigen (erwähnenswert sind insbesondere die
Arbeiten von William Glen), ist sie aus heutiger Sicht nicht ganz
einfach zu beantworten, denn auch die historische Erinnerung ist
schwach und unzuverlässig. Die ersten Anzeichen eines beginnenden Umschwungs darf man rückblickend wohl darin erkennen,
daß Ende der fünfziger Jahre ein neuer Typ von verwertbarem
Faktenmaterial gefunden wurde, nämlich die (im vorigen Kapitel
bereits in anderem Zusammenhang erwähnte) erdgeschichtliche
Urkunde des Geomagnetismus. Der unanfechtbaren Aussage des
neuen Materials zum Trotz mußten erst noch zehn – von hitzigen,
ja wütenden Debatten erfüllte – Jahre vergehen, bis die Fachwelt
insgesamt sich mit dem Gedanken hatte abfinden können, daß die
Kontinente ihre Lage verändern. Bis heute sind noch die ehemals
hartnäckigsten Widerständler entweder unter die neue Fahne über-
gewechselt oder verstorben, so daß jetzt ein machtvolles neues
Wissenschaftsparadigma an der Herrschaft ist.

Vergleicht man den literarischen Niederschlag der Diskussion
um die Kontinentalverschiebung mit dem Meinungsstreit in Sachen Nemesis, springen die Ähnlichkeiten in Ton und Argumen-
tationsstil förmlich in die Augen. Bis zum Erweis ihrer Unschuld
galt die Kontinentaldrift-Hypothese als schuldbeladene Übeltäterin.

Dogmatismus in Sachen Nemesis

Meine Frage lautet: In welchem Grad sind die in diesem Buch
geschilderten Vorgänge im Wissenschaftsbetrieb von dogmati-
schen Vorurteilen beeinflußt? Sind die Wissenschaftler, die sich mit
Nemesis befassen, durch Voreingenommenheit in dieser oder jener

Richtung motiviert? Wenn ja, ist das im Endeffekt ernst zu nehmen oder eine Quantité négligeable? Bei der Beantwortung dieser Fragen möchte ich unter allen Umständen den Eindruck vermeiden, ich würde meine Fachgenossen mangelnder Objektivität bezichtigen wollen. Dieser Vorsatz erschwert meine Aufgabe. Ein praktikabler Ausweg aus dem Problem scheint mir darin zu bestehen, vornehmlich von meinen eigenen Reaktionen auf den Gang der Ereignisse zu sprechen.

In Kapitel 7 habe ich bereits meine anfängliche Reaktion auf Al Fischers 32-Millionen-Jahre-Periodizität des Aussterbens geschildert. Von der Auswahl der Fakten bis hin zu seiner Deutung der Befunde kam mir damals so gut wie alles an seiner Arbeit falsch vor. Später, nachdem Jack Sepkoski und ich unsererseits Indizien für eine Periodizität festgestellt hatten, stimmte ich natürlich mit seinen Schlußfolgerungen vollkommen überein. Es kommt im gegebenen Zusammenhang nicht darauf an, ob periodisches Aussterben an sich wahr oder nur eine Einbildung ist. Der springende Punkt ist hier, daß sich an Als Befunden zwischen Anfang und Ende dieser Episode nicht das geringste geändert hatte: seine Resultate lagen seit 1977 gedruckt vor. Allerdings könnte hier vorgebracht werden, daß seine Arbeitsweise gewisse Schwächen aufwies und daß ich meine Ansichten lediglich in bezug auf das Ergebnis, nicht in bezug auf die Methode geändert habe.

Ein aufschlußreicheres Beispiel ist wohl das Gutachten über die Erstfassung des Manuskripts von Alvarez u. Mitarb., das ich 1980 für «Science» schrieb. Alles Wesentliche darüber habe ich bereits in Kapitel 4 gesagt. Indes, wenn ich dieses Gutachten aus heutiger Sicht betrachte, stelle ich fest, daß ich damals Sachen beanstandete, die ich heute äußerstenfalls als unscheinbare Formfehler beurteilen würde. Obgleich die Aufgeschlossenheit für die Vorstellung von einem Meteoriteneinschlag als Ursache des Aussterbens in mir als Prädisposition bereits vorhanden gewesen sein muß, meckerte ich in einer Manier drauflos, die wohl ein klassisches Beispiel von reaktionärer Haltung abgeben dürfte. Würde mir heute – veranlaßt vielleicht durch die Entdeckung einer Iridiumanomalie an irgendeiner anderen Stelle der geologischen Urkunde – das «gleiche» Manuskript noch mal vorgelegt, so würde ich, da bin ich ziemlich sicher, das meiste, was ich damals kritisierte, anstandslos durchgehen lassen – denn heute «glaube» ich an einschlagende massereiche Himmelskörper und daran, daß sie ihre Signatur mit Iridium in die Urkunde hineinschreiben.

Aus Platzgründen muß ich den Leser bitten, mein Wort für das Vorangegangene auf Treu und Glauben anzunehmen. Indes möchte ich es immerhin mit Hilfe einer Anekdote bekräftigen. Irgendwann im Spätjahr 1980 war ich bei einem Paläontologen der University of Texas in Austin zur Cocktailparty eingeladen. Iridium und das Dinosauriersterben waren damals in den einschlägigen Kreisen das schicke Partyschnack-Thema der Saison, und ich stand justament in einer kleinen Gruppe, wo über nichts anderes geschnackt wurde. Die abgegebenen Kommentare waren im Tenor meistenteils geringschätzig. Ich parlierte über die «Science»-Veröffentlichung des Alvarez-Teams vom Juni und wollte eben sagen: «Ich weiß nicht, wo Walter Alvarez sein Handwerk gelernt hat, aber als Geologe ist er eine Niete.» Aber noch ehe ich den Satz hatte anfangen können, warf ein als wissenschaftliche Koryphäe renommierter Geotektoniker namens John Maxwell ein: «Und ich muß sagen, Walter Alvarez war der beste Schüler, den ich in Princeton jemals hatte.» Maxwell war erst kurz zuvor einem Ruf von Princeton nach Texas gefolgt – und was mich betraf, so wußte ich jetzt, wo Walter sein Handwerk gelernt hatte.

Worauf es hier ankommt, ist, daß die Bemerkung, die mir auf der Zunge lag, nichts als ein Vorurteil war. Meine einzige Berührung mit Walter Alvarez war bis dato gewesen, daß ich ein vereinzeltes Manuskript gelesen hatte, in dem es vorwiegend um physikalische Einsichten seines Vaters sowie um chemische Befunde zweier anderer Mitarbeiter ging. Auf unlautere Weise wollte ich ein Forschungsergebnis anschwärzen, das mir nicht behagte. Dergleichen ist im Wissenschaftsbetrieb leider keine Seltenheit.

Ein nicht zu unterschätzender Richtungweiser in Sachen Nemesis ist nach wie vor die Wissenschaftsphilosophie à la Lyell. Erinnern wir uns an die in Kapitel 2 (auf Seite 32) zitierten markanten Sätze Lyells:

«... wir [sind] im Kindheitsstadium unserer Wissenschaft nicht berechtigt ... unsere Zuflucht zu außergewöhnlichen Agenzien zu nehmen. Wir werden bei diesem Plan bleiben, weil ... die Geschichte uns lehrt, daß diese Methode die Geologen noch stets auf den Weg gestellt hat, der zur Wahrheit führt ...»

Das hört sich nicht unähnlich der «geoffenbarten Wahrheit» des religiösen Fundamentalismus jeglicher Couleur an. Und derartige Katechismusgläubigkeit gibt auch heute noch vielfach den wissenschaftlichen Ton an, auch wenn das mitunter schwer nachzuweisen ist, weil die Wortwahl sich geändert hat. Denken wir an den Schlußsatz des in Kapitel 10 (auf Seite 216) zitierten Leitartikels der «New York Times»:

«Astronomen sollten nicht versuchen, den Astrologen ins Handwerk zu pfuschen, und es diesen überlassen, die Ursache von irdischen Vorgängen in den Sternen zu suchen.»

Ganz in der Manier von Richter Greenfield wird hier behauptet, daß für Vorgänge auf der Erde extraterrestrische Ursachen von vornherein nicht in Frage kommen – ohne daß es dazu irgendwelcher Forschungen bedürfte. Ich meine, die Zeit wird noch kommen – und hoffentlich ist sie nicht mehr allzu fern –, wo man sich beim Rückblick auf unsere Gegenwart mit fassungslosem Staunen fragen wird, wie die Menschen damals glauben konnten, was um sie herum vorging, könne vollkommen unbeeinflußt sein von den Kräften, die über ihren Köpfen herumwirbeln.

EPILOG

Zwei Ziele schwebten mir vor Augen, als ich die Arbeit an diesem Buch aufnahm. Zum einen hatte ich vor, die Ereignisse zu schildern, die zur Nemesis-Theorie führten, und in diesem Zusammenhang das wissenschaftliche Problem des Massenaussterbens, soweit es mit Nemesis zu tun hat, auszuleuchten. Zum anderen wollte ich in gewissem Umfang Aufschluß über die Funktionsweise des praktischen Wissenschaftsbetriebs geben – dem Leser sozusagen auch einmal einen Blick hinter die Kulissen verschaffen.

Daß ich das erste Ziel nicht erreicht habe, war den Umständen nach nicht zu vermeiden. Das Geschehen als solches ist noch nicht zum Abschluß gekommen. Nach wie vor ist Nemesis nicht entdeckt, und anhaltender Meinungsstreit tobt sogar noch um die Frage, ob auch nur das geringste Bedürfnis für eine «Nemesis» (oder einen «Planeten X» oder was auch immer dergleichen) besteht. Anders gesagt: Die These von der Periodizität des Aussterbens – *raison d'être* für Nemesis – ist noch immer umstritten, und auf beiden Seiten suchen die Disputanten noch immer nach neuen Verfahren für Beweis oder Gegenbeweis. Der Meteoriteneinschlag an der K-T-Grenze hat zwar praktisch den Status des gesicherten Faktums, doch ist die Verbindung mit dem biologischen Aussterben noch nicht lückenlos. Und was die Indizien für Meteoriteneinschläge in der Nachbarschaft anderer Aussterbeereignisse angeht, so sind diese von unterschiedlicher Gütequalität.

Allmonatlich, zeitweise allwöchentlich taucht jetzt neues Indizienmaterial auf. Vieles davon ist vorerst nur Rohstoff, der noch

umfangreicher Weiterverarbeitung bedarf, aber was danach übrig-
bleiben wird, reicht unter Umständen vielleicht aus, um das Gesamtbild dramatisch zu verändern – sei es pro, sei es kontra Nemesis. Beispiel dafür ist eine Vorstudie über Aminosäuren an der
K–T-Grenze, die Ende 1985 auf der Jahreshauptversammlung der
Geological Society of America in Orlando in Florida vorgestellt
wurde.

Zwei Mitarbeiter der Scripps Institution of Oceanography bei
San Diego in Südkalifornien, Nancy Lee und Jeffrey Bada, hatten
nach dem Vorkommen einer ziemlich obskuren organischen Verbindung namens α–Amino-Isobuttersäure (AIBS) geforscht. Auf
diese Substanz war ihre Wahl aus einem einfachen Grund gefallen:
AIBS kommt regelmäßig in bestimmten Meteoritensorten, dagegen nur äußerst selten in lebenden Organismen vor. AIBS ist somit
ein potentieller Indikator für das Vorliegen extraterrestrischer Substanz.

Lee und Bada analysierten Sedimentgestein aus den verschieden-
sten Erdzeitaltern, fanden AIBS jedoch nur in den Proben von der
Grenze zwischen Kreide und Tertiär – also genau da, wo nach der
Alvarez-Hypothese vom K–T-Meteoriteneinschlag auch damit zu
rechnen war. Indes ist dieses Forschungsprojekt vom Abschluß
noch weit entfernt: die beiden Biogeochemiker sehen noch eine
Menge Kontrolluntersuchungen zwischen dem derzeitigen Ergebnis und ihrem Schlußbericht liegen. Unter anderem muß mit
hundertprozentiger Sicherheit die Möglichkeit ausgeschlossen
werden, daß der AIBS-Befund auf eine nach Entnahme erfolgte
Verunreinigung der Laborprobe zurückzuführen ist. Außerdem
wird man die Analyse an Proben von anderen K–T-Aufschlüssen
wiederholen müssen. Alles in allem jedoch sind die Aussichten bei
der Sache recht vielversprechend.

Die Amino-Buttersäure-Studie illustriert sehr anschaulich die
neue Generation von Forschungsunternehmungen in Sachen Massenaussterben. Mehr und mehr beschäftigen sich die Spezialisten
mit Fragen wie: Wenn tatsächlich ein Einschlag stattgefunden hat,
welche spezifischen Vorhersagen müßten sich dann treffen lassen

und wie lassen sich diese am besten testen?, oder: Wenn Aussterbeereignisse turnusmäßig alle 26 Millionen Jahre eintreten, welche Prognosen impliziert das in bezug auf andere irdische oder kosmische Phänomene? Forschungsziele werden zusehends präziser eingegrenzt, und damit erhöht sich die Aussicht auf eindeutige, definitive Antworten. Das alles macht augenblicklich den Wissenschaftsbetrieb in den angeschlossenen Fächern zu einer enorm spannenden Angelegenheit, denn die Probleme, um die es geht, sind so neuartig, daß praktisch jeder, der eine solide Ausbildung und einen kühlen Kopf sein eigen nennt, schon heute oder morgen auf den alles entscheidenden Test, die alles entscheidende Vorhersage verfallen kann.

Was würde aber nun geschehen, sollten Nemesis und die anderen einschlägigen Theorien sich allesamt als falsch erweisen? Die Möglichkeit ist ja auch heute noch nicht ohne weiteres von der Hand zu weisen. Und für einen bestimmten – den überdurchschnittlich spekulativen – Teil der Theorien, die ich hier vorgestellt habe, ist diese Möglichkeit eigentlich schon eine ziemlich massive Wahrscheinlichkeit.

Nun, meiner Meinung nach würde nichts sonderlich Aufregendes geschehen, wenn die fraglichen Theorien sich als falsch erwiesen. Klar, es würde ein paar schamrote Gesichter auf der einen und ein paar freudestrahlende Gesichter auf der anderen Seite geben. Die nächste Versammlung der US-Gesellschaft für Vertebratenpaläontologie (Society of Vertebrate Paleontology) würde wohl zu einer Art Freudenfest geraten, nehme ich an. Aber im großen und ganzen würde die wissenschaftliche Fachwelt das Ergebnis mit Gleichmut zu den Akten nehmen, denn wir alle haben uns längst daran gewöhnt, daß die Bewegungsform des wissenschaftlichen Fortschritts die der Echternacher Springprozession ist: nach drei Schritten vorwärts zwei Schritte zurück. Niemandes Laufbahn wäre ruiniert, kein Mitarbeiterstab bräuchte einen Anpfiff zu befürchten. Ja, unter Umständen hätten sogar einige von denen, die sich besonders hervorgetan haben, berufsständische Ehrungen und Auszeichnungen zu gewärtigen, weil sie sich phantasievoll genug erwiesen haben, sich neue Ideen auszudenken und die Forschung auf neue Wege zu führen. Man sagt ja heute schon vielfach, daß sich die wissenschaftliche Leistung der Forscherpersönlichkeit nicht nach Zahl und Richtigkeit ihrer speziellen Forschungsergebnisse bemißt, sondern danach, wie vielen anderen Forschern sie den Stoff für neue Forschungen zuliefert.

Überdies haben wir, wie auch immer das Ganze letztlich ausgehen mag, dabei Erkenntnisse über den Faktenhintergrund des Faunenwandels in solcher Zahl gewonnen, daß wir damit über das Fundament für eine neue Sicht der Geschichte des Lebens verfügen, eine Sicht, zu der wir so schnell schwerlich auf anderem Weg gelangt wären. Mithin dürfte einleuchten, weshalb ich der Ansicht bin, daß die Bilanz in Sachen Nemesis nur eine positive sein kann. Trotzdem hoffe ich natürlich inbrünstig, daß Rich Muller den Killerstern irgendwann doch noch findet. Wenn es soweit ist, können wir ihn ja auf den Namen «Der Stern von Berkeley» umtaufen.

Das zweite Ziel meines Buches, der «Blick hinter die Kulissen», mußte sich naturgemäß hauptsächlich auf die Paläontologie und ihre neuesten Bettgenossen Geochemie und Astrophysik beschränken. Wissenschaft ist ein extrem pluralistisches Unterfangen, und was man als die Kultur einer Wissenschaft bezeichnen kann, weist von Fach zu Fach zwar bezeichnende, aber maßvolle Unterschiede auf. Bei den Forschungen, von denen hier die Rede war, handelt es sich größtenteils um die Leistungen von einzelnen oder kleiner Teams von äußerstenfalls drei bis vier Mitgliedern. In anderen Fächern, zum Beispiel in der Elementarteilchenphysik, sorgen nicht allein Herkommen und Gepflogenheit, sondern auch die Kosten von Laboreinrichtungen dafür, daß Forschungsprojekte meistenteils von zahlenstarken Arbeitsgruppen abgewickelt werden. (Mir ist sogar schon einmal ein wissenschaftlicher Zeitschriftenbeitrag über ein Thema aus der Physik untergekommen, bei dem die Liste der Verfasser länger war als der Artikel selbst.) Doch fundamentale Unterschiede in der Art, Wissenschaft zu betreiben, gibt es meines Erachtens zwischen den einzelnen Fächern nur wenige. In allen Fächern üben machtvolle überlieferte Paradigmen ihre Herrschaft aus, Paradigmen, die andererseits wieder unter fortwährendem kritischem Trommelfeuer liegen. Manche dieser Paradigmen ruhen auf der sicheren Basis von Beobachtung und Experiment, bei anderen handelt es sich lediglich um logische Konstrukte, die «den Anschein für sich» haben. Und immer mal wieder kommt es zu einer Revolution, in deren Verlauf ein altes Paradigma gestürzt und ein neues inthronisiert wird. Jeder Wissenschaftler arbeitet jederzeit auf einem herrlich interessanten Wissensgebiet – solange er nicht der Versuchung erliegt, den dort jeweils aktuellen Kenntnisstand überzubewerten.

Zwischen den Einzelwissenschaften waltet eine rigorose Hackordnung. Die Stufenleiter reicht von der «weichen» zur «harten» Wissenschaft. In den USA halten derzeit Molekularbiologie, Biochemie, Astrophysik und Elementarteilchenphysik die Spitzenplätze am «harten» Ende der Prestigeskala besetzt. Sowohl in der Gelehrtenrepublik wie in der allgemeinen Öffentlichkeit gelingt es ihnen ohne sonderliche Mühe, ihren nicht geringen Autoritätsanspruch durchzusetzen, denn aus Gott weiß welchem Grund gelten sie als die eigentlichen Vertreter von wissenschaftlicher Strenge und Exaktheit. Fächer wie die Ökologie, die Paläontologie und die Verhaltensbiologie rangieren am unteren Ende der Skala. Auch die Sozialwissenschaften kann man hier, am «weichen» Ende, einordnen, wobei man sich jedoch darüber im klaren sein sollte, daß in einigen der Fächer, die weiter oben in der Hackordnung rangieren, Volkswirtschaft und Soziologie überhaupt nicht als Wissenschaften anerkannt sind.

Nach meinem Dafürhalten hat die Unterscheidung zwischen harten und weichen Wissenschaften nicht so sehr mit den tatsächlichen Gegebenheiten zu tun, sondern ist viel mehr eine Frage der subjektiven Einstellung – und einer gehörigen Portion Eigenreklame. Manche als «weich» geltenden Fächer, wie etwa die Volkswirtschaft, sind an und für sich sehr viel härtere Brocken als – beispielsweise – die vermeintlich so «harte» Physik, weil sie hochkomplexe Systeme mit ungleich mehr unberechenbaren Elementen zum Gegenstand haben. Außerdem fallen in den «weichen» Wissenschaften im allgemeinen sehr viel mehr Beobachtungsdaten an, was sich paradoxerweise so auswirkt, daß die Konstruktion von vereinfachenden, vereinheitlichenden Modellen um so schwieriger wird. Jede – und noch die «härteste» – Wissenschaft hat ihre nicht auf den ersten Blick erkennbaren «weichen» Stellen. Nach einem Witzwort, das ich vor kurzem gehört habe, werden an den Universitäten in den astrophysikalischen Vorlesungen als Anschauungsmaterial jetzt nicht mehr die lange Vorbereitungszeit erfordernden, unveränderlichen Dias, sondern nur noch die mit Filzstiften schnell zu beschriftenden Kunststoffolien verwendet – auf diese Weise kann man nämlich noch während der Vorlesung die Zahlen ändern . . .

NACHWORT ZUR DEUTSCHEN AUSGABE

Die Arbeit am Manuskript dieses Buches wurde im Herbst 1985 abgeschlossen. Zu diesem Zeitpunkt war die These, daß die auslösende Ursache des Massenaussterbens am Ende der Kreideperiode ein vom Himmel gefallener riesiger Gesteinsbrocken gewesen war, bereits seit einem halben Jahrzehnt Gegenstand hitziger Debatten. Und immerhin schon seit eineinhalb Jahren in der öffentlichen Diskussion eifrig hin und her gewendet worden war die Idee, daß Massenauslöschungen biologischer Art nach einem festen Zeitplan – nämlich alle 26 Millionen Jahre – erfolgen. Das Erscheinen der deutschsprachigen Ausgabe meines »Schwarzen Sterns« bietet mir willkommenen Anlaß, die in den seither vergangenen vier Jahren eingetretene Weiterentwicklung dieser schlüpfrigen Materie in den wichtigsten Punkten zu resümieren.

1985 war man es gewohnt, von der Fachpresse regelmäßig mit neuen und nicht selten verblüffenden Informationen zum Thema Massenaussterben eingedeckt zu werden. Die meisten Diskutanten, ich selbst mit eingeschlossen, glaubten zuversichtlich, daß nach Ablauf von längstens zwei, drei Jahren die Ermittlungen abgeschlossen und der Fall restlos aufgeklärt sein würde: Wir hätten dann schlüssig aufgedeckt, ob denn nun tatsächlich ein Meteoriteneinschlag für das Kreide-Massenaussterben verantwortlich zu machen war, ob Massenaussterben tatsächlich periodisch auftraten, und wenn dem so war, ob der Antriebsmechanismus des Geschehens sich in Gestalt eines nemesisgleichen Begleitsterns draußen im All versteckt hielt. Nun ja, wer wollte es leugnen: es ist etwas anders gekommen als erwartet. Fast im gleichen Tempo wie zuvor werden wir auch heute noch ständig mit neuen Erkenntnissen konfrontiert, der große Treffer indes war bis jetzt noch nicht darunter; der Täter ist in keine der aufgestellten Fallen getappt, und auch das Hauptbelastungsindiz, der blutverschmierte Dolch mit den eindeutig identifizierbaren Fingerabdrücken, ist bis dato nicht gefunden. Die Ermittlungen gehen weiter, die Diskussion dauert an. Das Erfreuliche dabei: Wir lernen unentwegt dazu und wissen heute in Sachen biologisches Aussterben weit besser Bescheid als noch vor vier Jahren. Wichtige Erkenntnisfortschritte betreffen vor allem die folgenden Punkte:

Indizien für einen Meteoriteneinschlag vor 65 Millionen Jahren

Die erstmals 1980 von Alvarez u. Mitarb. berichteten Iridiumanomalien an der K-T-Grenze wurden bei einer Vielzahl von Stichproben rund um den Globus in identischer Form in der obersten Schicht der Kreideformation festgestellt. Wenngleich die Zweifel am außerirdischen Ursprung des Iridiums noch nicht ganz verstummt sind, hat sich die Beweislage in diesem Punkt gegenüber früher bedeutend verbessert.

Als zusätzliches Indiz für einen Himmelskörpereinschlag wurden um 1985 auch schon die im Ton an der K-T-Grenze entdeckten Körner von Quarz mit deformierter Gitterstruktur ins Treffen geführt, und auf diesem Sektor sind ebenfalls Fortschritte zu verzeichnen. Geschockter Quarz wurde (zusammen mit anderen Mineralien ähnlicher Bedeutung) seither weltweit in ausreichender Quantität gefunden, um es lohnend erscheinen zu lassen, die Verteilung des Minerals auf dem Globus systematisch zu kartographieren, und zwar zum einen nach der Gewichtsmenge der einzelnen Vorkommen und zum anderen nach der Größe der Körner, aus denen sie zusammengesetzt sind. Dies hat im Endergebnis zu der vorläufigen These geführt, daß der Einschlag am Ende der Kreideperiode im mittleren Nordamerika stattgefunden haben müsse, und diese Hypothese hat denn ihrerseits eine neue Kratersuche in Gang gesetzt.

Im Epilog erwähnte ich einen Vorbericht über die Entdeckung einer ziemlich ausgefallenen Aminosäure in der obersten Schicht der Kreideformation. Die Sache wirkte deshalb so elektrisierend, weil man Aminosäuren kennt, deren optimale Entstehungsbedingungen draußen im All liegen: sie sind eine vertraute Komponente bestimmter Meteoriten, jedoch extrem selten auch nur in geringfügigsten Mengen in rein terrestrischen Gesteinen oder biologischen Systemen anzutreffen. Das neue Forschungsthema, im November 1985 auf einer geologischen Fachtagung erstmals der Öffentlichkeit vorgestellt, war die gemeinsame Entdeckung von Jeffrey Bada und einer seiner Kolleginnen an der Scripps Institution of Oceanography im kalifornischen La Jolla bei San Diego. Ein nachgewiesener Zusammenhang zwischen Iridium und einer dieser anorganischen Verbindungen extraterrestrischen Ursprungs käme dem endgültigen, unanfechtbaren Beweis für den Einschlag denkbar nahe. Doch leider hat Jeff Bada den avisierten Schlußbericht niemals veröffentlicht. Der Grund: Einige Anzeichen deuteten darauf hin, daß seine Stichproben eine Verunreinigung enthielten. Aus inoffizieller Quelle hörte ich, wegen des Kontaminationsproblems sei das ganze Unternehmen endgültig abgeblasen worden.

Um so größer dann meine Überraschung, als ich in «Nature» vom 8. Juni 1989 einen Beitrag der Autoren Zhao und Bada entdeckte, in dem der gelungene Nachweis extraterrestrischer Aminosäuren an einem klassischen K-T-Aufschluß in Dänemark berichtet wurde – in vorsichtiger Formulierung zwar, doch mit einem Ergebnis, das nach wissenschaftspraktischen Maßstäben an Eindeutigkeit nichts zu wünschen übrig läßt: «Eine extraterrestrische Quelle hat von allen denkbaren Erklärungen für das Vorhandensein dieser Aminosäuren die besten Gründe auf ihrer Seite.»

Der Krater des K-T-Einschlags

Von allem Anfang an, seit der 1980er Artikel von Alvarez u. Mitarb. den Stein ins Rollen brachte, wurde von vielen Seiten immer wieder die naheliegende Frage in die Debatte geworfen: «Wenn der Einschlag eines massereichen Himmelskörpers die auslösende Ursache des Massenaussterbens am Ende der Kreideperiode war, wo ist dann der Einschlagkrater?» Zwar sind an mehreren Stellen der Erdoberfläche seit langem Krater bekannt, die den geforderten Durchmesser (150 km) aufweisen; indes hat keiner von ihnen das verlangte Alter (65 Mio. Jahre). Selbst wenn es ein bißchen nach Verlegenheitslösung aussehen mag, könnte von den Fürsprechern der Einschlagtheorie als Erklärung für den fehlenden Krater vollkommen legitim geltend gemacht werden, daß die Wahrscheinlichkeit des Absturzes über dem Meer für den Meteoriten drei zu eins war: In Anbetracht unserer höchst beschränkten Kenntnisse von der Mikrotopographie des Meeresbodens wäre sein spurloses Verschwinden also nicht im geringsten zu verwundern.

Die neuesten Forschungsergebnisse in Sachen Quarz mit deformierter Gitterstruktur haben jedoch auch in bezug auf diese Frage eine neue Ausgangslage geschaffen. Denn wie erwähnt begünstigt die weltweite Verteilung von geschocktem Quarz die Vermutung, daß die Einschlagstelle mitten auf dem nordamerikanischen Kontinent liegt: damit hat sich die allgemeine Aufmerksamkeit auf einen in den USA seit langem gut bekannten Krater, die Manson-Formation im Bundesstaat Iowa, konzentriert. Manson hat genau das richtige Alter (65–66 Mio. Jahre); was allerdings den Durchmesser betrifft, so liegt der mit rund 30 Kilometer weit unter dem bislang angenommenen Mindestmaß. Die Brauchbarkeit der Annahme, daß Manson die K-T-Einschlagstelle sein könnte, wird nun unter zuvor nicht berücksichtigten Gesichtspunkten geprüft, so etwa unter dem, daß der einfallende Asteroid oder Komet vor dem Auftreffen zerbarst und Manson lediglich die Wirkung von einem Bruchstück einer ursprünglich sehr viel größeren Masse darstellt.

Damit würde die Tatsache harmonieren, daß es – vor allem in der Sowjetunion – noch mehr solcher kleineren Krater passenden Alters gibt. Ein schlüssiges Gesamtbild ergibt sich womöglich aus weitergehenden Forschungen in dieser Richtung – doch genausogut könnte sich dabei zeigen, daß auch auf diesem Weg der Widerstreit der Meinungen und die herrschende Ungewißheit nicht zu beheben sind.

Staubwolken und andere Auswirkungen des Einschlags

Zum Glück haben wir nach wie vor keine auf eigener Anschauung beruhende Vorstellung von Art und Schwere der Umweltschäden, die eine Kollision des Erdballs mit einem Asteroiden oder Kometen von zehn Kilometer Durchmesser nach sich ziehen würde. Die Arbeit mit ausgepichten Computermodellen ist noch in vollem Gang, die Ergebnisse sind jedoch vorerst noch in sehr hohem Maß mit Unsicherheitsfaktoren behaftet. Einige neuere Computersimulationen beschäftigen sich überwiegend mit der Frage, welche Konsequenzen der Durchgang eines massereichen Himmelskörpers im Chemismus der Erdatmosphäre zeitigen müßte, und in manchen Fällen haben sich dabei Umweltfolgen abgezeichnet, die an Vernichtungspotential die anfangs von der Alvarez-Gruppe postulierte Staubwolke weit übertreffen. So zum Beispiel simulierte Roland Prinz am Massachusetts Institute of Technology in einem ausgetüftelten Computerprogramm den Durchgang eines großen Kometen durch die obere Atmosphäre und kam dabei zu dem Schluß, daß die gravierendste Folge ein weltweiter saurer Regen wäre, der mit seinem Säuregehalt alles, was wir in dieser Beziehung bisher kennengelernt haben, weit in den Schatten stellt: Aus Prinz' Berechnungen ergeben sich pH-Werte, die der Säurekonzentration von Akkumulatorenflüssigkeit entsprechen!

Paarweises Auftreten von Einschlag und Massenaussterben zu anderen Zeiten

Die Suche nach anderen Paarungen von Himmelskörpereinschlag und biologischem Massenaussterben in der Erdgeschichte hält an, und die Kandidatenliste konnte inzwischen um ein paar Positionen erweitert werden. Doch jedesmal, wenn das geschieht, sind auch sofort Einwände und Gegentheorien da. Ob dieser Wirrwarr der Meinungen honorige Gründe hat – weil die beobachteten Fakten vielleicht in der Tat vieldeutig sind –, oder ob uns hier auf der Wissenschaftsszene wieder einmal nur das klassische Repertoirestück von der grundsätzlich ablehnenden Reaktion auf eine radikale neue Idee vorgespielt wird, ist eine derzeit noch unentscheidbare Frage.

Die vulkanische Alternative

Eine beachtliche Anzahl von Geologen vertritt nach wie vor die Ansicht, daß sich alle im Zusammenhang mit Iridium und geschocktem Quarz festgestellten Befunde ebensogut auch auf der Basis einer ausgedehnten Vulkantätigkeit um das Ende der Kreideperiode erklären lassen. Diese Alternativtheorie erfreut sich beeindruckender Gesundheit und Lebenskraft. Daß bestimmte Arten von Vulkanismus *ein gewisses Quantum* von Iridium erzeugen, ist eine altbekannte Tatsache und ebenso, daß Hitze- und Druckbedingungen, wie sie in aktiven Vulkanschloten auftreten, Strukturveränderungen in Quarzkristallen hervorrufen können. Die Mehrzahl der Vulkanologen und Mineralogen hält es indes nach wie vor für ausgeschlossen, daß die an der K–T-Grenze gefundenen Substanzen vulkanischen Ursprungs sein könnten. Nun wäre es aber fraglos eine höchst bedenkliche Sache, einem wissenschaftlichen Theorem allein aufgrund eines Mehrheitsentscheids Verbindlichkeit bescheinigen zu wollen, und deshalb meine ich, wir sollten uns in dieser Frage vorerst noch alle Optionen offenhalten. Noch immer ist es keine ganz unrealistische Perspektive, daß am Ende beide Seiten recht behalten könnten: Die mächtige Vulkantätigkeit am Ende der Kreideperiode im indischen Hochland von Dekkan könnte durch einen einschlagenden Himmelskörper mächtigen Kalibers ausgelöst worden sein. Diese Möglichkeit findet heute unter Geophysikern ernsthafte Beachtung.

Periodizität und Nemesis

Die Frage, ob die biologischen Massenauslöschungen der letzten 250 Millionen Jahre gleichmäßig – nämlich in Abständen von jeweils 26 Millionen Jahren – über die Zeitachse verteilt sind, ist nach wie vor nicht endgültig entschieden. Jack Sepkoski hat inzwischen ein umfangreiches Korpus neuer Materialien zusammengetragen und darüber hinaus die Chronologie des Aussterbens beträchtlich verfeinert. Seine Befunde sehen jetzt noch mehr nach Periodizität aus als vorher, trotzdem sind sie von statistischer Seite mit einer Menge Fragezeichen versehen worden. 1985 und 1986 wurde eine Reihe unabhängiger Auswertungen von Jacks Faktenmaterial veröffentlicht, wobei das Gesamtergebnis praktisch auf ein Unentschieden hinauslief: Die Hälfte dieser Kontrollanalysen sprach für, die andere Hälfte gegen eine Periodizität. Nicht ohne eine gewisse Erleichterung haben Jack und ich registriert, daß, wenn nicht alles täuscht, der Widerspruch von seiten der Statistik seit 1986 merklich am Abflauen ist.

Mit ein Grund für ein Verebben der statistischen Kontroverse in Sachen Periodizität dürfte der inzwischen in der astronomischen Fachwelt zur Vorherrschaft gekommene Konsens darüber sein, daß die bisher vorgetragenen Theorien, die die Erklärung der Periodizität im Sonnensystem oder in der Galaxie zu finden hoffen, alle nicht funktionieren. So wird beispielsweise die Existenz eines Sonnenbegleiters, heiße er nun «Nemesis» oder wie auch immer, allgemein für unwahrscheinlich gehalten, weil ein so kleiner Himmelskörper, wie die Theorie ihn verlangt, nicht in der Lage wäre, eine so ausladend dimensionierte Umlaufbahn, wie die Theorie sie verlangt, stabil einzuhalten. Mit anderen Worten: aller Voraussicht nach würde die Gravitationseinwirkung bei den prinzipiell unvermeidlichen Zufallsbegegnungen mit anderen Sternen der Galaxie «Nemesis» jedesmal in eine neue Bahn zwingen, so daß es abwegig wäre, von einem solchen Stern einen regelmäßigen Durchlauf des Sonnensystems zu erwarten.

Nun kann allerdings der Hinweis auf das Fehlen eines einsehbaren Wirkungsmechanismus im Grunde genommen nicht als legitimer Einwand gegen die Faktizität einer Beobachtung (in diesem Fall gegen die Tatsachennatur der Periodizität des Aussterbens) gelten – es sei denn, man wolle sich zu dem (von Christian Morgenstern aus gutem Grund ridikülisierten) Prinzip bekennen, daß «[de facto] nicht sein kann, was [laut Theorie] nicht sein darf». Dieses Denkmuster hat seinerzeit die wissenschaftliche Absegnung der Kontinentaldrifthypothese um ein ganzes Menschenalter verzögert: als man dann in der Wissenschaftswelt mit der Vorstellung von flottierenden Kontinenten zu guter Letzt doch noch seinen Frieden machte, war zwar ein einleuchtender Wirkungsmechanismus immer noch nicht gefunden, das Gewicht der beobachteten Fakten jedoch so erdrückend geworden, daß die ablehnende Haltung darunter zusammenbrach. Andererseits sollte man nicht übersehen, daß jenes prinzipielle Bestehen auf einem nachgewiesenen Wirkungsmechanismus durchaus auch sein Gutes hat: indem es verhindert, daß im Wissenschaftsalltag die schiere Spinnerei und Phantasterei überhandnimmt, trägt es zum erfolgreichen Funktionieren des Wissenschaftsbetriebs mit bei. Es bleibt allerdings grundsätzlich ein zweischneidiges Schwert.

Als Positivum ist von dem Thema Periodizität zu vermelden, daß es nach wie vor in der Diskussion ist. In Berkeley ist Rich Muller, einer der Väter der Nemesis-Idee, mit einer ausgeklügelten computergestützten Suchprozedur noch immer auf der Schnitzeljagd nach dem «Schwarzen Stern», und auch anderswo haben astronomische Forschungsteams der Hypothese auf ihrer Agenda einen Platz mit hoher Priorität eingeräumt. Somit bestehen die besten Aussichten, daß man dem Sonnenbegleiter, sollte er *tatsächlich* irgendwo da draußen herumschwirren, auch auf die Sprünge kommt. Aus geologischer und paläontologischer Problemsicht genießt die Periodizitätshypothese keinen sonderlich hohen Kredit, andererseits hat man sie aber auch von dieser Seite durchaus noch nicht ad acta gelegt. Sollte von irgendwoher stichhaltiges neues Beweismaterial auftauchen, wird es auf eine interessierte Fachwelt treffen. In Anbetracht der radikalen Neuartigkeit der Periodizitätshypothese im Vergleich mit den gewohnten Denkansätzen in der Geologie und der Paläontologie erscheint es mir bereits als ein erfreuliches Resultat, daß die Idee es überhaupt so weit gebracht hat, und ich meine, daß wir allen Grund haben, den einschlägigen Entwicklungen, die uns die kommenden Jahre in diesen Disziplinen bringen werden, einigermaßen gespannt entgegenzusehen.

Und was haben uns die letzten vier Jahre über die «Bewegungsform der Wissenschaft» gelehrt? Nach wie vor ist es in der Wissenschaftswelt Usus, in Stellungnahmen zum Thema Massenaussterben bestimmte Voreingenommenheiten mit einfließen zu lassen – wobei es allerdings schwierig ist, den Anteil derartiger Voreingenommenheiten am Inhalt der Aussage in jedem Einzelfall exakt zu bestimmen. Wenn ein Geologe oder ein Paläontologe die Argumente für einen Meteoriteneinschlag oder für die Periodizität des Aussterbens zerpflückt, so weiß man in der Regel nie genau, ob seine Einwände leidenschaftsloser und stichhaltiger Überlegung entspringen oder ob sie lediglich die Rationalisierung einer – möglicherweise unbewußten – affektiven Reaktion auf einen Gedanken darstellen, den man insofern als Frechheit empfindet, als er allem widerspricht, was man im Lauf seines Lebens mit vieler Mühe gelernt hat.

Hin und wieder jedoch kommt in solchen Einwänden auch schon mal klar zum Vorschein, was eigentlich in und hinter ihnen steckt. Als Beispiel sei hier eine Stellungnahme wiedergegeben, die im Spätjahr 1988 auf einer von der Royal Society in London veranstalteten wissenschaftlichen Tagung zum Thema Aussterben zu hören war: «Das modische Interesse für derlei aus dem Weltraum importierte Auslöschungsspektakel muß im Zusammenhang mit jener in der US-amerikanischen Gesellschaft weitverbreiteten unterschwelligen Erwartungsangst gesehen werden, die am klarsten durch Präsident Ronald Reagan mit seiner Vision von der mit dem Heranrücken der Jahrtausendwende immer greifbarer werdenden Gefahr des Letzten Weltkriegs exemplifiziert wird. Auf unserer Seite des Atlantiks werden derlei Ideen im allgemeinen nicht sonderlich ernst genommen, doch scheint es mir unbedingt wichtig, daß wir uns der kulturellen Unterschiede bewußt bleiben, die allem Anschein nach doch wohl auch darin zum Ausdruck kommen, daß es ganz verschiedene Typen von Aussterbetheorien sind, die sich auf den verschiedenen Seiten des Atlantiks offenkundiger Popularität erfreuen.»

Chicago, 14. November 1989   David M. Raup

REGISTER

Acta Geologica Hispanica 84
ad hoc-Konstruktion 171 f, 177
Alaska, Reliktfunde in 94
Alexander, George 160, 183, 206, 208
Alexander, Susan 11
«All the News That's Fit to Print and Some Opinions That Aren't» (Gould) 222 f
Alvarez, Luis 22, 43, 46, 69 ff, 105, 113, 214
Alvarez, Walter 22, 69 ff, 88, 148 f, 151, 164, 172, 174 f, 194 f, 214, 258 f
Aminosäureforschung 262 f, 269
Anders, Edward 27, 102 ff, 220
Archibald, J. David 83
Arten:
  Anzahl der 51
  Aussterben der 51–54, 58, 65–67
  Lebensdauer der 52
  Vorkommenszeitraum 93, 94
Artenbildung 55
Artenentstehung 54, 55
Artselektion 59
Arthur, Michael A. 24, 127 ff
Asaro, Frank 22, 69, 72 f, 117
Asimov, Isaac 40, 41
Asteroid 35
Astronomische Einheit (AE) 176

Astrophysik 159
Aussterben:
  biologische Selektion 58 f
  im Devon 120 f
  der Dinosaurier 17, 56, 59–64
  einzelner Arten 51–54, 56, 65–66
  im Eozän-Oligozän 114–116
  Erdgeschichte und Aussterben 53 f
  Frasnian-Auslöschung 42–43
  Geologie und Aussterben 161, 163
  der großen Säuger 68
  Hintergrund 58
  Interesse an Aussterbeereignissen 13, 55–58
  im Jura-Zeitalter 116–119
  Katastrophentheorie, frühe 38, 40–46
  Klima-Argument 190
  Magnetfeldumkehrungen 225–227
  Massenaussterben 58 f
  Meeresspiegelveränderung 120
  menschenverursachtes 59, 67 f
  im Perm-Zeitalter 40–51, 54, 119–120
  im Pleistozän 68
  im Präkambrium-Kambrium 122 f

regionales Massenaussterben
47–50
Selektion, biologische 59
Supernovas und Aussterbe-
ereignisse 40–41
vulkanistische Erklärung
108–112
zeitgenössische Formen 59
siehe auch: Kreidezeit, K-T-Ein-
schlaghypothese, Nemesis-
Theorie, periodisches Aussterben
außerirdische Intelligenz 19, 20

Bada, Jeffrey 262, 269
Bakker, Robert T. 126
Barber, Edwin 12
Bates, Robin (Roberts) 27
«Betrachtungen eines Dinosaurier-
Groupies» (Goodman) 209
Birkelund, Tove 148
Bohor, Bruce 97 f
Bretz, J. Harlen 33 ff
Brochwicz-Lewinski, Wojciech
116, 118, 122, 191
Browne, Malcolm W. 124

Canberra Times 208, 210
Carson, Johnny 201
Chandler, Joan 11
Chicago *Sun-Times* 210, 211
China Daily 208
Clemens, William A. 82, 88, 91, 94,
132, 245
Clube, Viktor 12
*A Compendium of Fossil Marine
Families* (Sepkoski) 134, 135,
136, 137 f
Corbett, Ronnie 210
«Cosmos» 202
Crick, James 240
Crutzen, Paul 103

Cuppy, William 58
Cuvier, Georges 30 ff, 47, 186

Dahlem-Konferenz in Berlin 1983
147–152
Darwin, Charles 22, 30, 54, 57, 243
Däniken, Erich von 253
Davis, Marc 25, 164, 172
«The Death of the Dinosaurs»
(«Nova»-Programm) 112
Dekkan, Vulkane im Hochland
von 110 f, 273
Devon-Aussterbeereignisse 120 f
Dinosaurier:
Aussterben der 17, 56, 59–64
«Dominanz» der Dinosaurier 59 f
die Suche nach überlebenden
Dinosauriern 254
The Dinosaurs and the Dark Star
(Bates und Simon) 27
Discover 28, 206, 212, 220
Donahue, Phil 203
Doppel-Helix, Die (Watson) 240
Drake, Charles 108 f
«Dynamics of Extinction» (Dyna-
mik des Aussterbens), Sympo-
sium in Flagstaff 1983 152–153

Economist 208
Einschlagkrater *siehe* Kraterfrage
Einstein, Albert 201, 240, 246
Entstehung der Arten 54, 55
Eozän-Oligozän-Grenze 114–116
Erdalter, Diskussion über 161–163
Erdgeschichte 39, 52–54, 71
Evolution 19–21
Evolution of Complex and Higher
Organisms (ECHO), Work-
shops 131 ff
Extinktion 11
«Extraterrestrial Cause for the
Cretaceous-Tertiary Extinction»

(Alvarez, Alvarez, Asaro und Michel) 22, 73–75

Fastovsky, David 91
Fernandez, Daysi 247
Fernsehdokumentarfilm 207
Fifield, Richard 152
Fischer, Alfred G. 24, 127 ff, 138 f, 144, 197, 235, 258
Forschung 14, 241–242
  ad hoc-Konstruktion 171 f, 177
  Komplexität der Forschung 239 f
  Kontinentalverschiebungsphase 255–257
  Lyell-Paradigma 31–33
  Negativbefund 184
  neue Ideen, Umgang mit n.n I.n 242 ff
  Nichtfachleute und wissen- schaftliche Forschung 92
  peer-review system 76–79, 154 f, 230–234
  preprints unveröffentlichter Artikel 165 f
  Religion und wissenschaftliche Forschung 247–252
  «Schema F» 69
  Spezialisten u. Generalisten 137
  Statistik 146
  theoretischer Rahmen wissen- schaftlicher Forschung 242–246, 249–251, 254, 261 f
  Verifizierbarkeit einer Hypo- these 128, 173 f
  Veröffentlichung 154, 183
  Forschung und Vorurteile 230, 257 f
  Wirkungsmechanismen 130 f
Fossilien:
  in Alaska 94
  Erdgeschichte zur Bestimmung von F.n 52, 70

«gegliedertes» Exemplar 90
F. und die Iridiumanomalie in Montana 88, 90–95
Vorkommenszeitraum bestimmter Arten 92 ff
Fourier-Analyse 151
Frankfurter Rundschau 208
Frasian-Aussterben 42
Fütterer, Dieter 148

Gambles, Peter 237
Geologie und Astrophysik 161, 163
geologische Zeitachse 39
«Geschichte des Lebens»-Theorien 186, 187
Glen, William 257
Gonzales, Lorna 12
Goodman, Ellen 209 f
Gould, Stephen Jay 11, 28, 47, 134, 137, 172, 190, 203, 220
Greenfield, Edward J. 248–251, 260
Gutachter, sachverständiger (peer- review) 76–79, 154–155, 230–234

Hallam, Anthony 26, 166
«Handbuch der fossilen Meerestier- familien» (Sepkoski) 134, 135, 136, 137–138
Heisler, Julie 214
Hickey, Leo J. 83
Hinckley, John 210 f
Hoffman, Antoni 27 f, 123, 218 ff, 237
Hornikel, Anne 11
Hsü, Ken 122 f, 148 f, 191
Hut, Piet 25, 164, 172, 192

Icarus 202
India Today 208
Iridiumanomalie:
  Alvarez-Artikel 71, 73–80
  Artensterben im Jura 116, 117

Aussterbeereignisse im Devon
120, 121, 122

Aussterbeereignisse am Ende der
Kreidezeit 69, 70, 71, 72, 73,
87–94

Aussterbeereignisse im Perm-
zeitalter 119, 120

biologische Konzentrationsmechanismen 121

das Drei-Meter-Hiatus-Problem
87–95

das Eozän-Oligozän-Aussterben
114, 115, 116

Forschung 84–86, 112, 113

Gubbio-Anomalie 69 ff

Iridiumkurve 74, 89

Kritik der Funde 79–85

I. an der KT-Grenze 268 f

Messung der I. 113

I. in Montana 87–95

Präkambrium-Kambrium-Zeit
122, 123

vulkanistische Betrachtung
108 ff

weltweite Verbreitung der I.
100–102

Jablonski, David 11, 59

Jackson, Albert A. 25, 164

James, Philip B. 25, 164, 167 f

Jura-Zeitalter, Aussterben im
116–119

Katastrophismus:

Aussterbeproblematik und K.
40 ff

J. H. Bretz' Arbeit über K. 33 f

G. Cuviers Arbeit über K. 30

Diskussion über K. im 19. Jh.
29–32

Definition des K. 29

K. als ungewohnter Gedanke 38

K. im Lichte der Wissenschaft
32–50

siehe auch: K-T-Einschlagshypothese, Nemesis-Theorie,
periodisches Aussterben

Kennedy, John F. 201

Kerr, Richard 26, 214

Kilauea, Vulkan auf Hawaii 108 f

Kimberlit 97

Kissinger, Henry 210

Koesit 96

Kometeneinschlag 18, 35 f, 44 f

militärische Aspekte 18 f

regionale Auswirkungen 47–50

Kometenring 177

Kontinentalverschiebung 131,
255–257

Kraterfrage 270

Krater-Periodizität-Theorie 150 f,
174–176

Kreidezeit 46

Dinosaurier und die K. 60–64

Gattungs- und Artenaus-
löschungsquote 65 f

Iridiumanomalie und K. 69–74,
87–95

Säugetiere und K. 65 f

siehe auch: K-T-Einschlagshypothese

K-T-Einschlagshypothese:

und Aminosäuren 269

Definition 23

deformierter Quarz und 96–99,
268

und Emotionen 98 f

hohe Werte nach Einschlag 107

Kritik an der 63 f, 94, 99, 111,
125 f, 213–218

Meinungsumfragen 123 ff

Mikrotektiten und 100, 114, 115

Osmiumisotope 95 f

physikalische Auswirkungen 106

Ruß als Beweis 27, 102 ff
Staubwolke 106
Szenarium des Sterbens 105–108
Temperatureffekte 106 f
gegen Vulkanismus 108 ff
«zweite Generation der Theorie-
  bildung» 103 f
siehe auch: Iridiumanomalie
Kuhn, Thomas S. 241
Kuiper, Gerard 176
Kyte, Frank 113 f

Leakey, Louis 160
Lee, Nancy 262
Lewin, Roger 160 f, 219
Lewis, Roy S. 27, 102 ff
Lipps, Jere 148
Los Angeles Times 24, 160, 206, 221
Luck, J. M. 95 f
Lutz, Timothy M. 28, 234 ff
Lyell, Charles 31 ff, 82, 186, 259 f
Lyell-Paradigma 33, 34

Mackal, Roy P. 253 f
McLaren, Digby 42 f, 120 f, 148 f,
  153
McShea, Daniel 11
Maddox, John 25, 27, 165 f, 218,
  237
Magnetfeldumkehrungen, Perio-
  dizität der:
momentaner Status 239 f
periodisches Aussterben und
  235 ff
D. M. Raups Artikel darüber
  230 ff
magnetische Felder 225 ff, 256
Manson-Formation 270
Matese, John J. 26, 176 f
Mather, Kirtley 36
Maxwell, John 259
Mazaud, A. 229

Meteorit 35
Meteoriteneinschlag 35 ff, 268
Meteorstaub 71
Michel, Helen 22, 69, 72 f
Mikrotektiten 100, 115
Milankowitsch-Zyklen 132 f
Monte-Carlo-Simulation 48
Morris, Donald 238
Muller, Richard A. 25, 151, 164,
  171 f, 174, 193 f, 208, 213, 220,
  238 f, 264

Nasa 19, 131
National Enquirer 201
Natural History 172
Nature 44, 180, 204, 205
Magnetfeldumkehrungen 231,
  232–234
periodisches Aussterben 26,
  163 ff, 218
natürliche Auswahl (Selektion) 56 f
Negi, J. G. 229
Nemesis-Theorie 14, 162
als ad hoc-Argument 171
außerirdische Intelligenz und 19
Benennung 172
Beweisbarkeit 178
Formulierung der 164, 169 ff
Suche nach dem hypothetischen
  Stern «Nemesis» 171
Umlaufbahn 14, 170, 191 f
Unwahrscheinlichkeit 16
siehe auch: periodisches Aus-
  sterben
Newell, Norman 212
New Scientist, The 152
Newsweek 15, 208
New York Times 124, 206, 208
Editorials in der 15, 26, 27, 214,
  215–217
Nitecki, Matthew 123
Nobelpreis 193

«nonsense correlation» 62
nuklearer Winter 19 f

Officer, Charles 108 f
Omni 206
Oort-Wolke 18, 36, 168 f, 177
Öpik, E. J. 47, 77
Orth, Carl 121
Osmiumisotope 95 f
«Out with a Whimper Not a Bang»
    (Clemens, Archibald und
    Hickey) 83

Padian, Kevin 148
Paläontologie 21, 159 ff
Paleobiology 83 f
Pando, John 247 f
Panorama 208
Pauling, Linus 254
peer-review 76–79, 154 f, 230–234
Pendeln des Sonnensystems durch
    die Hauptebene der Galaxie
    (Theorie) 162, 167–169, 193
«Periodicity of Extinction in the
    Geologic Past» (Raup und
    Sepkoski) 25
periodisches Aussterben (Theorie):
    astrophysikalische Erklärungen
    159–178
    außerirdische Ursachen 152 f
    chronologischer Abriß 22–28
    Dauer eines Aussterbeereignisses
    63 f
    erdzentrale Kräfte 130
    erste Reaktionen auf die Theorie
    133
    Fächerspektrum zur Erfor-
    schung der Theorie 77
    Formulierung der Theorie
    127–129
    «Geschichte des Lebens»-
    Theorien 186 f

Konferenz über die Theorie
    147 ff
und Kraterbildung 150 f,
    174–176
Krater-Periodizität-Theorie
    150 f, 174–176
Kritik:
    geologische 190 f
    Hoffman-Artikel 27, 218 ff
    an der Kraterperiodizität 194 f
    paläontologische 186–188
    an der Pendeltheorie über die
    Sonne 193
    an der «Planet X»-Erklärung
    191, 193
    an der Presse 28, 213 ff
    Tremaines Kritik 216 f
mögliche Falschheit 263
nuklearer Winter 19 f
Pendeln des Sonnensystems
    durch die Hauptebene der
    Galaxie als Erklärung 162,
    167–169, 193
Planet X als Erklärung 162,
    176 ff, 191, 193
PNAS-Artikel 153–157
Presse 16, 28, 152, 159 f, 185,
    200–220
resultierende Fragen 17
statistische Analysen 139, 140,
    141–147
siehe auch: Iridiumanomalie,
    K-T-Einschlagshypothese,
    Nemesis-Theorie
Periodizität der Kraterbildung
    150 f, 174–176
Perm-Zeitalter, Aussterben im 40 f,
    54, 119 f
phylogenetischer Wandel 57–59
Planet X (Theorie) 162, 176–178,
    193 f
Pleistozän, Aussterben im 68

PNAS (Proceedings of the National Academy of Sciences) 25, 153–157
Popper, Sir Karl R. 241
Popular Science 206
Präkambrium-Kambrium, Aussterben im 122 f
Presse:
  Bewertung der 221 ff
  Fernsehdokumentationen 207
  Haltung der Wissenschaftler gegenüber der 199 ff
  «Saganisierung» und Presse 199 ff
  und die Theorie des periodischen Aussterbens 16, 18, 152, 159 f, 185, 200–220
  wissenschaftliche Kontroverse 183 f
  Wissenschaftsmagazine 206 f
Prinz, Roland 271
Provine, William 11
Proxmire, William 201
Pryor, Richard 210 f

Quarz 96–99

Rampino, Michael R. 25, 108 f, 163, 167 f, 174, 194, 230, 238
Raup, David M. 20, 78, 84, 137 ff, 157 ff, 186 ff, 210, 236 ff
Raup, Hugh 12
Raup, Lucy 12
Raup, Martin 12
Raup, Mickey 11
Reader's Digest 208
Reagan, Ronald 276
Regenmachen 249 f
Religion 32, 242, 247–252
Rensberger, Boyce 206
Russell, Dale 12
Ruß von Einschlagsfeuersbrünsten 27, 102, 103

Sagan, Carl 19, 103, 202 f
«Saganisierung» 199–203
Salk, Jonas E. 201
Salt Range (Gebirge in Pakistan) 40
Satellitenaufnahmen 34, 37
Säuger, Säugetiere 56 f, 65–67
Scablands 33 f
Schindewolf, Otto 40 ff, 153
Schwartz, Richard D. 25, 164, 167 f
Schwarzes-As-Experiment 140–142
Science 24, 26, 75, 76, 102, 120, 160, 180, 204, 214, 217, 219, 221
Science Digest 26, 206, 213
Science News 24, 160, 221
Scientific American 206
«Secular Variations in the Pelagic Realm» (Fischer und Arthur) 127
Sepkoski, J. John (Jack), Jr. 11, 24–26, 47, 117, 132, 134 ff, 152 ff, 159 ff, 174 ff, 186 ff, 210, 221
SETI (Search for ExtraTerrestrial Intelligence), Forschungsprogramm 19, 131
Shoemaker, Eugene (Gene) 37, 148 ff, 174 f, 195
Shriekback 27
Simon, Cheryl 27, 160
Smit, Jan 91, 148 f
Snowbird-Konferenz 23, 50, 95, 108
Society of Vertebrate Paleontology 124 f
speciation 55
Staubwolke (Staubhülle) 106, 271
«Stischowit» 96
Stothers, Richard B. 25, 163, 167 f, 174, 194, 230, 238
«Strange-love-Wirrwarr» 122
Sullivan, Walter 206, 216
Sun Yi-yin 119
Supernovas 40–41

Tektiten 44, 10, 114 f
Time 15, 27, 94, 208
Tiwari, R. K. 229
Todesstern *siehe* Nemesis-Theorie
Toon, Brian 103, 148 f
Tremaine, Scott 26, 214, 217
Turekian, Karl 95 f

Übereinstimmung, absurde 62
Uniformitätslehre 33, 36 f
Urey, Harold 43 ff, 100

Van-Allen-Gürtel 226 f
Van Valen, Leigh 52
Vitamin-C-Forschung 254
Vulkanismus 108–112, 272 f

Wall, Mary 12
Walsten, David 12
Warden, Ian 210
Watson, James 240

Wegener, Alfred 255 ff
Wetherill, George 37
Wetzel, Andreas 148
Whitmire, Daniel P. 25 f, 164, 176 f
Wilford, John Noble 208, 212
Williams, Tennessee 210 f
Wissenschaft, harte und weiche
    265 f
wissenschaftliche Debatte 179 ff
wissenschaftliche Forschung *siehe*
    Forschung
Wolbach, Wendy S. 27, 102 ff

York, Glenda 12
Yule, G. Udny 62

Zeit, Die 208
Zhao 208
Zufallsprinzip im Zeitverlauf 142
Zwei-Sonnen-System 20

science

Eine neue Reihe stellt sich vor: rororo «science». Sie bietet Lesern, die sich für Naturwissenschaft und Technologien interessieren aktuelle und verläßliche Informationen. Die Autoren sind Wissenschaftler und Wissenschaftsjournalisten, die ohne Formelhuberei und Fachkauderwelsch, dafür mit Sachverstand, Witz und farbiger Sprache über verschiedene Forschungsbereiche berichten.

Besonders konzentriert sich «science» auf die Schnittstellen, an denen Naturwissenschaft unseren Alltag und unser Denken berührt. Die Lust am Gedankenexperiment und das Staunen über die Wunder des Universums prägen die Reihe genauso wie die Wachsamkeit gegenüber den Gefahren, die aus der Forschung erwachsen.

James Trefil
Fünf Gründe, warum es die Welt nicht geben kann *Die Astrophysik der Dunklen Materie*
(rororo science 9313)

Alexander R. Lurija
Das Gehirn in Aktion
Einführung in die Neuropsychologie
(rororo science 9322)

Gero von Randow
Das Ziegenproblem *Denken in Wahrscheinlichkeiten*
(rororo science 9337)

Armin Hermann
Die Jahrhundertwissenschaft
Werner Heisenberg und die Geschichte der Atomphysik
(rororo science 9318)

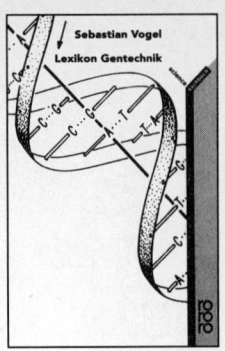

Sebastian Vogel
Lexikon Gentechnik
(rororo science 9192)
September 92

Dietrich Dörner
Die Logik des Mißlingens *Strategisches Denken in komplexen Situationen*
(rororo science 9314)
Oktober 92

rororo sachbuch

«Nur wenige unserer Zeremonien können verpflanzt werden. Nur wenige unserer Zeremonien können wir für euch öffnen. Versucht nicht, uns nachzuahmen. Versucht nicht, euch fremde Haut überzustülpen. Es kommt nicht darauf an, ob man Deutscher, Chinese oder Indianer ist, es kommt darauf an, ob man den menschlichen Weg geht und alles nichtmenschliche Leben achtet. Dabei können wir uns gegenseitig helfen.»
Phillip Deere,
Medizinmann der Muskogee

Indianische Welten
Der Erde eine Stimme geben
Texte von Indianern aus
Nordamerika
Lesebuch
Herausgegeben von
Claus Biegert
(rororo aktuell 5219)
Der Autor hat in diesem Lesebuch Texte nordamerikanischer Indianer zusammengestellt. Sie zeigen die eigene Welt und die besondere Weltsicht der Ureinwohner Nordamerikas. Der Band enthält auch Texte indianischer Autoren, Stücke aus Erzählungen und Romanen dieser eigenen, bei uns noch kaum bekannten amerikanischen Literatur.

Julian Burger
Die Wächter der Erde *Vom*
Leben sterbender Völker
Gaia Atlas / Großformat
(rororo aktuell 12988)
Ein mit vielen Fotos ausgestatteter Atlas über die bedrohten Völker der Welt. von den Aborigines Australiens bis zu den Massai-Stämmen Afrikas.

Petra K. Kelly / Gert Bastian
(Herausgeber)
Tibet - ein vergewaltigtes Land
Berichte vom Dach der Welt
(rororo aktuell 12474)
Die Herausgeber sind seit Jahren aktiv in der Menschenrechtsarbeit für Tibet. Sie haben Berichte, Reportagen und Dokumente zusammengestellt, die ein authentisches und aktuelles Bild von Tibet zeichnen und auch die traditionsreiche Geschichte und Kultur des tibetischen Volkes lebendig werden lassen.

Bahman Nirumand (Hg.)
Die kurdische Tragödie *Die*
Kurden - verfolgt im eigenen
Land
(rororo aktuell13075)
Dieser Band analysiert die aktuelle Lage, beleuchtet die politischen Rivalitäten der verschiedenen Kurden-Parteien und vermittelt das nötige Hintergrundwissen zum Verständnis der «Kurdenfrage».

«Gar besonders wunderbar wird mir zu Mute, wenn ich allein in der Dämmerung am Strande wandle – hinter mir flache Dünen, vor mir das wogende, unermeßliche Meer, über mir der Himmel wie eine riesige Kristallkuppel –, ich erscheine mir dann selbst sehr ameisenklein, und dennoch dehnt sich meine Seele so weltenweit.»
Heinrich Heine

Monika Griefahn (Hg.)

GREENPEACE
REPORT 5

Wir kämpfen
für eine Welt, in
der wir leben
können

rororo

Jürgen Streich
Stoppt die Atomtests!
GREENPEACE REPORT 1
(aktuell 5926)
Sie heißen «Bravo» oder «Mighty Oak». Sie verwüsten ganze Landstriche und zerstören Leben: 1687mal sind bisher Atombomben gezündet worden, die meisten von ihnen in ihrer Zerstörungskraft um ein Vielfaches stärker als die Bombe, die – 1945 über Hiroshima abgeworfen – das Atomzeitalter einläutete. Jürgen Streich hat die Geschichte der Atomtests aufgezeichnet und die Opfer zu Wort kommen lassen.

Jürgen Stellpflug
Der weltweite Atomtransport
GREENPEACE REPORT 2
Bearbeitet von Michael Mutz
(aktuell 5745)
Der Autor hat die geheime Reise der strahlenden Stoffe vom Uranbergwerk zum Atommeiler, von der Wiederaufarbeitung bis zum Endlager um den ganzen Erdball verfolgt.

Jochen Vorfelder
Eispatrouille – Greenpeace in der Antarktis
GREENPEACE REPORT 3
(aktuell 12236)

Greenpeace-Aktivisten berichten von den Beweggründen für ihr Antarktis-Engagement. Der Autor erzählt die Geschichte des Zugriffs der Menschen auf die Antarktis, von den ersten Entdeckungsfahrten und Expeditionen bis hin zur aktuellen Situation wenige Jahre vor Ablauf des Antarktis–Vertrages.

Johanna Wieland (Hg.)
Nordsee in Not
GREENPEACE REPORT 4
(aktuell 12554)
Mit Beiträgen von Andreas Ahrens, Walter Feldt, Jörg Feldner, Ingrid Jütting, Jochen Lamp, Jürgen Oetting, Peter Prokosch, Michael Sontheimer, Peter Todt und Johanna Wieland

Monika Griefahn (Hg.)
Wir kämpfen für eine Welt, in der wir leben können
GREENPEACE REPORT 5
(aktuell 12602)
Die Berichte in diesem Buch sollen Mut machen, sollen andere dazu ermuntern, selbst aktiv zu werden. Denn sie zeigen, daß es sich lohnt.